油浸式电力变压器绝缘诊断技术

蔡金锭　邹　阳　刘庆珍　著

U0386313

科学出版社

北　京

内 容 简 介

本书通过电介质极化响应理论系统地探讨油浸式电力变压器绝缘诊断方法。在油纸绝缘弛豫响应介电谱测量基础上，应用扩展德拜极化等效电路分析油纸绝缘回复电压、去极化电流响应和油纸绝缘极化等效电路参数的计算方法。然后通过回复电压和去极化电流响应特征量分别提出评估油纸绝缘状况的诊断方法和识别油浸式电力变压器微水含量的判别方法。在书中最后两章分别阐述了时域介电谱测试装置的机理及模拟仿真和实现基于回复电压特征量的油纸绝缘诊断应用系统等。书中除了理论分析外，还提供了实例诊断分析供读者参考。

本书可以作为高等院校电气工程及其自动化等专业高年级本科生和研究生课程的教材，也可以供电力工程技术人员学习和参考。

图书在版编目（CIP）数据

油浸式电力变压器绝缘诊断技术 / 蔡金锭，邹阳，刘庆珍著. —北京：科学出版社，2019.4

ISBN 978-7-03-060962-5

Ⅰ．①油… Ⅱ．①蔡… ②邹… ③刘… Ⅲ．①油浸变压器-绝缘-诊断技术 Ⅳ．①TM411.07

中国版本图书馆CIP数据核字（2019）第059236号

责任编辑：吴凡洁 / 责任校对：王萌萌
责任印制：吴兆东 / 封面设计：无极书装

科 学 出 版 社 出版
北京东黄城根北街 16 号
邮政编码：100717
http://www.sciencep.com

北京中石油彩色印刷有限责任公司 印刷
科学出版社发行 各地新华书店经销

*

2019 年 4 月第 一 版 开本：720×1000 1/16
2019 年 4 月第一次印刷 印张：18
字数：350 000

定价：118.00 元
（如有印装质量问题，我社负责调换）

前　言

　　油浸式电力变压器绝缘诊断是一门涉及基础理论和专业知识面较广的专业技术课程，它与工程应用密切相关。本书是作者和课题组成员多年在油浸式变压器油纸绝缘老化评估研究取得的成果。在内容方面由浅入深、先理论后实践，详细阐述了油浸式变压器时域介电谱的测量，提出应用时域介电谱特征量和扩展德拜(Debye)等效电路参数值诊断油纸绝缘老化状况的各种方法和判据。全书撰写过程中注重理论与实际应用相结合。为方便读者的学习和理解，在本书各章中都列举了油浸式电力变压器绝缘诊断应用示例，并附有大量的分析诊断数据、图表和曲线，力求使读者通过学习系统领会油浸式变压器绝缘诊断方法等。

　　全书共 10 章，详细地阐述了油纸绝缘时域介电谱的测量方法、油纸绝缘极化等效电路响应及其电路参数的计算、油纸绝缘老化状况与等效电路特征量的关系、油纸绝缘状况的回复电压和去极化电流等特征量的诊断方法、基于多时域特征量的油纸绝缘综合诊断法和油纸绝缘微水含量的评估，在第 9 章和第 10 章中分别阐述了时域介电谱测试装置组成和机理以及基于回复电压特征量的油纸绝缘诊断系统的应用等。在内容上除了阐述油纸绝诊断理论和方法外，还提供大量的故障分析实例、诊断数据和图表。从知识层次和内容结构上为读者构筑一个从理论到实践的学习平台，拓宽专业技术知识面，为今后从事相关工作奠定扎实的基础。

　　全书由福建省新能源发电与电能变换重点实验室、福州大学蔡金锭教授撰写和审核。书中部分内容由邹阳副教授和刘庆珍副教授参与撰写。张涛博士、李安娜和谢松等同志为书中第 9 章和第 10 章做了大量补充工作；福州大学电气学院研究生叶荣、张晓燕、陈群静、林晓宁、蔡超和高浩等为本书的编辑和校对付出辛勤劳动，在此向他们致以谢意，同时向书中所引用参考文献的所有作者深表谢意。

　　由于油浸式电力变压器绝缘诊断与测试技术涉及的理论知识面较广，限于作者的水平难免在书中出现遗漏和不妥之处，恳请读者谅解和批评。

作　者

2019 年 1 月于福州大学

目　　录

第1章　油纸绝缘弛豫响应介电谱的测量

1.1　油纸绝缘劣化过程

油纸绝缘变压器在长期运行过程中，内部绝缘系统受到电、热、机械力及周围环境因素，如电磁场、大气压力、温度、湿度和脏污等的影响和作用下，使绝缘系统内部的绝缘油和绝缘纸等发生了一系列复杂的变化和反应(图 1-1)[1]，导致绝缘系统内部材料产生老化产物，这些老化产物又会进一步促进绝缘介质的老化反应，加快绝缘介质的不断劣化。绝缘介质的老化反应严重影响了变压器内部绝缘系统的绝缘性能和机械性能，给变压器安全稳定运行埋下了隐患。

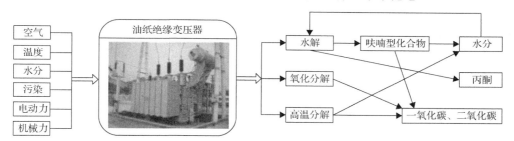

图 1-1　外界因素对变压器绝缘变化的影响

油纸绝缘变压器的老化主要可以分为两大方面：一是绝缘油的劣化；二是绝缘纸的老化。现分别简要介绍这两种绝缘介质的老化过程。

1. 绝缘油的劣化

变压器绝缘油的主要化学成分是由芳香烃、环烷烃和烷烃等碳氢化合物组成的一种混合物，它们所占的百分比是[1]：烷烃一般在 50%以上，芳香烃和环烷烃分别不超过 15%和 40%。油纸绝缘变压器在正常运行情况下，绝缘油的温差在可控的范围内。因为它还没有达到油中混合物的降解温度，所以绝缘油的劣化基本上是油中溶解含有的氧气产生的氧化反应过程[2]。随着油纸绝缘变压的运行年限不断增加，绝缘油不断地被氧化并产生醛、酮等酸性物质，同时还会生成一氧化碳、二氧化碳、氢气、甲烷等烃类气体。由于绝缘油劣化后产生的酸性物质易对设备运行时的散热系统造成阻碍，使变压器油纸绝缘系统内部温度升高。当温度上升到足够高的数值时，绝缘油中的碳氢化合物将会开始高温裂解，生成甲烷等气体从而促进和加快绝缘油的劣化过程，并不断发生恶性循环。正如文献[3]描绘出的油纸绝缘系统中的油和纸发生劣化反应产生的产物相互作用，并受到外部各种因素的影响和作用产生一系列的循环变化过程，如图1-2所示[4,5]。

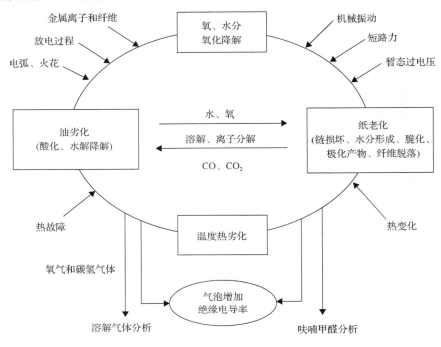

图1-2　油纸绝缘系统老化机理

2. 绝缘纸的劣化[5]

绝缘纸的主要成分是纤维素，它在绝缘纸的化学分析中占相当大的比重。纤维素是一种线状高分子碳氢化合物，通过苷键将葡萄糖基链结而构成的。$(C_6H_{10}O_5)_n$是纤维素的化学分子式，其下标 n 表示该物质的聚合度 DP。当绝缘纸中的纤维素在温度、氧气和水作用下分别发生热降解、氧化和水降解，同时产生一些酸性物质，它会降低纤维素中苷键链结所需要的活化能，从而加快促进绝缘纸的老化进程[6]。随着绝缘纸的纤维素分子式中苷键的不断断裂和分解，它的聚合度 DP 值也随之不断减少。比如投入运行的油纸绝缘变压器或绝缘良好的变压器，其聚合度 DP 值在 1000 以上，随着运行年限不断增加，聚合度 DP 值也随之下降。当聚合度 DP 值下降到 250 及以下时，则变压器绝缘严重劣化，寿命已进入晚期[5-7]。此外，绝缘纸中的纤维素材料在高温裂解过程中，在绝缘油中含有与老化有关的特有物质——糠醛分子。它具有较好的溶解度且在油中不易挥发。根据《电力设备预防性试验规程》（DL/T596—1996）规定，油纸绝缘变压器油中糠醛含量若大于或等于 4mg/L 时，油纸绝缘系统整体绝缘老化严重，寿命已进入晚期。

此外，水分对绝缘油、绝缘纸的老化反应影响也较大，它促进了绝缘油的劣化反应和绝缘纸的降解反应。油纸绝缘变压器的绝缘系统在劣化过程中也会产生水分，又参与和促进油与纸的不断劣化。绝缘纸的吸水性比绝缘油强得多，在常温下，绝缘油和绝缘纸中水分含量所占配比约为 1∶1000，因此水分绝大部分存在于绝缘纸中，它加速了绝缘纸的水降解和氧化降解过程，从而加快老化速率。由此可见，电力变压器的绝缘纸劣化速度与微水含量存在较大关系。绝缘纸中的微水含量能够增大绝缘纸的电导率和介质损耗因素，使绝缘纸的电气强度快速降低，从影响绝缘纸的绝缘性能。

由此可见，水分在油纸绝缘系统的老化过程中扮演着一个重要的角色。为了防止外部水分渗透到油纸绝缘变压器的绝缘系统内部，在变压器安装、运行和检修等各阶段都必须重视对绝缘系统的干燥脱水和防潮处理等工作。

1.2　油纸绝缘介质极化过程

1.2.1　电介质极化形式

绝缘电介质时域响应实质上是介质的极化与去极化的弛豫响应过程。由于绝缘电介质在外电场的持续作用下，绝缘系统的电介质产生极化反应，内部产生偶极矩，介质界面产生束缚电荷[7,8]。根据电介质弛豫响应的特点，电介质极化过程可以分为四种形式[8-16]：电子位移极化、离子位移极化、偶极子转向极化和界面极化。

油纸绝缘变压器内部绝缘系统主要是由绝缘油、绝缘纸、油隙、隔板和撑条等组成的，如图 1-3 所示。它属于复合介质，其极化并不只包含一种类型，而是含有多种极化形式。

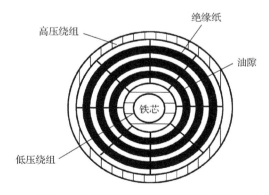

图 1-3　油纸绝缘变压器绝缘系统结构

由图 1-3 可见,电力变压器的主要绝缘材料是绝缘纸和绝缘油两种材料。其中绝缘油在外加电压作用下以电子极化为主,只出现微小的弱极性分子,即固有偶极矩;绝缘纸是固体绝缘,它的成分主要是纤维素。纤维素分子在电场作用下时以偶极子转向极化为主[16]。由于绝缘油、绝缘纸和部分杂质等不同极化特性的物质同时存在,它们在电场作用下在这些物质的分界面上形成复杂的界面极化过程。因此在油纸绝缘系统中,绝缘油的介质极化以电子极化、各类界面极化和绝缘纸的极化以转向极化为主[5]。随着绝缘老化的不断加深,介质微观结构随之发生变化,产生的新物质使得油纸绝缘系统内部极化特性变得更为复杂。

当油纸绝缘老化时将会生成醛、醇、酮、有机酸、水分、二氧化碳、一氧化碳、氢气以及甲烷、乙烷、乙烯、乙炔等低分子烃类气体。为了分析油纸绝缘老化对其极化特性的影响,表 1-1 列出油纸及其老化产物在不同温度情况下的介电常数,如表 1-1 所示[8,12]。

表 1-1 油纸及其老化产物的介电常数

参数	水	绝缘纸	绝缘油	甲酸	糠醛	甲醇	乙醇	丙酮	焦炭
温度/℃	20	20	20	16	20	25	25	20	—
介电常数	81	4～6.5	2.2	58.5	41.9	32.6	24.3	21.45	1.1～2.2

由表 1-1 可以看出,绝缘油、绝缘纸和焦炭的相对介电常数都远小于水、糠醛、甲酸、醇和丙酮等老化产物,而二氧化碳、一氧化碳和氢气等气体的极化强度也很小。因此,水、糠醛、甲酸、醇和丙酮等老化产物将是引起油纸绝缘介质极化特性改变的主要物质,最终影响介质弛豫响应建立的时间。

1.2.2 电介质弛豫响应特性

电介质极化响应可根据外接激励源的不同,分为时域介质响应和频域介质响应。时域介质响应是以阶跃函数为激励信号,而频域介质响应以周期函数变化的正弦波为激励。

1. 时域响应基本公式

电介质由于受到外加恒定电场的作用,其内部的电荷发生偶极子转向和弹性位移,最终在电介质表面积聚。如果将外电场 E 施加到各向同性的介质材料时,根据 Maxwell 定理,这时介质中会同时产生两种电流,即传导电流和位移电流。那么介质中电流密度 $j(t)$ 是传导电流密度和位移电流密度两者的总和,如式(1-1)所示[10,11]:

$$j(t) = \sigma \boldsymbol{E}(t) + \frac{\mathrm{d}\boldsymbol{D}(t)}{\mathrm{d}t} \tag{1-1}$$

式中，σ 是电介质的直流电导率；$\boldsymbol{D}(t)$ 表示电位移。各向同性介质电位移与绝缘材料的极化强度 $\boldsymbol{P}(t)$ 有关。电位移 $\boldsymbol{D}(t)$ 与极化强度 $\boldsymbol{P}(t)$ 之间的关系如式 (1-2) 所示[8]：

$$\boldsymbol{D}(t) = \varepsilon \boldsymbol{E}(t) + \boldsymbol{P}(t) = \varepsilon_0 \varepsilon_\mathrm{r} \boldsymbol{E}(t) + \boldsymbol{P}(t) \tag{1-2}$$

式中，ε_r、ε_0、ε 分别表示相对介电常数、真空介电常数和介质的介电常数。

电介质在极化过程中，由于瞬时极化所需要的时间极短，则瞬时极化强度可以忽略不计，而偶极子转向极化和界面极化等要经过相当长的时间才能达到稳定状态。所以极化强度可以近似用式 (1-3) 表示[8,12]：

$$\boldsymbol{P} = \boldsymbol{P}_\mathrm{r}(t) = \varepsilon_0 \int_0^t f(\tau) \boldsymbol{E}(t-\tau) \mathrm{d}\tau \tag{1-3}$$

式中，ε_0 为真空介电常数；$\boldsymbol{P}_\mathrm{r}(t)$ 是弛豫极化强度；τ 是与时间 t 有关的中间变量；$f(\tau)$ 是介质响应函数，且是单调递减函数，它描述在外加电场作用下绝缘介质的极化行为[15]；$\boldsymbol{E}(t)$ 是介质中的恒定电场强度。

若将式 (1-3) 代入式 (1-2) 后，然后再代入式 (1-1)，对电位移 $\boldsymbol{D}(t)$ 微分后，得到各向同性介质中的电流密度 $j(t)$ 表达式

$$\begin{aligned} j(t) &= \sigma \boldsymbol{E}(t) + \varepsilon_0 \varepsilon_\mathrm{r} \frac{\mathrm{d}}{\mathrm{d}t} \boldsymbol{E}(t) + \varepsilon_0 \frac{\mathrm{d}}{\mathrm{d}t} \left\{ \int_0^t f(t-\tau) \boldsymbol{E}(\tau) \mathrm{d}\tau \right\} \\ &= \sigma \boldsymbol{E}(t) + \varepsilon_0 \left(\varepsilon_\mathrm{r} \delta(t) + f(t) \right) \boldsymbol{E}(t) \end{aligned} \tag{1-4}$$

式中，$\delta(t)$ 为冲激函数。由式 (1-4) 可见，总的电流密度由三部分组成：第一部分 $\sigma \boldsymbol{E}(t)$ 是由材料电导产生的电流密度，第二部分 $\varepsilon_0 \varepsilon_\mathrm{r} \delta(t) \boldsymbol{E}(t)$ 是介质在快速极化过程产生的瞬时电流密度，第三部分 $\varepsilon_0 f(t) \boldsymbol{E}(t)$ 是介质缓慢极化过程中产生的电流密度。

在式 (1-4) 中，介质电导率、相对介电常数和介质响应函数等特征量难以直接单独测量获得。因此，一般需要通过测量其他相关特征量来研究介质的极化特性。例如，根据不同的测试方法，分别测量出绝缘材料的极化电流、去极化电流和回复电压等宏观特征量，然后再透过这些宏观特征量与介质参数之间的关系，探讨如何应用这些特征量判断油纸绝缘系统的老化状况。

2. 频域极化响应基本公式

对于各向同性介质材料施加频率可调的交流电压，在交变电场 $\boldsymbol{E}(\omega)$ 的作用

下，产生的电流密度 $j(\omega)$ 通过傅里叶变换等运算得到以下公式[13,17]：

$$j(\omega) = \sigma_0 E(\omega) + i\omega D(\omega) \qquad (1\text{-}5)$$

根据电位移公式(1-2)，经过傅里叶变换可得到频域电位移，如式(1-6)：

$$D(\omega) = \varepsilon_0 E + P(\omega) \qquad (1\text{-}6)$$

式中，极化强度 $P(\omega)$ 傅里叶变换后的关系如下：

$$P(\omega) = \varepsilon_0 \chi(\omega) E(\omega) \qquad (1\text{-}7)$$

其中，$\chi(\omega)$ 定义为频域电极化率。

将式(1-7)代入式(1-6)，然后再代入式(1-5)，经简化后再合并可得频域电流密度式为[5,17]

$$j(\omega) = i\omega\varepsilon_0 \left\{ \varepsilon'(\omega) - i\varepsilon''(\omega) \right\} E(\omega) \qquad (1\text{-}8)$$

式中，介质材料动态相对介电常数用 $\varepsilon_r(\omega)$ 表示，ε' 和 ε'' 分别表示相对介电常数 $\varepsilon_r(\omega)$ 的实部和虚部。

在频域极化过程中，电导率 σ、动态介电常数 $\varepsilon_r(\omega)$ 和电极化率 $\chi(\omega)$ 是表征绝缘材料介电特性的重要参数[17]。然而，这些参数值同样很难直接通过测量获得的。因此，在频域测量时需要测试与这些参数相关的特征量，如介质损耗因素和介质材料的复电容值等。

总而言之，不管是通过时域还是频域测试获得的方程都可以通过傅里叶变换相互转换。对于时域和频域的状态方程，都是假设绝缘材料是各向同性均匀线性电介质。因此，使用时域或频域测量获得的信息它们之间都是等价的。

3. 介质响应特性

油纸变压器的绝缘介质主要由绝缘油和绝缘纸组成的，它们的介质响应特性存在一定的差异。当绝缘系统受到电场作用时，电荷将在两种材料的交界面上积聚，产生界面极化现象。因此在油纸复合绝缘材料中，介质的极化以绝缘纸的取向极化、绝缘油的电子极化和油纸界面的极化为主。

在文献[14]中，Bognar、Csepes 等学者在实验中选取两种不同绝缘状态的新、旧油浸纸进行介质极化实验，并对它们的极化特性进行比较，结果如图 1-4 所示。图 1-4 中横坐标表示频率或时间(单位：Hz 或 s)，纵坐标表示微观极化率与时间的变化率，da 为微观极化率。

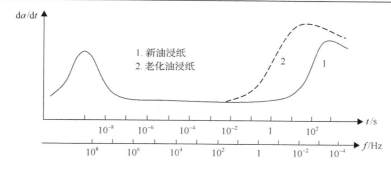

图 1-4　新、旧油纸微观极化率的变化率曲线

由图 1-4 可见，新旧两种不同绝缘状况的油浸纸，它们的极化特性各不相同。在低频段(频率小于 10^2 Hz 之后)，随着频率的减小，两者的微观极化率的变化率出现非常明显的差异。这是由于，新旧两种不同绝缘状况的油浸纸在极化过程中，低频段绝缘老化的油纸内部老化产物及其响应的介质微观极化率比新的油纸的变化速率大、达到峰值的时间相对较快；在高频段(频率大于 10^2 Hz)，两者的极化特性曲线是重合的，不存在任何差异。由此可见，应用介质极化响应特征量评估油纸绝缘变压器的绝缘状态，在高频段无法区分出新、旧变压器绝缘特性。它需要在低频缓慢极化作用下，才能有效区分出变压器不同绝缘状况的极化特性。

1.3　时域介电谱的测量

时域介电谱测量法是一种以电介质的极化特性为基础的测试方法，是一种无损电气测试法。时域介电谱测量法包括：回复电压测量方法(RVM)和极化、去极化电流测量方法(PDC)。这种测试方法是在油纸绝缘设备的两个极性端外加直流恒定电源，使绝缘系统内部发生介质极化响应，然后通过测试仪器测量绝缘系统的极化特征量。现在分别阐述回复电压测量法和极化、去极化电流这两种测量方法。

1.3.1　回复电压极化谱测量

1. 回复电压法

回复电压的测量是以电介质极化理论为基础，对油纸绝缘系统介质外加直流恒定电压 U_0，在外电场作用下，介质内部偶极子以电场的方向作定向排序进行有规律的定向移动，介质发生极化现象，此时表面出现束缚电荷。当极化至一定时间后，撤去外加电压并将绝缘系统两端短接，则介质中的偶极子将慢慢转移到原本的任意方向，成为无序排列，内部释放出部分束缚电荷，称此阶段为介质去极化过程。经过一段时间的短路后，将绝缘系统两端的短接线断开，让系统处在开路状态。此时介质内部仍继续发生去极化过程，绝缘内部未完全释放的自由电荷和原本受极化约束的束缚电荷变为自由电荷并形成一个电位势，即在两极间产生一个电压，称该电压为回复电压[15]。

用于现场测试的回复电压法是在单次测量的基础上，通过多次循环测量获得的多个回复电压值。回复电压单次测量的过程如图 1-5 所示，它包括四个阶段：充电(极化)、放电(松弛)、开路测量、松弛。通过多次循环测量，逐次改变充电时间极化，在不同充电时间 t_c 下测试出回复电压值的变化，并提取各次循环测量的回复初始斜率、峰值电压、峰值测量时间、主时间常数。最后得到不同充放电时间下的回复电压最大值与充电时间的变化曲线，即称这条曲线为回复电压极化谱。

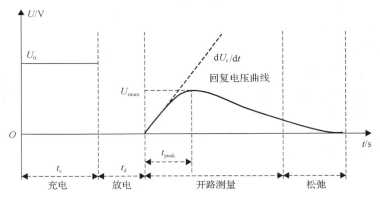

图 1-5　回复电压测试过程

从图 1-5 可以看出，在单次回复电压的测量过程中极化和松弛过程同样是基于介质极化的响应过程。当经过 t_d 时间的短路后，在 $t = t_c + t_d$ 时刻开路，然后进行回复电压测量。此时系统内部还将处在缓慢极化过程，自由电荷仍未完全松弛。但这时系统内部去极化电流已为零。因此，根据式(1-4)电流密度的表达可得到回复电压 U_r 的关系式[5,12]：

$$\sigma U_r(t) + \varepsilon_0 \varepsilon_r \frac{dU_r(t)}{dt} + \varepsilon_0 U_0 \frac{d}{dt} \int_0^{t_c} f(t-\tau)d\tau + \varepsilon_0 \frac{d}{dt} \int_{t_c+t_d}^{t} f(t-\tau) U_r(\tau)d\tau = 0 \quad (1\text{-}9)$$

由式(1-9)可见，回复电压 U_r 的测量值是绝缘介质极化特性(σ、ε_r、$f(t)$)的宏观反映。通过测试不同充放电时间下的回复电压极化谱，即可以从回复电压极化谱及其特征量获取电导率、相对介电常数和随老时间变化的介质响应函数等信息。

在回复电压极化谱测试中，若获得的回复电压极化谱随着充电时间先增大而后随时间减小，且极化谱只有唯一峰值，则称曲线为标准型极化谱。若测试时受到外界环境因素(如温度、残余电荷和绝缘老化产物特性效应)的影响，造成测量时在极化谱中出现多个峰值点，导致回复电压测量结果不能反映绝缘的真实状态，则称该极化谱为非标准极化谱。

因此，在测量前首先要尽量降低各种因素的影响。例如，充分释放残余电荷，在外界环境干扰小、空气湿度小的情况下进行测试。对于非标准极化谱，首先要分析现场的干扰因素，如被测试品是否存在残余电荷、油纸绝缘介质是否稳定等，根据极化谱局部峰值点位置排除虚假峰值，确定可信的峰值点。

2. 回复电压测量接线

1) 单相变压器回复电压测试接线

在进行回复电压极化谱测量时，若变压器的绕组为三角形连接，首先将油纸绝缘变压器其中一个绕组的三相导线引出线短接，再将外壳端连接在一起，若该变压器的绕组为 Y 形连接，则需对绕组的三相导线引出端及中性点都进行短接，然后将测试仪的正极引出线与变压器的另一个绕组的出线端连接，测试仪的负极引出线与变压器绕组的出线端及外壳连接并接地。

2) 三相变压器回复电压测试接线

(1) 双绕组变压器的回复电压测试接线。

首先将油纸绝缘变压器被测绕组的三相绕组的始端出线短接（三相绕组三角形连接），未被测绕组的三相引出线短接，并与中性点（三相绕组 Y_0 连接）短接后再与变压器外壳连接并接地。然后将测试仪的正极引出线与被测绕组的短接点连接在一起，测试仪的负极引出线与变压器的外壳和接地连接。最后改变开关 S 的状态，即可进行回复电压测量。操作关键过程为：充电、放电、开路测量和松弛这四个阶段，如图 1-5 和图 1-6 所示。

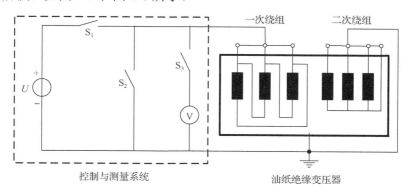

图 1-6　回复电压测试过程

(2) 三绕组变压器的回复电压测试接线。

三绕组变压器的绕组可分为高压绕组、中压绕组和低压绕组。当要测量变压器高、中压绕组之间的绝缘状况时，首先将测试仪的正极引出线与高压绕组三相导线引出端短接点进行连接，测试仪的负端引出线与变压器中压、低压绕组的三相引出端导线及其中性点连同变压器外壳进行短路接地。同理，若要测量中低压、中高压绕组之间的绝缘状况时，其接线方式与测量高中压之间绕组的接线方法类似。

回复电压测量法的具体操作步骤如下所示。

步骤 1：充电阶段。将开关 S_1 闭合，断开开关 S_2、S_3，然后在油纸绝缘介质两端施加直流恒定电压 U_0，对油纸绝缘介质进行充电，充电时间为 t_c，此时油纸绝缘介质处于极化过程。

步骤 2：放电阶段。将开关 S_2 闭合，断开 S_1、S_3 开关，然后将油纸绝缘介质两端短接。经过 t_d 时间的短接，此时油纸绝缘介质将出现去极化现象。

步骤 3：测量阶段。开关 S_1、S_2 断开，然后将开关 S_3 闭合，并进行回复电压测量。此时油纸绝缘内部未释放完的自由电荷将形成回复电压。

步骤 4：松弛阶段。将油纸绝缘介质内部剩余的电荷进一步释放完。

按照以上测量步骤，在每一次测量的回复电压过程中包含以下特征量：

①回复电压最大值 U_{rmax}：单次充电时间下的测试周期内，回复电压出现的最大值。

②初始斜率 S_r：在测试起始时的回复电压值变化率，即 $S_r = dU_r/dt|_{t=0}$。

③峰值测量时间 t_{peak}：单次充电时间下，回复电压最大值 U_{rmax} 对应的测量时间。

按照回复电压测量的操作步骤，经过多次的回复电压测量，由每次充电时间 t_c 及测量得到的回复电压最大值 U_{rmax} 构成的曲线称为回复电压极化谱，如图 1-7 所示。在回复电压极化谱曲线中峰值电压 U_{Mf} 对应的充电时间称为回复电压极化谱主时间常数 t_{cdom}。通过测量获得回复电压极化谱特征值，今后可用于评估油纸绝缘变压器的绝缘状况。

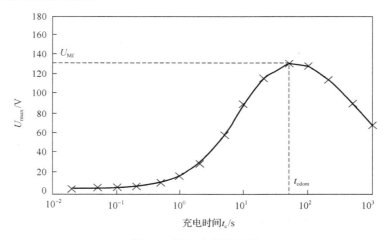

图 1-7　回复电压极化谱

1.3.2　极化、去极化电流测量

1. 极化、去极化电流

极化、去极化电流法是判断油纸绝缘状况的一种时域无损诊断方法，也可以估算出固体绝缘中的水分含量和油的电导率。如果在 $0 \leqslant t \leqslant t_c$ 时，对已完全放电结束的油纸绝缘系统两极间施加一个如式(1-10)所示的直流阶跃电压 U_0。

$$U(t) = \begin{cases} 0, & t < 0 \\ U_0, & 0 \leqslant t \leqslant t_c \\ 0, & t > t_c \end{cases} \tag{1-10}$$

绝缘系统经过 t_c 时间的持续充电，绝缘介质内部产生极化过程。在绝缘系统外接两极之间通过一个微小的充电电流 i_p，称该电流为极化电流。极化电流由传导电流和吸收电流两部分组成，吸收电流与绝缘介质极化有关，但随时间变化衰减较快；而传导电流与绝缘介质的直流电导有关。

当断开外接直流电压后，并将绝缘介质两端短接，此时绝缘介质中的偶极子将慢慢转移到原本的任意方向，成为无序排列，内部释放出部分束缚电荷。该电荷失去约束变为自由电荷，则在系统内部出现一个电位势。此刻在短路线中流过一个微小的随时间缓慢衰减的电流 i_d，称该电流为去极化电流。极化和去极化电流如图 1-8 所示。

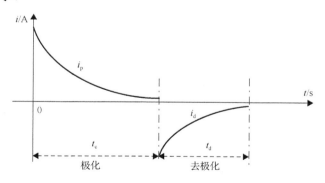

图 1-8　极化、去极化电流的示意图

绝缘介质在高压直流电源作用下，当绝缘介质发生极化时(现以平行电容比拟)，电场强度 E 视为由外部直流电压源 U_0 作用产生的，两者关系如式(1-11)所示[8,9]：

$$E = \frac{U_0}{d} = \frac{U_0 C}{\varepsilon S} = \frac{U_0 C_0}{\varepsilon_0 S} \tag{1-11}$$

式中，C_0 为真空电容值；S 为绝缘介质的横截面积；d 为两极板间距离。将式（1-11）代入式（1-12），经过运算后得到绝缘介质的极化电流 i_p 的方程式为[8,9,12]

$$i_p(t) = \left(\frac{\sigma}{\varepsilon_0} + \varepsilon_\infty \delta(t) + f(t) \right) C_0 U_0 \tag{1-12}$$

式中，$\delta(t)$ 是冲激函数，它只有在 $t=0$ 时刻不为零。故极化电流主要与直流电导率 σ 和响应函数 $f(t)$ 两部分有关，如式（1-13）所示：

$$i_p = C_0 U_0 \left(\frac{\sigma}{\varepsilon_0} + f(t) \right) \tag{1-13}$$

当绝缘介质两端撤去外加电压时，在 $t_c < t \leqslant t_d$ 时间内两端短接，此时通过短路线的去极化电流可用式（1-14）表示：

$$i_d(t) = -(f(t) - f(t+t_c) + \varepsilon_\infty \delta(t)) C_0 U_0 \tag{1-14}$$

由式（1-14）可见，去极化电流的方向与极化电流相反。此外，去极化电流没有电导项，由于冲激函数 $\delta(t)$ 仅在 $t=0$ 时刻不为零，所以去极化电流 i_d 可用式（1-15）表示[5,13]：

$$i_d = -C_0 U_0 (f(t) - f(t+t_c)) \tag{1-15}$$

如果绝缘介质极化足够长时间，由于 $f(t)$ 是单调递减响应函数，当 $t>0$ 时，$f(t) \gg f(t+t_c)$，则式（1-15）中的第二项可以忽略不计。此时，去极化电流可用式（1-16）表示：

$$i_d(t) = -C_0 U_0 f(t) \tag{1-16}$$

由式（1-13）和式（1-15）可知，极化电流由传导电流和吸收电流两部分组成，而去极化电流只包含吸收电流。吸收电流与绝缘介质极化过程有关，并且微水等强极性老化物质会导致油纸绝缘弛豫响应特性发生变化，它间接反映在去极化电流曲线上，因此测量去极化电流可以实现对油纸绝缘状态的评估。

当绝缘介质极化时间足够长时，通过测量极化电流和去极化电流的值，可以用式（1-17）估算绝缘介质的直流电导率[13,18]

$$\sigma = \frac{\varepsilon_0}{C_0 U_0} (i_p(t) + i_d(t)) - \varepsilon_0 f(t+t_c) \tag{1-17}$$

如果极化时间较短，要区分电导率和电介质极化对极化电流 i_p 的影响是非常困难的。为了获得真实的电导率，仅当介质响应函数 $f(t+t_c) \ll \sigma/\varepsilon_0$ 或介质响应函数的影响几乎已经消失时，可以根据测试获得的极化电流和去极化电流值计算出介质的直流电导率[19]。

2. 极化、去极化电流测量接线

极化、去极化电流的测量原理和测量过程与回复电压的测量方法是类似的，不同点在于测量所提取的极化特征量。现以双绕组油纸绝缘变压器为例简要介绍极化、去极化电流测量的接线方式和操作过程，其接线示意图如图 1-9 所示。图中虚线内是控制测量系统，内部含有直流高压电源和高精度的微安电流表，还有控制开关 S_1 和 S_2，它能够将微小的极化和去极化电流数值记录保存下来。

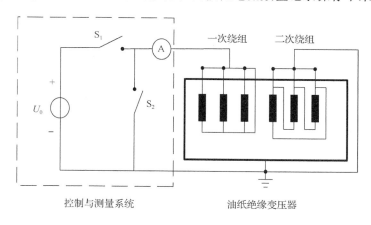

图 1-9 极化、去极化电流测量的接线示意图

1）极化电流测量

首先按回复电压测量方法先将变压器的高低压绕组接好线，然后合上开关 S_1（开关 S_2 保持断开状态），即在油纸绝缘变压器的两个电极施加直流脉冲高电压 U_0（通常外加电压值为 500～2000V）进行充电，充电持续时间为 t_c，在充电时间段内油纸绝缘介质在外加电场作用下发生极化响应，此时在介质两极间通过随时间变化的微小极化电流 i_p。控制测量系统内部高精度的微安表将会计量出每一个时刻微小变化的电流，并记录保存下来。

2）去极化电流测量

经过 t_c 时间段的充电后，将开关 S_1 断开随后合上开关 S_2，此时油纸绝缘变压器的两个接线电极处于短路状态，短路时间持续一段时间（假设在 t_d 时间段内）。绝缘系统内介质处于去极化响应过程，即短路放电。这是由于在短路期间，油纸绝缘系统的束缚电荷失去外电场力的约束变为自由电荷，则在系统内部产生一个电位势并释放能量。此时在短路流过一个反向微小变化的电流，即去极化电流 i_d，它随着时间变化而缓慢衰减，最终趋近于零。测量时，测量系统将计量出每时刻微小变化的电流，并记录保存下来。如图 1-8 所示，极化、去极化电流曲线是随时间变化而缓慢衰减。

1.4　频域介电谱测量法

1. 频域介电谱[20,21]

频域介电谱的测试原理是在电介质两端施加交流正弦电压($\tilde{U}$)，通过改变电源电压频率(ω)，测试获得绝缘介质在不同频率下的复电容 $C^*(\omega)$、介质损耗因数 $\tan\delta$ 等与频率有关的参数[17]，即

$$C^*(\omega) = C_0(\varepsilon'(\omega) + i\varepsilon''(\omega)) = C' + iC''\qquad(1\text{-}18)$$

式中，ω 为施加电压的角频率；C' 和 C'' 分别是复电容 C^* 的实部和虚部；$\varepsilon'(\omega)$ 和 $\varepsilon''(\omega)$ 分别是复介电常数的实部和虚部。

根据复电容 C^* 的实部和虚部可以导出介质的损耗因数 $\tan\delta(\omega)$ 随频率变化的函数式[17]

$$\tan\delta(\omega) = \frac{C''(\omega)}{C'(\omega)} = \frac{\varepsilon''(\omega)}{\varepsilon'(\omega)}\qquad(1\text{-}19)$$

测量频域介电谱时，通常使用的测试频率在 0.1mHz～1kHz 范围内。若选择合适的测试频率可以避免工频测量时的电磁干扰。尤其是采用低频段测试，能反映油纸绝缘介质的不同极化特性。试验结果表明，在低频段，测试温度和热老化都会影响油纸绝缘纸频域介电谱的测量结果。

2. 频域介电谱测量接线

目前测量频域介电谱主要采用介电响应分析仪(如 DIRANA)，它可实现自动测量显示、数据储存和输出。DIRANA 介电响应分析仪综合了 FDS 和 PDC 两种测量方法的优点。在高频段，采用频域介电谱方法测量介质损耗因数，而在低频段，通过测量极化电流结果换算频域范围内的介质损耗因数。通过此方法可以在很宽的频率范围内对介质损耗因数等进行测量。图 1-10 是油浸式变压器低压绕组的频域介电谱测试接线原理图。

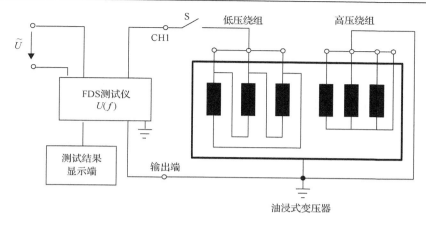

图 1-10　FDS 测试电路原理图

频域介电谱接线和测量步骤如下：

（1）将三相高压绕组短接后与变压器油箱外壳相接，将测量输出端（output）与油箱外壳连接，并确保可靠接地。

（2）将三相低压头尾短接，通过测量导线与分析仪 DIRANA 测量端（CH1）连接。

（3）将 DIRANA 分析仪的电源线接到 220V 交流电源，把数据线连接到笔记本电脑，并打开 DIRANA 携带的分析软件。

（4）通过软件设置充电交流电压（$\tilde{U}$）的幅值（100～200V）和采样频率（f）的范围（0.1mHz～1kHz）。

（5）闭合测试开关 S，即可通过仪器实现自动测量低压绕组的频域介电谱数据，并通过电脑显示屏绘制出测试曲线图。图 1-11（a）、（b）是在不同频率下测试的频域介电谱典型曲线图。

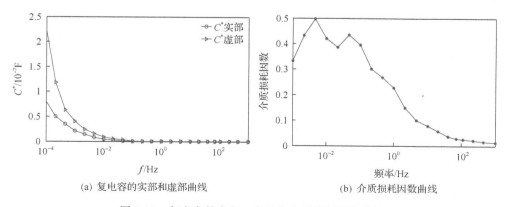

（a）复电容的实部和虚部曲线　　　　　（b）介质损耗因数曲线

图 1-11　复电容的实部、虚部和介质损耗因数曲线

在低压交变电场作用下测量油纸绝缘介质损耗因数、复电容和复介电常数等参数,不同频率段的特征量各自包含着绝缘油、绝缘纸极化的不同信息。研究表明[22],随着热老化时间的增大,相对介电常数的虚部也随之增大,介损也越大,且在低频段具有最大值;频域介电谱的复介电常数的实部和虚部也随着油纸绝缘系统受潮和水分含量的增大而增大。与老化类似,在低频段复介电常数的虚部会出现峰值点。

1.5　影响回复电压测量的主要因素

测量回复电压时会受到残余电荷、周围电磁干扰、温度变化、空气湿度等因素的影响,详细分析这些影响因素对回复电压极化谱测量造成的变化,为今后准确测量回复电压极化谱及其特征量是相当必要的。

1)残余电荷的影响[5]

根据电介质极化理论分析可知,由于电介质放电不充分而存在的残余电荷产生的电压将叠加于回复电压上,使测量的回复电压值增大,而随着下一次测量的进行,残余电荷通过放电释放,可能使回复电压极化谱产生虚假峰值。随着放电时间的延长,剩余电荷不断被释放出来直至放电结束,此时测试回复电压值回归到真实情况。图 1-12 是一台型号为 SFZ—31500/110 的油纸绝缘变压器在没有充分放电情况下测试得到的回复电压极化谱曲线。

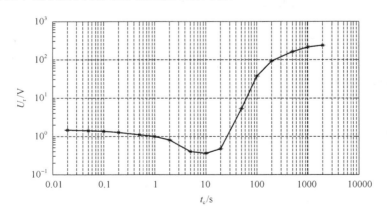

图 1-12　受剩余电荷量影响的极化谱

由图 1-12 分析可见,由于剩余电荷量的存在,使得极化谱在测试初期受到影响,初期测量值偏大。随着测量次数的增加,剩余电荷不断释放和减少,造成极化谱出现"先抑后扬"的异常现象。因此,在测量回复电压前,需预先对变压器进行充分放电,消除残余电荷对测量的影响。

2）温度的影响[5]

温度变化会影响绝缘介质内部分子的运动状态，绝缘材料的介质极化响应特征量将随温度的变化而改变。当温度升高时，绝缘介质极化响应回复电压值随之增大。当温度发生变化时，可能造成回复电压极化谱出现局部峰值。因此，在测量回复电压时，环境温度变化不宜超过 2℃[5,23]。

3）电磁干扰影响[5]

在现场进行油纸绝缘变压器回复电压测量时，回复电压峰值一般为几十到几百伏，其充电电流和放电电流都相当微小，一般在 $10^{-9}A$ 等级[5,24]。若变压器附近存在高压带电设备或带电母线，被测量的变压器与带电设备之间存在耦合电容，且变压器的一端通过测量导线接地，因此干扰电流将会沿着耦合电容通过测量回路，导致测量的极化谱出现异常波动。例如，在变电站对一台 110kV 变压器的高压绕组进行回复电压测量时，测量获得的回复电压极化谱曲线出现多个峰值点，如图 1-13 所示。

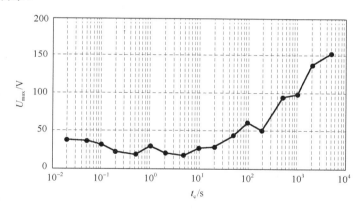

图 1-13　电磁干扰下的回复电压极化谱曲线

由图 1-13 可见，回复电压极化谱线不是标准型极化谱，在曲线中出现多个局部峰值点，它属于非标准极化谱。这是因为在变压器回复电压测量时，受到周围高压带电设备的电磁干扰。排除残余电荷的影响后，测试高压绕组的短路电流，发现短路电流也呈现持续不规则的波动状态，且波动幅值一直无减小趋势。若在高压带电设备周围对电磁干扰采取屏蔽后，极化谱的不规则波动就消失。因此，在现场测量之前，必须确定周围环境是否适合，同时采取一定措施以减小电磁干扰的影响。

4）空气湿度的影响

当测量现场空气湿度较大时，附在变压器套管表面的潮气将形成水膜构成导电通路，导致绝缘电阻减小。例如，在现场测量某台 110kV 变压器低压绕组回复电压时遇到水雾天气，在测量阶段末期空气湿度不断增大，测量结束后又下起了雾雨，最后测量得到该变压器低压绕组回复电压极化谱曲线如图 1-14 所示。

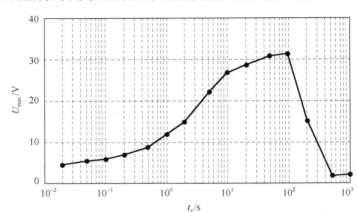

图 1-14　空气湿度影响下的回复电压极化谱曲线

由图 1-14 可见，当充电时间到 100s 后，测量的回复电压极化谱值陡降，这是由于外界空气湿度增大，绝缘表面受潮形成的连通水膜，相当于在等值电路模型中并入了一个小电阻，致使回复电压测量中分担在绝缘电阻上的电压值减小，造成极化谱曲线异常陡降。在测量期间空气湿度的大幅变化，甚至会导致极化谱产生局部峰值。因此，为了保证测量数据的准确性，应避免在潮湿或湿度大的天气进行测量。

5) 温度和绝缘油质的影响

变压器绝缘油和绝缘纸的材料特性不同，前者为憎水性材料，而后者为亲水性材料。在回复电压测量过程中，随着温度的变化，水分会在油和纸之间扩散、迁移，这将会影响绝缘介质的极化特性。如早上的环境温度为 18~20℃，而中午则可能会上升到 30~35℃，当环境温度变化很大时，变压器内部容器及其介质的温度也会发生变化。因此，回复电压测量时，尽量使绝缘介质温度保持在稳定的状态。

为了保证测量数据的准确性，回复电压的测量不宜在环境温度低于 5℃时进行，在低于 5℃测量时，由于局部水分子可能产生结晶而不会发生极化响应，会影响测量结果。

除了外部干扰因素之外，固体绝缘本身状态不均匀也会造成测量时出现非标准极化谱。试验研究表明，绝缘油的好坏会影响极化谱的形状。例如，一台运行 20 年的 220kV 油纸绝缘变压器，大修前(未进行干燥处理)第一次测量时，极化谱在短时间内会出现一个局部峰值点。通过实验仿真分析所得结论是，这是快速极化过程造成的，说明绝缘油中微水含量较高，局部峰值点反映了绝缘油的状态。

经现场对变压器进行干燥处理后再次进行回复电压测量，这时极化谱局部峰值点消除了。测试表明干燥处理后绝缘油状态是良好的。图1-15为局部受潮干燥处理前后的极化谱。因此，针对变压器油中水分分布不均或局部受潮的问题，必要时需进行干燥处理，或使其充分扩散后再进行测量，以便得到较准确的测量结果。总之，绝缘油质量的好坏会影响极化谱的初始部分，因此，一般极化谱的第一个峰值点反映了绝缘油的状态，而回复电压极化谱终端部分的峰值点则反映绝缘纸的水分含量。

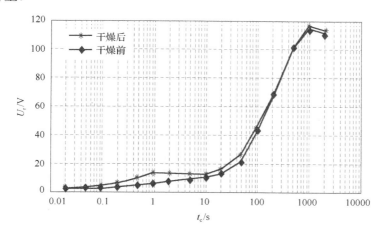

图1-15　局部受潮干燥前后的极化谱

绝缘油质差也会造成极化谱非标准。因为快速极化过程在短时间极化产生的回复电压值逐渐增大，而随着测量循环放电时间的增加，快速极化过程产生的电荷被充分释放，导致回复电压值降低，所以产生局部峰值点。

6) 油纸绝缘老化因素的影响

油纸绝缘变压器在运行过程中受到热老化的影响会产生各种杂质产物。绝大部分老化产物的介电常数比绝缘油和绝缘纸大得多。电介质的介电常数取决于自身的介电特性，因此可以通过老化产物的介电常数来研究油纸绝缘老化引起的电介质极化特性变化。随着老化产物的增多，绝缘系统整体极化特性增强，建立极化谱所需的时间将会缩短。在外加电场的作用下，绝缘介质本身及水和酸等极性老化产物会产生偶极子转向极化，与此同时，它们相互之间还会形成界面极化，从而增强了油纸绝缘系统的极化特性，也加快其极化弛豫速度。因此，绝缘劣化的影响势必会在回复电压极化谱上反映出相关差异性。

图1-16为两台同一型号但生产年份不同的变压器测量后获得的回复电压极化谱。1991年生产的变压器比2001年生产的变压器测量的回复电压峰值明显大很多，且主时间常数较小。由对应的极化谱特征量说明，此台变压器绝缘老化较为

严重，其绝缘内部极性分子较多，导致极化过程存储的电荷量多，弛豫速度增快，更易于极化，使绝缘介质的主时间常数减小。

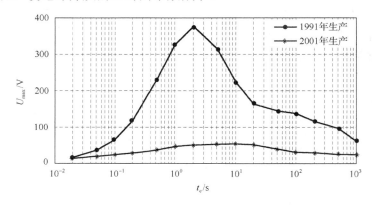

图 1-16　两台变压器回复电压极化谱对比

　　由上述分析可见，回复电压的测量受诸多因素的影响，为了保证测量的准确度，在测量过程中，应尽量减少外部环境或人为操作上的干扰，排除干扰因素造成的虚假峰值，保证测量特征量的可靠性。同时，需要准确记录现场条件，从而确保特征量诊断绝缘状态的准确性及不同变压器测量数据的可比性。

　　为了保证回复电压测量的准确度，测量时需注意的事项如下。

　　(1)在测量回复电压前，需将绕组的三相引出端短接，并通过接地短路放电，释放残余电荷，消除残余电荷对回复电压值的影响。

　　(2)回复电压测量过程需要准备 UPS 设备，防止临时断电对测量过程产生的影响。

　　(3)尽量在环境温度稳定、空气湿度小的情况下进行回复电压测量，记录空气相对湿度和油温的变化。

　　(4)充电电压 U_0(极化电压)和充电时间 t_c 与放电时间 t_d 的比值(充放电时间比)也会对回复电压极化谱产生一定影响。

1.6　极化电压对回复电压的影响

　　现场测量油纸绝缘变压器极化谱时，容易受到周围环境和噪声的影响，在噪声比较大的环境下，为了防止信号失真，需要施加较高等级的极化电压(充电电压)；而对于小型变压器或者在干扰较小的环境下，则往往采用电压等级较低的电源。因此，分析油纸绝缘变压器极化电压 U_0 对回复电压谱线特征量测量的影响，选择一个合适的极化电压对于准确评估油纸绝缘老化状况是十分重要的。

根据回复电压测量接线图 1-6 的接线方式，对某一台油纸绝缘变压器在测量温度保持相同的情况下，充放电时间比设置为 2，分别在绝缘介质两端施加直流恒定电压 2000V 和 1000V 进行充电，然后按照回复电压测量方法和步骤获得其回复电压极化谱，如图 1-17 所示。

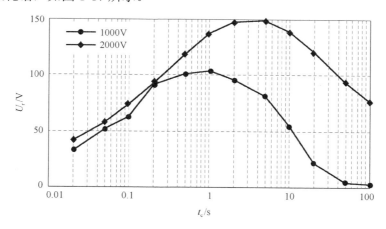

图 1-17　不同极化电压作用的回复电压极化谱

由图 1-17 的极化谱可以看到，随着施加的极化电压升高时，回复电压极化谱值及其特征值均有显著增大。特别值得注意的是，在 2000V 极化电压作用下，其主时间常数比在 1000V 显著增大，如表 1-2 所示。

表 1-2　回复电压极化谱特征值

极化电压 U_0/V	主时间常数 t_{cdom}/s	峰值电压 U_m/V
1000	2.85	104
2000	6.47	150.5

由表 1-2 看出，同一台变压器在不同极化电压作用下，主时间常数有很大的变化。这是因为，油纸绝缘介质在极化过程中界面极化占有较大比例，自由电荷随极化电压的增加而改变极化强度和松弛频率，使得测量得到的峰值电压和对应的主时间常数都有增加，尤其是主时间常数增加最明显。由此可见，在不同极化电压测试的回复电压特征量不能进行比较。回复电压测量时，如无特别说明，通常测量电压均设置在 2000V。

为了更深入探讨外加极化电压 U_0 的大小对回复电压特征量的影响，现分别选取当极化电压 U_0 分为 100V、200V、400V、600V、800V、1000V 和 2000V，且在相同充电时间 t_c 情况下 U_0 与回复电压各特征量：最大值 U_{rmax}、初始斜率 S_r 和峰值时间 t_{peak} 等之间的变化情况。

1.6.1 极化电压对回复电压最大值影响

保持充放电时间比值 t_c/t_d 为 2，在不同的 t_c 下改变极化电压 U_0 大小，获得 U_0 与回复电压最大值 U_{rmax} 的关系曲线，如图 1-18 所示。

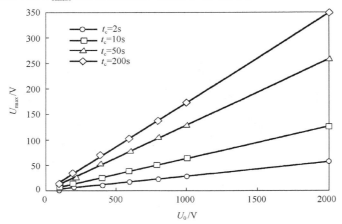

图 1-18　极化电压 U_0 和回复电压最大值 U_{rmax} 的关系

由图 1-18 可见，回复电压最大值 U_{rmax} 随着充电电压 U_0 的增大而增大，而且二者呈线性关系。这是由于随着外加充电电压的增大，介质极化强度增强而聚集大量电荷，产生较大的回复电压。

1.6.2 极化电压对回复电压初始斜率影响

保持充放电时间比值 t_c/t_d 比值为 2，在不同的 t_c 下改变极化电压 U_0 大小，可以得到 U_0 与初始斜率 S_r 的关系曲线，如图 1-19 所示。

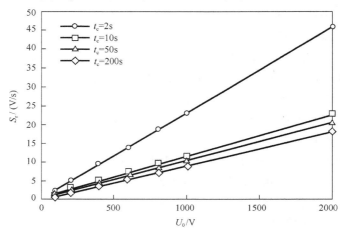

图 1-19　充电电压 U_0 和初始斜率 S_r 的关系

由图 1-19 分析可见，随着极化电压 U_0 的增大，初始斜率 S_r 随之增大，而且 S_r 和 U_0 二者呈线性关系。

1.6.3　极化电压对峰值时间的影响

保持充放电时间比值 t_c/t_d 为 2，在不同的 t_c 下改变极化电压 U_0 大小，获得 U_0 与峰值时间 t_{peak} 的曲线，如图 1-20 所示。

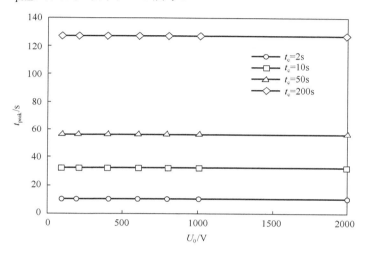

图 1-20　充电电压 U_0 和峰值时间 t_{peak} 的关系

从图 1-20 可见，在各次充电时间下，峰值时间 t_{peak} 不随 U_0 的变化而变化。由此可见峰值时间 t_{peak} 与极化电压 U_0 无关。

根据以上分析，极化电压 U_0 的大小影响回复电压最大值 U_{rmax} 和初始斜率 S_r。当充电电压 U_0 越大时，U_{rmax} 和 S_r 值也随之增大且变化明显，这将有利于回复电压极化谱特征量的测量。然而，当油纸绝缘变压器外加的极化电压 U_0 越高时，对电气设备的绝缘性能要求也越高。因此在回复电压测量时，不宜施加太高的极化电压，测量仪的输出电压应允许范围内调整，一般极化电压最高值设置为 2000V 较为合适。

1.7　不同充电放电时间比对极化谱特征量的影响

在回复电压极化谱测量时，充电放电时间比 t_c/t_d 的大小对回复电极化谱特征量有影响。正如文献 [14] 中指出的，不同充放电时间比的极化过程增率 (development ratio) D_r 与充电时间 t 的关系曲线，如图 1-21 所示。图 1-21 中纵坐标表示极化过程的增率 D_r(无量纲)；横坐标表示充电时间。在 D_r=0.1 时，图中

T_b–T_a 值称为带宽。由图 1-21 可以看出，假如 t_c/t_d 增大，带宽变大，极化谱顶部平坦。极化过程的最大增率 D_r 对应的充电时间 T_m 值难以确定，即 T_m 的选择性变差[5]。

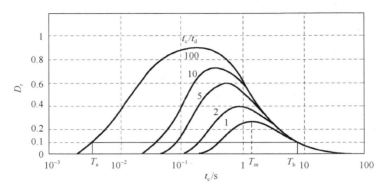

图 1-21　不同 t_c/t_d 对极化谱的影响

为了深入研究充放电时间比 t_c/t_d 的值对回复电压极化谱的影响，在充电电压保持不变的情况下，对一台油纸绝缘变压器分别选取 t_c/t_d 为 3∶1 和 2∶1，进行回复电压测量，获得回复电压极化谱如图 1-22 所示。

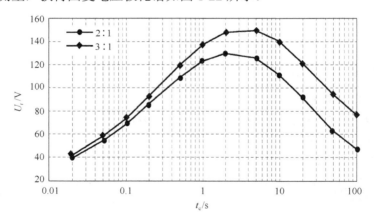

图 1-22　不同充放电时间比对极化谱的影响

从图 1-22 中可以看出，充放电时间比 t_c/t_d 值为 3∶1 时，回复电压极化谱曲线顶部较为平坦，出现两个很相近的最大值点，难以确定回复电压极化谱的峰值及其所对应的主时间常数，这不利于使用主时间常数评估油纸绝缘变压器的绝缘状态。当 t_c/t_d 值为 2∶1 时，回复电压极化谱的峰值点位置较为明确，便于确定主时间常数。但是，图 1-22 也表明，当 t_c/t_d 值增大时，会产生更多的残余极化电荷，使回复电压极化谱最大值增大。减少测量前残余电荷的干扰，有利于提高回复电压测量的准确性。因此，t_c/t_d 过大或过小都不利于回复电压极化谱测量，选择合适的充放电时间比值 (t_c/t_d)，是测量回复电压极化谱的一个重要参数。

1.7.1　充放电时间比对回复电压最大值的影响

若保持充电电压 U_0 为 2000V，充放电时间比 t_c/t_d 分别为：0.2、0.5、0.8、1、2、4、6、8 和 10，在不同的充电时间 t_c 时，回复电压最大值 U_{rmax} 和 t_c/t_d 比值的曲线关系如图 1-23 所示。

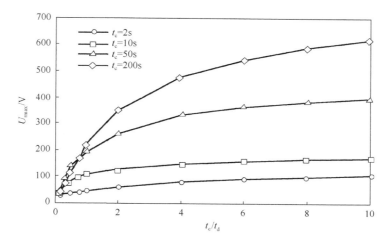

图 1-23　充放电时间比 t_c/t_d 和回复电压最大值 U_{rmax} 的关系

假设图 1-23 回复电压最大值 U_{rmax} 与充放电时间比 t_c/t_d 构成函数关系，即假设采用回复电压最大值 $U_{rmax}=A\ln(t_c/t_d)+B$ 的函数式，然后对图 1-23 的数据进行拟合，可得到不同 t_c 下 t_c/t_d 比值和回复电压最大值 U_{rmax} 的拟合方程见表 1-3。

表 1-3　充放电时间比和回复电压最大值的拟合方程

充电时间/s	$U_{rmax}(t_c/t_d)$ 拟合方程	拟合优度 R^2
2	$U_{rmax}=21.69\ln(t_c/t_d)+48.94$	0.9683
10	$U_{rmax}=30.94\ln(t_c/t_d)+101.8$	0.9936
50	$U_{rmax}=90.33\ln(t_c/t_d)+193.5$	0.9967
200	$U_{rmax}=160.4\ln(t_c/t_d)+242.4$	0.9849

从表 1-3 的拟合方程可以看出，回复电压最大值 U_{rmax} 与 t_c/t_d 比值构成的函数呈对数函数关系，并具有很高的拟合优度。由此可见，回复电压最大值 U_{rmax} 与充放电时间比 t_c/t_d 近似于按对数函数关系变化[5, 25]。

1.7.2　充放电时间比对回复电压初始斜率影响

保持充电电压 U_0 为 2000V，在不同充电 t_c 下，改变 t_c/t_d 值，可以得到回复电压初始斜率 S_r 的变化曲线，如图 1-24 所示。

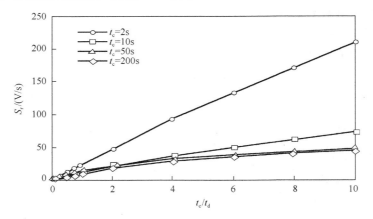

图 1-24　充放电时间比 t_c/t_d 和初始斜率 S_r 的关系

由图 1-24 可见，回复电压初始斜率 S_r 的大小随着充放电时间比 t_c/t_d 的增大，也近似于呈对数函数形式的变化增长。

1.7.3　充放电时间比对回复电压峰值时间的影响

同样保持充电电压 U_0 为 2000V，在不同 t_c 下，改变充放电时间比值 t_c/t_d 可得 t_c/t_d 与峰值时间 t_{peak} 的关系曲线，如图 1-25 所示。从图中可见，在各次不同充电时间下，峰值时间 t_{peak} 随着 t_c/t_d 比值增大而减小[5]。

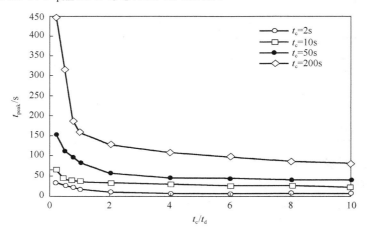

图 1-25　充放电时间比 t_c/t_d 和峰值时间 t_{peak} 的关系

若假设图中 t_{peak} 与充放电时间比 t_c/t_d 构成 $t_{peak}=A(t_c/t_d)^{-B}$ 函数式。然后对图 1-25 的数据进行拟合，可得到不同充电时间 t_c 下，峰值时间 t_{peak} 与 t_c/t_d 比值的拟合方程如表 1-4 所示。由表 1-4 中可见，二者变化关系近似呈幂指数函数变化。

表 1-4　充放电时间比和峰值时间的拟合方程

充电时间 t_c/s	$t_{peak}(t_c/t_d)$ 拟合方程	拟合优度 R^2
2	$t_{peak}=17.09(t_c/t_d)^{-0.4769}$	0.9706
10	$t_{peak}=39.69(t_c/t_d)^{-0.2528}$	0.9072
50	$t_{peak}=84.38(t_c/t_d)^{-0.3805}$	0.9874
200	$t_{peak}=196.9(t_c/t_d)^{-0.5051}$	0.9569

根据以上分析发现，随着充放电时间比 t_c/t_d 的减小，回复电压峰值对应的时间 t_{peak} 也随着测量时间的变化曲线趋于平滑，从而较难辨别出 U_{rmax} 点和对应的峰值时间 t_{peak} 值；然而，当充放电时间比 t_c/t_d 较大时，回复电压极化谱曲线顶部平坦，从而很难辨析出回复电压极化谱峰值电压 U_{Mf} 及其对应的主时间常数 t_{cdom}。由此可见，充放电时间比 t_c/t_d 过大或过小都不利于回复电压的测量，因此，需要通过理论分析来选择一个合适的充放电时间比 t_c/t_d 的值。

为了选择一个合适的充放电时间比 t_c/t_d，现以单一均匀绝缘介质极化等效电路来探讨充放电时间比的优化选择(图 1-26)。在图 1-26 中，R_g 和 C_g 分别表示均匀绝缘介质极化等效电路的几何电阻和几何电容值，R_p 和 C_p 分别表示极化支路的电阻和电容，U_0 表示外加直流电压值，S 表示开关。

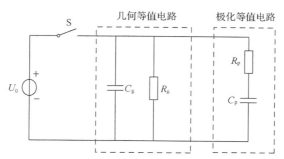

图 1-26　单一均匀介质极化等效电路

由图 1-26 可得回复电压方程如式(1-20)所示：

$$U_r(t_c)=U_0 \cdot f(R_g, C_g, \tau_p) \cdot \left(e^{\frac{-kt_c}{\tau_p}} - e^{\frac{-(1+k)t_c}{\tau_p}} \right) \tag{1-20}$$

式中，k 是 t_c/t_d 的倒数；$f(R_p, C_p, \tau_p)=k(A_1 e^{p_1 t} + A_2 e^{p_2 t})$；$\tau_p=R_p C_p$。对式(1-20)求导，

可得

$$\frac{\mathrm{d}U_\mathrm{r}(t_\mathrm{c})}{\mathrm{d}t_\mathrm{c}} = U_0 \cdot f(R_\mathrm{g}, C_\mathrm{g}, \tau_\mathrm{p}) \cdot \frac{\mathrm{d}}{\mathrm{d}t_\mathrm{c}} \left(\mathrm{e}^{\frac{-kt_\mathrm{c}}{\tau_\mathrm{p}}} - \mathrm{e}^{\frac{-(1+k)t_\mathrm{c}}{\tau_\mathrm{p}}} \right) \tag{1-21}$$

当 $\mathrm{d}U_\mathrm{r}/\mathrm{d}t$ 的值等于零时，则回复电压获得最大值。令式(1-21)等式右侧等于零，即可得

$$\frac{-k}{\tau_\mathrm{p}} \mathrm{e}^{\frac{-kt_\mathrm{c}}{\tau_\mathrm{p}}} - \frac{-(1+k)}{\tau_\mathrm{p}} \mathrm{e}^{\frac{-(1+k)t_\mathrm{c}}{\tau_\mathrm{p}}} = 0 \tag{1-22}$$

根据式(1-22)可以求得充电时间 t_c 与时间常数 τ_p 之间的关系

$$t_\mathrm{c} = \tau_\mathrm{p} \cdot \ln \frac{1+k}{k} \tag{1-23}$$

当 $t_\mathrm{c} = \tau_\mathrm{p}$ 时，回复电压极化谱处于峰值点位置，此时 $k = 0.578$，在时间点上出现多位小数，对测量仪器精度要求较高，且难于达到要求；若取 $k = 0.5$，则充放电时间比为 2，此时主时间常数与弛豫时间常数 τ_p 的偏差小于 10%。由式(1-23)也可以分析出，弛豫时间与充电时间常数呈正比关系，而且主时间常数不仅反映了极化完全建立的时间，还反映了绝缘的弛豫时间，是诊断绝缘状态的重要特征量。因此，在同一温度下，可以根据回复电压极化谱的主时间常数值评估油纸绝缘状态。由此可见，在测量回复电压极化谱时，在设置充电时间 t_c 和放电时间 t_d 的比值时，$t_\mathrm{c}/t_\mathrm{d}$ 的比值应取 2，即充电时间 t_c 是放电时间 t_d 的 2 倍最为合适的。

第 2 章 油纸绝缘极化等效电路及其响应

应用回复电压特征量分析油纸绝缘变压器老化状态，在一定程度上可以直接判断变压器油纸绝缘总体老化状况，但分析其绝缘介质极化特性的变化比较难，还需要先探讨绝缘介质弛豫响应函数，通过极化等效电路建立介质弛豫响应函数模型，并结合绝缘介质在极化响应过程中呈现的特征量进行分析，获得弛豫响应与极化等效电路参数关系。目前有两种方法可获得变压器绝缘介质弛豫响应解析函数，其一是函数方法，它在已知的绝缘介质弛豫响应函数关系基础上，通过对多台油纸绝缘变压器测量数据进行拟合，求出绝缘介质弛豫响应函数表达式；其二是极化等效电路分析方法，它利用多个极化等效支路来反映绝缘系统内部各介质的弛豫响应特性，通过各支路的相互关系，给出介质弛豫响应函数表达式。目前，国内外多数学者采用第二种分析方法来研究变压器油纸绝缘介质弛豫响应机理或特性等。

2.1 油纸绝缘极化等效电路模型

如第 1 章所言，油纸绝缘变压器内部绝缘系统主要由绝缘油、绝缘纸和撑条等部分组成，其结构较为复杂。现以单一油纸绝缘材料为例，按照第 1 章回复电压极化谱的测量方法，在绝缘体电极两端外加一个直流电压源 $U_0(t)$，如图 2-1 所示。

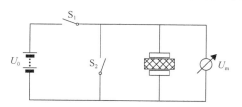

图 2-1　单一油纸绝缘介质极化示意图

由于真空电容 $C_0 = \varepsilon_0 S / d$，$U(t) = E(t)d$。式中，$S$ 为极板面积；d 为两极板的间距；ε_0 为真空介电常数，且 $\varepsilon_0 = 8.854 \times 10^{-12}$（F/m），则绝缘介质两端的电场 $E(t)$ 可表示为[9,13]

$$E(t) = \frac{U(t)C_0}{\varepsilon_0 s} \tag{2-1}$$

通过绝缘介质表面的电流密度的积分，即流过绝缘介质两端的电流，则电流

表达式为

$$i(t) = \int_S j(t)\, \mathrm{d}S \tag{2-2}$$

因此，联立式(1-4)电流密度公式，则电流表达式可以被重新写为[9]

$$i(t) = C_0\left(\frac{\sigma}{\varepsilon_0}U(t) + \varepsilon_\mathrm{r}\frac{\mathrm{d}}{\mathrm{d}t}U(t) + \frac{\mathrm{d}}{\mathrm{d}t}\int_0^t f(\tau)U(t-\tau)\mathrm{d}\tau \right) \tag{2-3}$$

可进一步改写为

$$i(t) = \frac{U(t)}{R_\mathrm{g}} + C_\mathrm{g}\frac{\mathrm{d}U(t)}{\mathrm{d}t} + C_0\frac{\mathrm{d}\int_0^t f(\tau)U(t-\tau)\mathrm{d}\tau}{\mathrm{d}t} \tag{2-4}$$

式中，$R_\mathrm{g} = \varepsilon_0 / (\sigma C_0)$、$C_\mathrm{g} = \varepsilon_\mathrm{r} C_0$，它们分别是绝缘系统介质的几何电阻和电容，$\sigma$ 是电介质的直流电导率；ε_r 为相对介电常数(绝缘油取值一般为 2.2；纤维素纸或纸板取值一般为 4.5)。由式(2-4)分析可知，通过绝缘介质表面的电流由三部分组成：分别流过几何电阻和电容的电流，它们与介质极化无关；还有最后一部分是由介质内部极化响应引起的电流，它与绝缘介质复杂的极化响应有关。

根据式(2-4)可以将单一油纸绝缘材料的绝缘系统等效简化为图 2-2 所示的电路模型。从物理意义上分析，图 2-2 中 R_g 是油纸组合绝缘系统的绝缘电阻，它反映油纸组合绝缘系统的电导；C_g 是绝缘系统的几何电容，它反映单一油纸绝缘材料的结构。从图 2-2 可以看出，单一油纸绝缘材料介质弛豫响应等效电路模型由绝缘电阻、几何电容构成的几何等效电路和反映绝缘介质极化特性的极化等效电路(假设为"黑箱")两部分组成。"黑箱"内部为介质极化响应对应的等效电路元件，图中用介质极化响应方程式的微积分方程表示。采用什么样形式的等效电路结构来等效"黑箱"中的介质极化响应函数 $f(t)$，是研究油纸绝缘等效电路建模的关键问题。

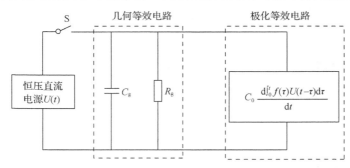

图 2-2　单一绝缘介质响应示意图

在介质极化等效电路图 2-2 中，除了绝缘电阻和几何电容参数外，还有"黑箱"中的极化等值元件。利用介质响应特性研究油纸绝缘介质极化过程的特征量主要有：动态介电常数和介质损耗角正切。通常是将动态介电常数或介质损耗角作为频率和温度的函数，研究它们随频率或温度变化的规律。

在 19 世纪与 20 世纪交替之际，居里与施维德勒等提出在极化与去极化状态之间转换时，它们遵从如下简单经验公式[16]：

$$i(t) \propto t^{-n} \tag{2-5}$$

式中，n 取决于被研究的材料与实验状态，通常取值在 0.5～1.5，这就是人们所熟知的居里施维德勒 (Curie Schweidler) 定律[24]。

20 世纪 70 年代以来，Jonscher 研究发现，在半导体和固体介电材料中，介质响应函数 $f(t)$ 可以用下面的通用经验形式表达[13,24,26]

$$f(t) = A \Big/ \Big[(t/t_0)^n + (t/t_0)^m \Big] \tag{2-6}$$

式中，$t_0 > 0$，$m > n > 0$，$m > 1$，A 是常数。它表示时间从 t_0 时刻的快速和缓慢极化过程的介质响应函数，称该函数为普适响应函数。

然而，普适响应函数不能被解析地进行傅里叶变换[27]，而且获得介质响应函数过程比较烦琐复杂，利用式 (2-6) 难以求出唯一的 n、m 和 t_0 的值[26,28]。

1912 年，德拜采用旋转布朗运动理论来研究固有偶极子去向极化，即在恒定电场的极化下系统达到平衡后，在 $t=0$ 时，去除外加电场作用，研究热运动下偶极子在杂乱无章的回复运动过程中，得出经典德拜模型的时域电介质响应函数形式为[5,13,16]

$$f(t) = \frac{\Delta \varepsilon}{\tau} \mathrm{e}^{-t/\tau} \tag{2-7}$$

式中，τ 是介质弛豫时间；$\Delta \varepsilon$ 是介电弛豫强度。经典德拜模型是在假设偶极子松弛介质之间不会相互作用的情况下获得的。除了液体偶极具有单一德拜弛豫特性外，德拜理论与大多数电介质复介电常数的频率特征曲线相偏离，但是与水分的介电常数及频率、温度等的特征是接近的[9]。

电介质的极化和弛豫响应现象可用复介电常数与角频率之间的关系，即德拜方程来描述。对德拜方程做傅里叶逆变换后，根据文献[13]提出的算法，就可以得到在外加电压后介电常数 $\varepsilon(t)$ 的时域演化式：

$$\varepsilon(t) = \varepsilon_\infty + (\varepsilon_s - \varepsilon_\infty)(1 - \mathrm{e}^{-t/\tau}) \tag{2-8}$$

式中，ε_s 是恒定磁场下介质静态相对介电常数；ε_∞ 是介质光频相对电常数，相当于瞬时位移极化的相对介电常数[8]。介电常数 $\varepsilon(t)$ 遵从指数变化规律。对式 (2-8) 整理变换后可得

$$\varepsilon(t) = \varepsilon_s + (\varepsilon_\infty - \varepsilon_s) e^{-t/\tau} \tag{2-9}$$

此时，流过复电容的电流密度为[5]

$$j(t) = \frac{1}{\tau} C_0 U_0 (\varepsilon_s - \varepsilon_\infty) e^{-t/\tau} \tag{2-10}$$

式中，U_0 是施加在绝缘介质两极上的电压。

　　式 (2-10) 表明，在外加电压激励下，绝缘介质中产生一个随时间常数 τ 按指数衰减变化的电流，它由两部分组成：介质静态衰减变化和瞬时位移极化电流，都是以指数衰减的形式变化的[24]。其中，时间常数 τ 的物理性质既可以用 RC 并联等值电路来描述，也可以用 RC 串联等值电路来描述。两种等值电路描述了介质中的不同损耗机制：并联等值电路描述了由介质的漏电流引起的损耗，即对应绝缘电阻和几何电容两个元件；串联等值电路描述了电介质在外加电压作用下反复极化所产生的损耗[16]。因此，根据这一等值物理模型，便可以建立均匀绝缘介质极化过程的简单德拜弛豫响应等效电路模型，即图 2-3 中虚线框内极化等效电路用一条 R 和 C 串联支路表示介质极化的等值元件。

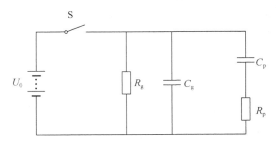

图 2-3　简单德拜介质弛豫响应等效电路模型

　　以上模型可以有效地反映均一绝缘介质的极化特性。然而复合电介质在极化过程中，其内部存在着弛豫时间各不相同的一系列极化弛豫机制。由实验测量出来的是整个复合电介质介电常数的平均值，因此，造成复合电介质试验数据与德拜方程之间存在一定偏差[29]。

　　对于油纸绝缘复合电介质，内部存在多种不同物质，这些不同物质的分子运动形态、极化形态各不相同，在弛豫响应过程的不同阶段起着不同作用。从而，在绝缘介质中存在多种不同弛豫时间的弛豫过程，特别是绝缘出现老化和受潮，将

会导致更多不同的弛豫过程产生。应用简单的德拜弛豫响应等效电路模型已不能真实反映和解析油纸绝缘复合系统内部电介质极化的响应特性和机理。

2.2　扩展德拜极化等效电路模型

油纸绝缘设备的绝缘系统就是一个复杂的复合绝缘系统。比如油纸绝缘电力变压器内部结构是由紧绕在铁芯上的高低压两者绕组及高低压绕组之间的主绝缘系统组成的。它还包括一系列的纸筒压板、邮箱内的绝缘油、油纸中存在的水分等其他杂质、油隙，以及用于对纸筒起支撑作用的撑条等部分组成，其结构是一种非均匀的多层电介质构造。如图 2-4 为其结构及剖面示意图。

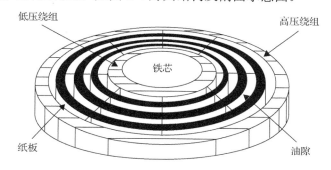

(a) 绝缘系统结构示意图

(b) 绝缘系统局部及其剖面

图 2-4　变压器油纸绝缘结构及其剖面示意图

在复合绝缘介质中存在多种不同弛豫时间的极化过程。它不仅包含了绝缘油、绝缘纸的弛豫过程，还包含了与绝缘系统老化和受潮等有关的各种产物，如微水、醛、醇、酸和酮等的弛豫响应过程。也就是说，油纸绝缘复合介质的弛豫过程可以采用分布函数来描述[12,16,30]。假设其中包含 N 个不同的时间常数 τ_i (i=1, 2, $\cdots$, N) 的弛豫过程，那么在一定温度下，总的弛豫函数可以表示为各弛豫函数的叠加，即扩展德拜(extended Debye)形式的介质响应函数为[16]

$$f(t) = \sum_{i=1}^{N} \frac{A_i}{\tau_i} e^{-t/\tau_i} \tag{2-11}$$

式中，A_i 为第 i 个弛豫过程在总弛豫环节中的权重系数，其值小于 1，且 $\sum_{i=1}^{N} A_i = 1$。这表示在极限情况下，τ_i 可在 0 至∞范围内连续取值，设 $f(\tau)$ 为弛豫时间 τ 的概率分布函数，若所有分子都具有同一时间常数，则 $f(\tau) = 1$，当介质中存在一组分散弛豫时间常数时，则 $f(\tau)\mathrm{d}\tau$ 表示弛豫时间在 τ 到 $\tau + \mathrm{d}\tau$ 范围分子的概率，通常 $f(\tau)$ 也是归一化的[5,16]，即

$$\int_0^\infty f(\tau)\mathrm{d}\tau = 1 \qquad\qquad (2\text{-}12)$$

将扩展德拜形式的介质响应函数式(2-11)和式(2-12)代入式(2-4)，经运算整理后得到流过复合绝缘介质中的总电流

$$i(t) = \frac{U(t)}{R_g} + C_g\frac{\mathrm{d}U(t)}{\mathrm{d}t} + C_0 U(t)\sum_{i=1}^{N}\frac{A_i}{\tau_i}\mathrm{e}^{\frac{-t}{\tau_i}} \qquad\qquad (2\text{-}13)$$

式中，$A_i = \dfrac{1}{C_g R_{pi}}(1 - \mathrm{e}^{-t_c/\tau_i})$，$\tau_i = R_{pi} C_{pi}$，$(i = 1, 2, \cdots, N)$，$R_{pi}$ 和 C_{pi} 分别表示第 i 条极化支路的电阻和电容元件。

从式(2-13)可见，总电流 $i(t)$ 主要由三部分不同反应机制共同组成的。第一部分为电导产生的电流，即通过几何电阻 R_g 的电流；第二部分为快速极化过程产生的瞬时电流，即通过几何电容 C_g 的电流；第三部分是缓慢极化过程产生的极化电流。不同偶极子有不同的弛豫时间，它们衰减变化的速度也各不相同，因此每种材料的弛豫特性可以通过不同极化电阻 R_{pi} 和电容 C_{pi} 串联等效支路来描述。它反映的是电介质在外加电压作用下经反复极化所产生的损耗，相当于偶极子在取向极化过程中与周围分子间的摩擦损耗。因此，复合绝缘介质极化等效电路除了几何电阻 R_g 和几何电容 C_g 两个元件组成并联支路外，还由 N 个不同 RC 串联支路并联共同组成的，即称该电路为扩展德拜极化等效电路模型，如图 2-5 所示。今后探讨和分析油纸绝缘变压器极化响应函数即绝缘老化评估方法常借助该电路进行研究。

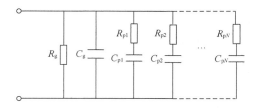

图 2-5　扩展德拜介质极化等效电路

在扩展德拜等效电路中，R_g 和 C_g 与单一德拜等值电路物理意义相同；其余元件 R_{pi}、C_{pi} 分别代表不同弛豫过程的极化电阻和极化电容值，模拟了不同弛豫时

间下的介质极化现象。此外，在介质极化等效电路中，极化支路的数目主要取决于绝缘系统的老化程度。若变压器油纸绝缘系统的老化程度比较严重，则对应的极化支路数也会增多。反之，较少。在后面的章节将会详细分析如何确定扩展德拜等效电路中极化支路的数目的方法。

2.3 扩展德拜等效电路的时域响应

扩展德拜等效电路模型图 2-5 中，C_g、R_g 分别表示油纸绝缘设备的几何电容和绝缘电阻；C_{pi}、R_{pi}($i = 1, 2, \cdots, N$)分别是极化支路的极化电容和极化电阻。

首先在图 2-5 两端加上直流高压 U_0 对电路进行充电(极化)，充电时间为 t_c，然后将电路两端短接，在 t_d 时间内通过短路线放电(去极化)，最后再把电路两端断开，测量等效电路的回复电压值。按照上述操作步骤依次进行测量。当完成每一次测量的充、放电时，各极化电容两端都存在残余电压 U_{cpi}($i = 1, 2, \cdots, N$)。若将图 2-5 转化为运算电路，则各极化电容两端的残余电压可视为独立电压电源，如图 2-6 所示。

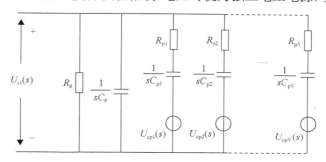

图 2-6 扩展德拜介质极化运算电路

由图 2-6 分析，电路在松弛阶段产生的回复电压是等效电路中各个极化电容的独立电压源作用产生的。应用叠加定理，现假设图 2-6 中第一条极化支路上的电容上的残余电压(独立电压源)单独作用时，其余极化支路的残余电压(独立电压源)视为短路，其运算电路如图 2-7 所示。

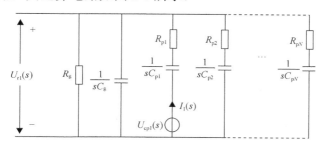

图 2-7 极化支路 1 单独作用下的运算电路

根据图 2-7 所示电路可得

$$U_{r1}(s) = U_{cp1}(s) - \left(R_{p1} + \frac{1}{sC_{p1}} \right) I_1(s) \tag{2-14}$$

$$\frac{U_{r1}(s)}{R_g} + sU_{r1}(s)C_g + \frac{U_{r1}(s)}{R_{p2} + \dfrac{1}{sC_{p2}}} + \frac{U_{r1}(s)}{R_{p3} + \dfrac{1}{sC_{p3}}} + \cdots + \frac{U_{r1}(s)}{R_{pN} + \dfrac{1}{sC_{pN}}} = I_1(s) \tag{2-15}$$

式中，$U_{r1}(s)$ 表示由 C_{p1} 上的残余电压单独作用时产生的回复电压。联立式(2-14)和式(2-15)，消去 $I_1(s)$ 后可得 C_{p1} 上残余电压与回复电压的转移函数

$$\frac{U_{cp1}(s)}{U_{r1}(s)} = \left(R_{p1} + \frac{1}{sC_{p1}} \right)\left(\frac{1}{R_g} + sC_g + \frac{1}{R_{p1} + \dfrac{1}{sC_{p1}}} + \frac{1}{R_{p2} + \dfrac{1}{sC_{p2}}} + \cdots + \frac{1}{R_{pN} + \dfrac{1}{sC_{pN}}} \right) \tag{2-16}$$

对式(2-16)简化后可得

$$\frac{U_{cp1}(s)}{U_{r1}(s)} = \frac{(sC_{p1}R_{p1} + 1)\left(sC_gR_g + 1 + \displaystyle\sum_{k=1}^{N} \dfrac{sC_{pk}R_g}{sC_{pk}R_{pk} + 1} \right)}{sC_{p1}R_g} \tag{2-17}$$

根据式(2-17)可导出等效电路中任意一个极化电容的残余电压 U_{cpi}（$i = 1, 2, \cdots, N$）单独作用时，产生的回复电压 U_{ri} 与残余电压 U_{cpi} 的转移函数通式

$$\frac{U_{ri}(s)}{U_{cpi}(s)} = \frac{sC_{pi}R_g}{(sC_{p1}R_{p1} + 1)\left(sC_gR_g + 1 + \displaystyle\sum_{k=1}^{N} \dfrac{sC_{pk}R_g}{sC_{pk}R_{pk} + 1} \right)}, \quad i = 1, 2, \cdots, N \tag{2-18}$$

对式(2-18)进行拉普拉斯逆变换求解出回复电压与残余电压之间的时域函数关系式。为了便于拉普拉斯逆变换，可先将转移函数的分子和分母都同乘以 $\prod_{k=1}^{N}(sC_{pk}R_{pk} + 1)$，然后将分子和分母表达式化为整式的有理分式

$$\frac{U_{ri}(s)}{U_{cpi}(s)} = \frac{N_i(s)}{D(s)} = \frac{H_{N,i}s^N + H_{N-1,i}s^{N-1} + \cdots + H_{1,i}s + H_{0,i}}{L_{N+1}s^{N+1} + L_N s^N + \cdots + L_1 s + L_0} \tag{2-19}$$

式中，$H_{0,i} \sim H_{N,i}$、$L_0 \sim L_{N+1}$ 分别表示分母和分子的多项式系数，它们与等效电路中的参数有关。由于等效电路各个支路的时间常数均不相同，且 $D(s)$ 中各项式的

系数都为正数，则 $D(s)=0$ 的根均为负数单根，即极点都为负数。式(2-19)经整理后可化为

$$\frac{U_{ri}(s)}{U_{cpi}(s)} = \frac{H_{N,i}(s-z_{N,i})(s-z_{N-1,i})\cdots(s-z_{1,i})}{L_{N+1}(s-p_{N+1})(s-p_N)\cdots(s-p_1)} \tag{2-20}$$

式中，$z_{1,i}, z_{2,i}, \cdots, z_{N,i}$ 和 $p_1, p_2, \cdots, p_{N+1}$ 分别是转移函数的零点和极点。对式(2-20)进行拉普拉斯逆变换，可获得极化电容上的残余电压 U_{cpi} 单独作用时，产生的回复电压 $U_{ri}(t)$ 表达式

$$\begin{aligned} U_{ri}(t) &= (B_{1,i}e^{p_1 t} + B_{2,i}e^{p_2 t} + \cdots + B_{N+1,i}e^{p_{N+1}t}) \cdot U_{cpi}(t_c, t_d) \\ &= \sum_{j=1}^{N+1} B_{j,i} e^{p_j t} \cdot U_{cpi}(t_c, t_d) \end{aligned} \tag{2-21}$$

式中，各项系数 $B_{j,i}$ 和极化电容残余电压 U_{cpi} 表达式如下：

$$B_{j,i} = \frac{H_{N,i}}{L_{N+1}} \frac{\prod\limits_{k=1}^{N}(p_j - z_{k,i})}{p_j \prod\limits_{l \neq j}^{N+1}(p_j - p_l)}, \qquad j, l = 1, 2, \cdots, N+1; \ k, i = 1, 2, \cdots, N \tag{2-22}$$

$$U_{cpi}(t_c, t_d) = U_0 \left(1 - e^{-\frac{t_c}{R_{pi}C_{pi}}}\right) e^{-\frac{t_d}{R_{pi}C_{pi}}}, \qquad i = 1, 2, \cdots, N \tag{2-23}$$

当扩展德拜等效电路中 N 条极化支路电容上的残余电压同时作用时，根据叠加定理可得等效电路回复电压表达式为

$$\begin{aligned} U_r(t) &= U_{r1} + U_{r2} + \cdots + U_{rN} \\ &= \sum_{i=1}^{N} \sum_{j=1}^{m} B_{j,i} U_{cpi}(t_c, t_d) e^{p_j t}, \qquad j = 1, 2, \cdots, m = N+1 \end{aligned} \tag{2-24}$$

令 $A_i = \sum\limits_{j=1}^{m} B_{j,i} U_{cpi}(t_c, t_d)$，$i = 1, 2, \cdots, N$；$j = 1, 2, \cdots, m = N+1$，即回复电压表达式可简化为

$$U_r(t) = \sum_{i=1}^{N} A_i \exp(p_j, t), \qquad j = 1, 2, \cdots, m = N+1 \tag{2-25}$$

由式(2-25)可见，回复电压 U_r 是 N 条极化支路电容的残余电压共同作用产生的，即回复电压谱线是由每一个极化电容的残余产生的 $m(m=N+1)$ 个指数项函数

叠加而成的。

2.4　扩展德拜混联电路时域响应

由于油纸绝缘系统老化的复杂性，绝缘内部介质极化响应过程复杂多样，采用简单的扩展德拜等效电路的 RC 串联支路来模拟不同介质界面极化响应已经不再符合纸绝缘系统极化的实际状况了。为此，本节在扩展德拜等效电路模型的基础上做了进一步探讨，在原有等效电路中加入部分混联支路来描述复杂的界面极化响应，从而建立能真实反映介质极化响应特性的油纸绝缘混联等效电路模型。下面简单地介绍混联等效电路和改进混联等效电路的回复电压响应。

2.4.1　混联等效电路回复电压响应

由于油纸绝缘系统存在多种不同弛豫时间的介质响应过程，当绝缘状态发生变化时，原有的松弛机制也将随之发生变化，若仍然采用扩展德拜极化等效电路，用 n 个不同的 RC 串联支路并联来模拟不同弛豫时间的弛豫响应过程，每条支路的弛豫时间常数还是用单一的电阻值和电容值来描述，如图 2-8(a)所示，已无法真实反映油纸绝缘系统不同介质界面极化响应的实际情况。

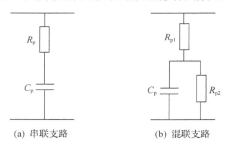

(a) 串联支路　　　　　　　　(b) 混联支路

图 2-8　极化支路模型

考虑油纸绝缘系统介质中除了含有油和纤维素外，还含有水、酸、醛等其他产物，它们在介质极化过程中，除了本身产生极化外，同时还将与周围的绝缘物质相互作用形成复杂的界面极化。界面极化的机理与简单的介质本身的极化截然不同，它所描述的是不同极性或不同电导率的相邻介质在电场作用下形成空间电荷的局部聚积，它的极化速度往往取决于两介质的电导率和相对介电常数等。因此，采用单一的 RC 串联来描述界面极化过程已不能反映实际的极化过程。在本节中，采用如图 2-8(b)所示的支路来描述界面的极化过程，其支路时间常数不仅取决于 R_{p1}、C_p，还取决于 R_{p2}，它能更真实地模拟复杂的不同介质间的弛豫过程。因此，在扩展德拜等效电路模型的基础上加入部分混联支路来反映复杂的界面极化，保留原来的 RC 串联支路模拟介质本身的极化过程，再增加图 2-8(b)所示的混联支路，建立如图 2-9 所示的油纸绝缘极化扩展德拜混联等效电路模型。

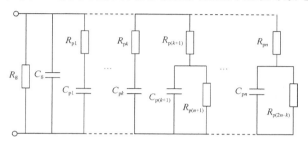

图 2-9　扩展德拜混联等效电路

如图 2-9 所示，扩展德拜混联等效电路中包含 k 条简单串联极化支路、$n-k$ 条混联极化支路；R_g 是绝缘电阻，反映油纸绝缘的电导情况；C_g 为绝缘系统的几何电容；$R_{pi}(i=1, 2, \cdots, 2n-k)$ 和 $C_{pi}(i=1, 2, \cdots, n)$ 分别代表不同弛豫环节的极化电阻与极化电容。

在油纸绝缘介质两端，即图 2-9 两端加上直流高压 U_0，充电时间为 t_c，然后将介质两端短接进行放电时间，放电时间为 t_d。根据电路基尔霍夫定律和电路换路定律等可以得到的关于回复电压初始斜率 $\mathrm{d}U_r/\mathrm{d}t(t=0)$ 为

$$\left.\frac{\mathrm{d}U_r}{\mathrm{d}t}\right|_{t=0} = \frac{1}{C_g}\sum_{i=1}^{n}\frac{U_{si}}{R_{pi}}\left(\mathrm{e}^{-t_d/\tau_i} - \mathrm{e}^{-(t_c+t_d)/\tau_i}\right) \tag{2-26}$$

式中，U_{si} 和 τ_i 分别表示第 i 条极化支路在充电 t_c 时间后，电容电压达到的稳定值和第 i 条极化支路的弛豫时间常数。

通常应用式(2-26)辨识混联等效电路参数的值，详细内容将在第 3 章专门阐述。该模型类似基于扩展德拜模型建立的数学方程[31]。然而实际上由于电路中存在混联极化支路的作用，在充电 t_c 时间后，混联支路上的电容充电达到稳态时的电压值不再是 U_0，混联极化支路的时间常数也有所变化，不再是纯粹的 R 与 C 两元件值相乘了。电容稳态电压值 U_{si} 和时间常数 τ_i 根据极化支路元件的不同而有所变化，其表达式如下：

$$U_{si} = \begin{cases} U_0, & i=1,2,\cdots,k \\ U_0\dfrac{R_j}{R_{pi}+R_{pj}}, & i=k+1,k+2,\cdots,n;\ j=n+1,n+2,\cdots,2n-k \end{cases}$$

$$\tau_i = \begin{cases} R_{pi}C_{pi}, & i=1,2,\cdots,k \\ \dfrac{R_{pi}R_{pj}}{R_{pi}+R_{pj}}C_{pi}, & i=k+1,k+2,\cdots,n;\ j=n+1,n+2,\cdots,2n-k \end{cases}$$

式 (2-26) 中的回复电压 U_r 的计算公式不再与式 (2-24) 相同。对于图 2-9 所示扩展德拜混联等效电路，回复电压时域响应的计算是在两种贡献情况下分别求解的总和，即串联极化支路的电容对回复电压响应的贡献和混联极化支路的电容对回复电压的贡献。现将图 2-9 扩展德拜混联等效电路转化为运算电路，然后将各极化电容两端的残余电压视为独立电压电源，如图 2-10 所示。

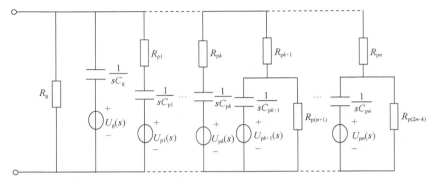

图 2-10 扩展德拜混联极化运算电路

当图 2-10 电路中第 i 个极化电容 $C_{pi}(i=1, 2, \cdots, n)$ 上的残余电压 $U_{cpi} = U_{si}\left(1-e^{-\frac{t_c}{\tau_i}}\right)e^{-\frac{t_d}{\tau_i}}$ 作用时，经过推导可以建立 U_{cpi} 和其产生的回复电压响应 U_{ri} 之间的关系式。

当 $i = 1, 2, \cdots, k$ 时

$$\frac{U_{ri}(s)}{U_{C_{pi}}(s)} = \frac{sC_{pi}R_g}{sC_{pi}R_{pi}+1}\frac{1}{sC_gR_g+1+\sum\limits_{m=1}^{k}\dfrac{sC_{pm}R_g}{sC_{pm}R_{pm}+1}+\sum\limits_{m=k+1,j=n+1}^{m=n,j=2n-k}\dfrac{sC_{pm}R_{pj}R_g+R_g}{sC_{pm}R_mR_{pj}+R_m+R_{pj}}}$$

$$(2\text{-}27)$$

当 $i = k+1, k+2, \cdots, n$；$j = n+1, n+2, \cdots, 2n-k$ 时

$$\frac{U_{ri}(s)}{U_{C_{pi}}(s)} = \frac{sC_{pi}R_{pj}R_g}{sR_{pi}C_{pi}R_{pi}+R_{pi}+R_{pj}}$$

$$\times \frac{1}{sC_gR_g+1+\sum\limits_{m=1}^{k}\dfrac{sC_{pm}R_g}{sC_{pm}R_{pm}+1}+\sum\limits_{m=k+1,j=n+1}^{m=n,j=2n-k}\dfrac{sC_{pm}R_{pj}R_g+R_g}{sC_{pm}R_mR_{pj}+R_m+R_{pj}}}$$

$$(2\text{-}28)$$

式 (2-27) 和式 (2-28) 分别表示串联极化支路的电容和混联极化支路的电容对回复电压的作用，对其化简后进行拉普拉斯逆变换，则可解得扩展德拜混联等效电路

极化电容残余电压 C_{pi} 作用时的回复电压 $U_{ri}(t)$

$$U_{ri}(t) = \begin{cases} A_i(t)U_{cpi}, & i = 1, 2, \cdots, k \\ B_i(t)U_{cpi}, & i = k+1, k+2, \cdots, n \end{cases} \tag{2-29}$$

式中，$A_i(t)$ 与测量时间 t 有关，还与式 (2-27) 转移函数的零、极点值有关；$B_i(t)$ 与测量时间 t 有关，还与式 (2-29) 转移函数的零极点值有关。

最后根据叠加定理，扩展德拜混联等效电路在 n 个极化电容残余电压的共同作用下，电路两端的回复电压响应 $U_r(t)$ 表达式为

$$U_r(t) = U_{r1}(t) + U_{r2}(t) + \cdots + U_{rn}(t) = \sum_{i=1}^{n} U_{ri}(t) \tag{2-30}$$

2.4.2　改进的混联电路回复电压响应

在图 2-9 所示扩展德拜混联等效电路中引入了两介质极化界面支路，弥补了传统扩展德拜等效电路存在的不足。但是当两种不同介质在极化过程中，若还仍然采用 2-8 (b) 所示的支路来描述界面的极化过程，即其支路时间常数取决于 R_{p1}、C_p 和 R_{p2} 等 3 个元件参数的弛豫特性，它无法真实满足油纸绝缘的界面的极化的需要。因此需对图 2-9 所示扩展德拜混联极化等效电路再做进一步改进，即引入反映双界面极化特性的混联极化支路，如图 2-11 所示。

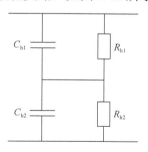

图 2-11　界面极化混联支路

在图 2-11 中，界面极化混联支路采用两层不同 RC 支路并联后串联来模拟两种介质的界面极化，其中 R_{h1} 与 C_{h1} 表示第一种介质的等值参数，R_{h2} 与 C_{h2} 为第二种介质的等值参数，且该支路的弛豫时间常数由两种介质的等值参数共同决定，它更加贴近油纸绝缘系统界面实际极化的弛豫过程。

在扩展德拜等效电路模型中 RC 串联极化支路的基础上，引入图 2-11 所示的界面极化混联支路来模拟油纸绝缘系统内部的界面介质极化反应，从而建立改进型扩展德拜混联极化等效电路，如图 2-12 所示。

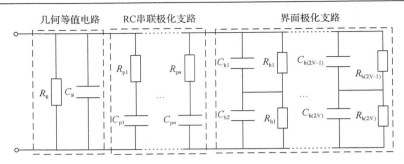

图 2-12　改进型扩展德拜混联等效电路

图 2-12 所示的改进型扩展德拜混联等效电路由几何等值电路、RC 串联极化支路和界面极化支路三部分组成，其中 R_g 表示绝缘系统几何电阻，表征系统整体的导电能力；C_g 代表绝缘系统的几何电容值，与变压器绝缘的几何结构有关，表征系统整体的贮电能力；n 条 RC 串并联支路反映单一均匀绝缘介质的弛豫响应特性，R_{pi} 和 C_{pi}($i=1, 2, \cdots, n$) 表示不同介电常数的电介质在弛豫过程中等效的极化电阻值和极化电容值；N 条界面极化支路用于模拟油纸绝缘系统复杂的界面极化过程，R_{hj} 和 C_{hj}($j = 1, 2, \cdots, 2N$) 分别表示不同介质界面极化过程中，不同介电常数的电介质发生界面极化响应对应的等值极化电阻值和极化电容值。

油纸绝缘系统在运行过程中随着使用年限的增加，内部绝缘逐步发生老化，并产生老化产物，使均一绝缘介质的弛豫响应和不同介质界面极化响应变得更加复杂[32]，若仍采用图 2-9 扩展德拜混联等效电路进行分析，将会造成一定的偏差。油纸绝缘系统老化情况越严重，偏差就会越大。因此，在本书中提出的改进型扩展德拜混联等效电路，它能更加真实地模拟出油纸绝缘系统中不同介质复杂的弛豫过程。

根据图 2-12 所示的改进型扩展德拜混联等效电路，以 $N=1$ 为例，界面弛豫响应极化支路的电容为 C_1、C_2，电容上对应的电压为 $u_1(t)$ 和 $u_2(t)$。如果在改进扩展德拜混联等效电路两端施加一直流电压 U_0，对电路系统进行充电经过 t_c 时间后，将电路两端用导线短接，经历 t_d 时间的放电。根据电路 KVL、KCL 定律和换路定则，可得到如下方程表达式：

$$
\begin{cases}
\dfrac{U_r(t)}{R_g} + C_g \dfrac{dU_r(t)}{dt} + \sum_{i=1}^{n} C_{pi} \dfrac{dU_{cpi}(t)}{dt} + C_1 \dfrac{du_1(t)}{dt} + \dfrac{u_1(t)}{R_1} = 0 \\[3mm]
\dfrac{U_r(t) - U_{cpi}(t)}{R_{pi}} = C_{pi} \dfrac{dU_{cpi}(t)}{dt}
\end{cases}
\tag{2-31}
$$

$$
\begin{cases}
u_1(t) + u_2(t) = U_r(t) \\[3mm]
C_1 \dfrac{du_1(t)}{dt} + \dfrac{u_1(t)}{R_1} = C_2 \dfrac{du_2(t)}{dt} + \dfrac{u_2(t)}{R_2}
\end{cases}
\tag{2-32}
$$

将式(2-31)和式(2-32)联立可得

$$\frac{U_r(t)}{R_g} + C_g \frac{dU_r(t)}{dt} + \sum_{i=1}^{n} \frac{U_r(t) - U_{cpi}(t)}{R_{pi}} +$$

$$\frac{C_1}{C_1 + C_2}\left(C_2 \frac{dU_r(t)}{dt} + \frac{U_r(t)}{R_2} - \frac{R_1 + R_2}{R_1 R_2} u_1(t)\right) + \frac{u_1(t)}{R_1} = 0 \tag{2-33}$$

如果测试初始时刻，取时间 $t=0$，则有 $U_r(t=0)=0$，$\left.\dfrac{dU_r}{dt}\right|_{t=0} = S_r$ 代入式(2-33)得

$$\left(C_g + \frac{C_1 C_2}{C_1 + C_2}\right)S_r - \sum_{i=1}^{n} \frac{U_{cpi}(0)}{R_{pi}} + \frac{R_2 C_2 - R_1 C_1}{R_1 R_2 (C_1 + C_2)} u_1(0) = 0 \tag{2-34}$$

式中，S_r 是回复电压的初始斜率。

由式(2-34)可知，除等效电路中的元件参数是未知外，各个极化电容在测试阶段初始时刻的电压值也是未知数，故应先求出各个极化电容测试初始时刻残余电压，才能辨识出等效电路的参数值。下面将推导出各极化电容在测试阶段初始时刻的残余电压值。

(1)RC 串联支路在测试初始时刻极化电容的残余电压 $U_{cpi}(0)$，根据电路三要素法求得

$$U_{cpi}(0) = U_0\left(e^{-t_d/\tau_i} - e^{-(t_c + t_d)/\tau_i}\right) \tag{2-35}$$

式中，弛豫时间常数 $\tau_i = R_{pi} C_{pi}$。

(2)求界面极化支路对应极化电容在测试过程的初始残余电压 $u_1(0)$ 和 $u_2(0)$。

①充电阶段从 0 至 t_c 时间内。

已知：$u_{10} = \dfrac{C_2}{C_1 + C_2} U_0$，$u_{20} = \dfrac{C_1}{C_1 + C_2} U_0$，$u_{1\infty} = \dfrac{R_1}{R_1 + R_2} U_0$，$u_{2\infty} = \dfrac{R_2}{R_1 + R_2} U_0$

且 $\tau = \dfrac{R_1 R_2 (C_1 + C_2)}{R_1 + R_2}$，根据电路三要素法可得

$$\begin{cases} u_1(t_c) = \dfrac{R_1}{R_1 + R_2} U_0 + \left(\dfrac{C_2}{C_1 + C_2} - \dfrac{R_1}{R_1 + R_2}\right)U_0 e^{-t_c/\tau} \\ u_2(t_c) = \dfrac{R_2}{R_1 + R_2} U_0 + \left(\dfrac{C_1}{C_1 + C_2} - \dfrac{R_2}{R_1 + R_2}\right)U_0 e^{-t_c/\tau} \end{cases} \tag{2-36}$$

②放电阶段从 t_c 至 t_d 时间内。

运用拉普拉斯运算，将界面极化支路转换为运算电路，如图 2-13 所示。根据

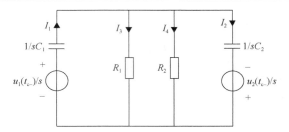

图 2-13　界面极化支路对应的运算电路

电路的基尔霍夫定律可得

$$\begin{cases} I_1 = I_2 + I_3 + I_4 \\ \dfrac{u_1(t_{c-})}{s} - \dfrac{I_1}{sC_1} = -\dfrac{u_2(t_{c-})}{s} + \dfrac{I_2}{sC_2} \\ R_1 I_3 = \dfrac{u_1(t_{c-})}{s} - I_1 \dfrac{1}{sC_1} \\ R_2 I_4 = \dfrac{u_1(t_{c-})}{s} - I_1 \dfrac{1}{sC_1} \end{cases} \tag{2-37}$$

将式(2-37)化简后得

$$I_1 = \frac{C_1 C_2 R_1 R_2 s + (R_1 + R_2)C_1}{sR_1 R_2 C_1 + sR_1 R_2 C_2 + R_1 + R_2} u_1(t_{c-}) + \frac{sR_1 R_2 C_1 C_2}{sR_1 R_2 C_1 + sR_1 R_2 C_2 + R_1 + R_2} u_2(t_{c-})$$

且又有

$$u_1(s) = \frac{I_1}{sC_1} - \frac{u_1(t_{c-})}{s}$$

将 I_1 代入 $u_1(s)$ 表达后，并对 $u_1(s)$ 表达式进行拉普拉斯逆变换可得

$$\begin{cases} u_1(t) = -\dfrac{C_1}{C_1 + C_2} e^{-t/\tau} u_1(t_c, t_d) + \dfrac{C_2}{C_1 + C_2} e^{-t/\tau} u_2(t_c, t_d) \\ u_2(t) = \dfrac{C_1}{C_1 + C_2} e^{-t/\tau} u_1(t_c, t_d) + \dfrac{C_2}{C_1 + C_2} e^{-t/\tau} u_2(t_c, t_d) \end{cases} \tag{2-38}$$

式中

$$\tau = \frac{-R_1 R_2 (C_1 + C_2)}{R_1 + R_2} \tag{2-39}$$

将式(2-36)代入式(2-38)，就可以求得测试初始时刻界面极化支路极化电容值，即

$$
\begin{cases}
u_1(0) = u_1(t_c, t_d) = \left[\dfrac{C_2 R_2 - C_1 R_1}{(C_1 + C_2)(R_1 + R_2)}\right] U_0 (1 - e^{-t_c/\tau}) e^{-t_d/\tau} \\[3mm]
-u_2(0) = -u_2(t_c, t_d) = \left[\dfrac{C_1 R_1 - C_2 R_2}{(C_1 + C_2)(R_1 + R_2)}\right] U_0 (1 - e^{-t_c/\tau}) e^{-t_d/\tau}
\end{cases}
\tag{2-40}
$$

式中，$u_1(0) - u_2(0) = 0$。

求解出各个极化电容在测试阶段初始时刻的电压值后，将式(2-40)代入式(2-34)，即可得到改进型扩展德拜混联等效电路几何电容和极化电阻、极化电容参数辨识的数学模型，如式(2-41)所示：

$$
\left(C_g + \frac{C_1 C_2}{C_1 + C_2}\right) S_r
$$
$$
-\sum_{i=1}^{n} \frac{U_{cpi}}{R_{pi}} + \frac{R_2 C_2 - R_1 C_1}{R_1 R_2 (C_1 + C_2)} \left\{\left[\frac{C_2 R_2 - C_1 R_1}{(C_1 + C_2)(R_1 + R_2)}\right] U_0 (1 - e^{-t_c/\tau}) e^{-t_d/\tau}\right\} = 0
\tag{2-41}
$$

由式(2-41)可推广到界面极化支路数为 N 条时，则改进型扩展德拜混联等效电路的几何电容、极化电阻和极化电容参数辨识的数学模型通式：

$$
\left(C_g + \sum_{j=1}^{N} \frac{C_{h(2j-1)} \cdot C_{h(2j)}}{C_{h(2j-1)} + C_{h(2j)}}\right) S_r
$$
$$
-\sum_{i=1}^{n} \frac{U_{cpi}(0)}{R_{pi}} - \sum_{j=1}^{N} \frac{R_{h(2j-1)} \cdot C_{h(2j-1)} - R_{h(2j)} \cdot C_{h(2j)}}{R_{h(2j-1)} \cdot R_{h(2j)} \cdot \left(C_{h(2j-1)} + C_{h(2j)}\right)} \cdot U_{ch(2j-1)}(0) = 0
\tag{2-42}
$$

在图 2-12 改进型扩展德拜混联等效电路中，假设以 $N=1$ 为例，界面极化支路的电容为 C_1、C_2，对应电容上的电压为 $u_1(t)$ 和 $u_2(t)$。在 $t_c + t_d$ 时间后，即测试过程的初始时刻，混联等效电路中的极化电容均含有残余电压，由运算电路分析可知，极化电容可转换为电容元件与一个独立电源串联的电路模型。根据电路理论的叠加定理，混联等效电路的回复电压 $U_r(s)$ 等于各个独立电压源单独激励作用时，产生的各个分量的叠加之和。

(1)在 RC 串联支路中，$U_{cpi}(0)$ $(i=1, 2, \cdots, n)$ 作为激励电源单独作用时，其对应响应为 $U_{ri}(s)$，现以 C_{p1} 上的残余电压 $U_{cp1}(0)$ 为例，根据电路基尔霍夫定律有

$$
\begin{cases}
U_{r1}(s) = U_{cp1}(s) - \left(R_{p1} + \dfrac{1}{sC_{p1}} \right) I(s) \\[3mm]
\dfrac{U_{r1}(s)}{R_g} + \dfrac{U_{r1}(s)}{\dfrac{1}{sC_g}} + \dfrac{U_{r1}(s)}{R_{p2} + \dfrac{1}{sC_{p2}}} + \cdots + \dfrac{U_{r1}(s)}{R_{pn} + \dfrac{1}{sC_{pn}}} + \dfrac{U_{r1}(s)}{\left(R_1 \| \dfrac{1}{sC_1} \right) + \left(R_2 \| \dfrac{1}{sC_2} \right)} = I(s)
\end{cases}
$$

$$(2\text{-}43)$$

式中，"‖"表示并联；$I(s)$ 为流过 R_1C_1 支路的电流，$U_{cp1}(s) = U_{cp1}(0)/s$。由式(2-43)联立消去 $I(s)$，简化成 $U_{r1}(s)/U_{cp1}(s)$ 的转移函数形式，即

$$
\frac{U_{r1}(s)}{U_{cp1}(s)} = \frac{sC_{p1}R_g}{(sR_{p1}C_{p1}+1)\left[sR_gC_g+1+\displaystyle\sum_{i=1}^{n}\frac{sC_{pi}R_g}{sR_{pi}C_{pi}+1}+\frac{R_g(sR_1C_1+1)(sR_2C_2+1)}{sR_1R_2(C_1+C_2)+R_1+R_2} \right]} \qquad (2\text{-}44)
$$

由此，可将式(2-44)推广到 n 条 RC 串联支路，则可得到

$$
\frac{U_{ri}(s)}{U_{cpi}(s)} = \frac{sC_{pi}R_g}{(sR_{pi}C_{pi}+1)\left[sR_gC_g+1+\displaystyle\sum_{i=1}^{n}\frac{sC_{pi}R_g}{sR_{pi}C_{pi}+1}+\frac{R_g(sR_1C_1+1)(sR_2C_2+1)}{sR_1R_2(C_1+C_2)+R_1+R_2} \right]} \qquad (2\text{-}45)
$$

$$i = 1, 2, \cdots, n$$

(2) 在界面极化支路中，当只有 C_1 上的残压 $U_1(0)$ 作用时，电路端口响应用 $u_{rh1}(s)$ 表示，根据基尔霍夫定律有

$$
\begin{cases}
u_{rh1}(s) = u_1(s) - \dfrac{I_1(s)}{sC_1} - \left(R_2 \| \dfrac{1}{sC_2} \right) I(s) \\[3mm]
I_1(s) = \dfrac{u_1(s) - \dfrac{1}{sC_1}I(s)}{R_1} + I(s) \\[3mm]
\dfrac{u_{rh1}(s)}{R_g} + sC_g u_{rh1}(s) + \displaystyle\sum_{i=1}^{n}\dfrac{u_{rh1}(s)}{R_{pi}+\dfrac{1}{sC_{pi}}} = I(s)
\end{cases}
$$

$$(2\text{-}46)$$

式中，I_1 表示流过极化电容 C_1 的电流值；$I(s)$ 表示流过 RC 串联支路电流的总和；$u_1(s) = U_1(0)/s$。

将式(2-46)消去 $I_1(s)$ 和 $I(s)$，简化成 $u_{rh1}(s)/u_1(s)$ 的转移函数形式，即

$$\frac{u_{rh1}(s)}{u_1(s)} =$$

$$\frac{s(R_1R_2R_gC_1C_2s + R_1R_gC_1)}{\left[(R_1+R_2)+(C_1+C_2)sR_1R_2\right]\left(1+sC_gR_g+\dfrac{R_g}{\dfrac{R_1}{sR_1C_1+1}+\dfrac{R_2}{sR_2C_2+1}}+\displaystyle\sum_{i=1}^{n}\dfrac{sC_{pi}R_g}{1+sC_{pi}R_{pi}}\right)}$$

$$(2\text{-}47)$$

(3) 在界面极化支路中, 当只有 C_2 上的残压 $U_2(0)$ 作用时, 电路端口响应用 $u_{rh2}(s)$ 表示, 与部分 (2) 的推导过程一样, 即有

$$\frac{u_{rh2}(s)}{u_2(s)} =$$

$$\frac{s(R_1R_2R_gC_1C_2s + R_2R_gC_2)}{\left[(R_1+R_2)+(C_1+C_2)sR_1R_2\right]\left(1+sC_gR_g+\dfrac{R_g}{\dfrac{R_1}{sR_1C_1+1}+\dfrac{R_2}{sR_2C_2+1}}+\displaystyle\sum_{i=1}^{n}\dfrac{sC_{pi}R_g}{1+sC_{pi}R_{pi}}\right)}$$

$$(2\text{-}48)$$

现将式 (2-45)、式 (2-47) 和式 (2-48) 推广到界面极化支路数为 N 条, 则改进型扩展德拜混联等效电路的回复电压 $U_r(t)$ 时域响应函数表达式和绝缘电阻 R_g 的辨识模型可用以下方法分析。

在 RC 串联支路中, 当只有 $U_{cpi}(0)$ $(i=1, 2, \cdots, n)$ 起作用时, 与其响应 $U_{ri}(s)$ 之间的网络函数为

$$\frac{U_{ri}(s)}{U_{cpi}(0)} = \frac{C_{pi}R_g}{sR_{pi}C_{pi}+1}$$

$$\times \frac{1}{sC_gR_g+1+\displaystyle\sum_{j=1}^{n}\dfrac{sC_{pj}R_g}{sR_{pj}C_{pj}+1}+R_g\displaystyle\sum_{k=1}^{N}\dfrac{1}{\dfrac{R_{h(2k-1)}}{sR_{h(2k-1)}C_{h(2k-1)}+1}+\dfrac{R_{h(2k)}}{sR_{h(2k)}C_{h(2k)}+1}}}$$

$$(2\text{-}49)$$

在界面极化支路中, 当 $j=1, 3, \cdots, 2N-1$ 时, C_{hj} 上的残余电压 $U_{chj}(0)$ 作为激励电源单独作用在电路中时, 与其响应 $U_{rhj}(s)$ 之间的网络函数为

$$\frac{U_{\mathrm{rh}j}(s)}{U_{\mathrm{ch}j}(0)} = \frac{R_{\mathrm{h}j}C_{\mathrm{h}j}\left(1 + sR_{\mathrm{h}(j+1)}C_{\mathrm{h}(j+1)}\right)R_{\mathrm{g}}}{R_{\mathrm{h}j} + R_{\mathrm{h}(j+1)} + \left(C_{\mathrm{h}j} + C_{\mathrm{h}(j+1)}\right)sR_{\mathrm{h}j}R_{\mathrm{h}(j+1)}}$$

$$\times \frac{1}{sC_{\mathrm{g}}R_{\mathrm{g}} + 1 + \sum\limits_{l=1}^{n}\dfrac{sC_{\mathrm{p}l}R_{\mathrm{g}}}{sR_{\mathrm{p}l}C_{\mathrm{p}l} + 1} + R_{\mathrm{g}}\sum\limits_{k=1}^{N}\dfrac{1}{\dfrac{R_{\mathrm{h}(2k-1)}}{sR_{\mathrm{h}(2k-1)}C_{\mathrm{h}(2k-1)} + 1} + \dfrac{R_{\mathrm{h}(2k)}}{sR_{\mathrm{h}(2k)}C_{\mathrm{h}(2k)} + 1}}}$$

$$(2\text{-}50)$$

当 $j = 2, 4, \cdots, 2N$ 时，只有 $C_{\mathrm{h}j}$ 上的残压 $U_{\mathrm{ch}j}(0)$ 起作用时，电路端口响应用 $U_{\mathrm{rh}j}(s)$ 表示，则有

$$\frac{U_{\mathrm{rh}j}(s)}{U_{\mathrm{ch}j}(0)} = \frac{R_{\mathrm{h}j}C_{\mathrm{h}j}\left(1 + sR_{\mathrm{h}(j-1)}C_{\mathrm{h}(j-1)}\right)R_{\mathrm{g}}}{R_{\mathrm{h}j} + R_{\mathrm{h}(j-1)} + \left(C_{\mathrm{h}j} + C_{\mathrm{h}(j-1)}\right)sR_{\mathrm{h}j}R_{\mathrm{h}(j-1)}}$$

$$\times \frac{1}{sC_{\mathrm{g}}R_{\mathrm{g}} + 1 + \sum\limits_{l=1}^{n}\dfrac{sC_{\mathrm{p}l}R_{\mathrm{g}}}{sR_{\mathrm{p}l}C_{\mathrm{p}l} + 1} + R_{\mathrm{g}}\sum\limits_{k=1}^{N}\dfrac{1}{\dfrac{R_{\mathrm{h}(2k-1)}}{sR_{\mathrm{h}(2k-1)}C_{\mathrm{h}(2k-1)} + 1} + \dfrac{R_{\mathrm{h}(2k)}}{sR_{\mathrm{h}(2k)}C_{\mathrm{h}(2k)} + 1}}}$$

$$(2\text{-}51)$$

为便于对式 (2-49)～式 (2-51) 进行拉普拉斯逆变换，先将各式的分子、分母转化为有理分式，并用零、极点的转移函数表示如下：

$$\frac{U_{\mathrm{r}i}(s)}{U_{\mathrm{cp}i}(s)} = \frac{H_{K,i}(s - z_{K,i})(s - z_{K-1,i})\cdots(s - z_{1,i})}{L_{K+1}(s - p_{K+1})(s - p_K)\ldots(s - p_1)}$$

$$\frac{U_{\mathrm{rh}j}(s)}{U_{\mathrm{ch}j}(s)} = \frac{E_{K,j}(s - \mathrm{zh}_{K,j})(s - \mathrm{zh}_{K-1,j})\cdots(s - \mathrm{zh}_{1,j})}{F_{K+1}(s - \mathrm{ph}_{K+1})(s - \mathrm{ph}_K)\ldots(s - \mathrm{ph}_1)}$$

$$(2\text{-}52)$$

式中，$K = n+N$；$i = 1, 2, \cdots, n$；$j = 1, 2, \cdots, 2N$。$(p_1, p_2, \cdots, p_{K+1})$ 和 $(z_{1,i}, z_{2,i}, \cdots, z_{K,i})$ 代表 RC 串联支路转移函数零、极点，$(\mathrm{ph}_1, \mathrm{ph}_2, \cdots, \mathrm{ph}_{K+1})$ 和 $(\mathrm{zh}_{1,j}, \mathrm{zh}_{2,j}, \cdots, \mathrm{zh}_{K,j})$ 分别为界面极化支路转移函数上的极点和零点，$H_{k,i}$、L_{k+1} 与 E_{kj}、F_{k+1} 分别为 RC 串联支路和界面极化支路转移函数的分子、分母常系数，$U_{\mathrm{cp}i}(s) = U_{\mathrm{cp}i}(0)/s$，$U_{\mathrm{ch}j}(s) = U_{\mathrm{ch}j}(0)/s$。

式 (2-52) 经过拉普拉斯逆变换后，可求出对应回复电压分量的时域响应函数如下：

$$\begin{cases} U_{ri}(t) = (A_{1,i}e^{p_1t} + A_{2,i}e^{p_2t} + \cdots + A_{K+1,i}e^{p_{K+1}t})U_{cpi}(0) \\ \qquad = A_i(t)U_{cpi}(0), \qquad i = 1,2,\cdots,n \\ U_{rhj}(t) = (B_{1,j}e^{ph_1t} + B_{2,j}e^{ph_2t} + \cdots + B_{K+1,j}e^{ph_{K+1}t})U_{chj}(0) \\ \qquad = B_j(t)U_{chj}(0), \qquad j = 1,2,\cdots,2N \end{cases} \tag{2-53}$$

式(2-53)各衰减项前面的系数分别为

$$\begin{cases} A_{g,i} = \dfrac{H_{K,i}}{L_{K+1}} \dfrac{\displaystyle\prod_{v=1}^{K}(p_g - z_{v,i})}{p_g \displaystyle\prod_{l \neq g}^{K+1}(p_g - p_l)} \\ B_{g,j} = \dfrac{E_{K,i}}{F_{K+1}} \dfrac{\displaystyle\prod_{v=1}^{K}(ph_g - zh_{v,i})}{p_g \displaystyle\prod_{l \neq g}^{K+1}(ph_g - ph_l)} \end{cases}, \qquad g,l = 1,2,\cdots,K+1 \tag{2-54}$$

式中，$K = n+N$；$i = 1,2,\cdots,n$；$j = 1,2,\cdots,2N$。

应用叠加定理，由式(2-53)和式(2-54)可得到辨识图 2-12 所示改进型扩展德拜混联等效电路中绝缘电阻 R_g 的模型，亦即得到改进型混联等效电路两端回复电压 $U_r(t)$ 表达式

$$U_r(t) = \sum_{i=1}^{n} U_{ri}(t) + \sum_{j=1}^{2N} U_{rhj}(t) \tag{2-55}$$

式中，t 为测量阶段的时间。

2.5　扩展德拜等效电路极化、去极化电流响应

在图 2-5 扩展德拜介质极化等效电路两端施加一个如式(2-56)所示的直流脉冲高电压

$$U(t) = \begin{cases} 0, & t < 0 \\ U_0, & 0 \leqslant t \leqslant t_c \\ 0, & t_c < t \leqslant t_d \end{cases} \tag{2-56}$$

根据 1.1.2 节极化、去极化电流的测量方法，在 $t=0$ 到 t_c 时间段内，对等效电路进行充电，充电压值为 U_0，在时间为 t_c 的充电过程(介质极化阶段)，测量电介

质极化电流 i_p；然后断开外加电压并将电路两端短路，短路时间为 t_d（通常短路时间 t_d 是充电时间 t_c 的二分之一）。此时绝缘系统内部开始在 t_d 时间段内放电，称这个阶段为介质去极化过程，释放出的电流称为去极化电流。极化、去极化电流波形如图 2-14 所示。

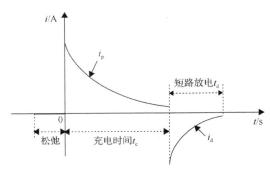

图 2-14 极化、去极化电流曲线

由扩展德拜等效电路（图 2-5），可以分别导出充放电阶段的极化电流和去极化电流响应函数式。

1. 介质极化过程

根据 KCL 定律，充放电阶段的极化电流为

$$i_p = i_{R_g} + i_{C_g} + \sum_{i=1}^{N} i_{pi} \tag{2-57}$$

式中，i_{C_g} 为几何电容 C_g 的瞬时充电电流，因时间极短，衰减极快可忽略不计；i_{R_g} 是流过绝缘电阻 R_g 的稳定电流，即

$$i_{R_g} = \frac{U_0}{R_g} \tag{2-58}$$

i_{pi} 是第 i 条极化支路流过的极化电流，它是一个随时间衰减的电流。根据一阶电路三要素法可得第 i 条极化支路的极化电流 $i_{pi}(i = 1, 2, \cdots, N)$ 为

$$i_{pi}(t) = \frac{U_0}{R_i} e^{-t/\tau_i} \tag{2-59}$$

式中，$\tau_i = R_{pi} C_{pi}(i = 1, 2, \cdots, N)$。

由式（2-52）～式（2-59）整理可得扩展德拜等效电路的极化电流 $i_p(t)$ 表达式：

$$i_p(t) = \frac{U_0}{R_g} + \sum_{i=1}^{N} \frac{U_0}{R_i} e^{-t/\tau_i} \tag{2-60}$$

2. 介质去极化过程

在 t_c 阶段充电后短路瞬间，即 $t=0$ 时刻，第 i 条极化支路电容短路的初始电压 $U_{cpi}(0)$ 为

$$U_{cpi}(0) = U_0(1 - e^{-t_c/\tau_i}) \tag{2-61}$$

在短路过程中，R_g 和 C_g 分别被瞬间短接，它们不存在暂态变化过程。根据 KCL 定律可得到扩展德拜等效电路的去极化电流 $i_d(t)$ 为

$$i_d(t) = \sum_{i=1}^{N} \frac{U_{cpi}(0)}{R_{pi}} e^{-\frac{t}{\tau_i}} \tag{2-62}$$

将式 (2-61) 代入式 (2-62) 中可得去极化电流 $i_d(t)$

$$i_d(t) = \sum_{i=1}^{N} \frac{U_0}{R_{pi}} (1 - e^{-\frac{t_c}{\tau_i}}) e^{-\frac{t}{\tau_i}} = \sum_{i=1}^{N} C_i e^{-\frac{t}{\tau_i}} \tag{2-63}$$

式 (2-60) 和式 (2-63) 是扩展德拜等效电路在外加电压作用下，充放电阶段产生极化和去极化响应呈现出的电流表达式。它将在今后评估油纸绝缘变压器绝缘老化状况时提供一种分析手段。

2.6　扩展德拜等效电路频域响应

频域介电谱分析法是在一定频域内探讨绝缘介质极化和损耗的一种方法，它通过测量出油纸绝缘介质的复电容、复介电常数和损耗因数等曲线和特征值，研究这些特征量在交变电场作用下随频率变化的关系和规律。通过分析这些曲线在各频率段的变化规律，建立曲线各频率段与油纸绝缘系统对应状态的关系，有助于为今后评估电力变压器的油纸绝缘状态提供另一种诊断方法。

本内容在扩展德拜等效电路时域响应研究的基础上，同样分析图 2-15 扩展德拜等效电路频域响应特征量——复电容和损耗因数等与电路参数之间的相互关系。

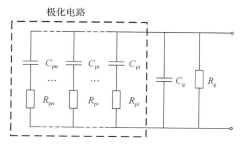

图 2-15　扩展德拜极化等效电路

由图 2-15，根据电路理论基础，可以求得等效电路两端导纳 Y 的表达式

$$Y = \frac{1}{Z} = j\omega C_g + \frac{1}{R_g} + \sum_{i=1}^{N} \frac{j\omega C_{pi}}{1 + j\omega C_{pi}} \qquad (2\text{-}64)$$

设 C^* 为绝缘介质的复电容，对式 (2-64) 运算整理后得

$$C^*(\omega) = \frac{1}{j\omega Z} = C_g + \frac{1}{j\omega R_g} + \sum_{i=1}^{N} \frac{C_{pi}}{1 + j\omega R_{pi} C_{pi}} = C'(\omega) + jC''(\omega) \qquad (2\text{-}65)$$

式中，C' 和 C'' 分别是复电容 C^* 的实部和虚部，它们分别为

$$C'(\omega) = C_g + \sum_{i=1}^{N} \frac{C_{pi}}{1 + (\omega\tau_i)^2} \qquad (2\text{-}66)$$

$$C''(\omega) = \frac{1}{\omega R_g} + \sum_{i=1}^{N} \frac{\omega\tau_i C_{pi}}{1 + (\omega\tau_i)^2} \qquad (2\text{-}67)$$

其中，$\tau_i = R_{pi} C_{pi} (i = 1, 2, \cdots, N)$。它表示第 i 条极化支路的时间常数。

根据电介质物理学理论[12,17]，介质损耗因数 $\tan\delta(\omega)$ 等于复电容的虚部与实部的比值，即

$$\tan\delta(\omega) = \frac{C''(\omega)}{C'(\omega)} \qquad (2\text{-}68)$$

将式 (2-66) 和式 (2-67) 代入式 (2-68) 中，经运算可得介质损耗因数 $\tan\delta(\omega)$ 为

$$\tan\delta(\omega) = \frac{1}{\omega R_g} + \sum_{i=1}^{N} \frac{\omega\tau_i C_{pi}}{1 + (\omega\tau_i)^2} \left/ \left[C_g + \sum_{i=1}^{N} \frac{C_{pi}}{1 + (\omega\tau_i)^2} \right] \right. \qquad (2\text{-}69)$$

通过对油纸绝缘系统频率介电谱的测量，测试频率通常选择在 $10^{-4} \sim 10^3$ Hz 范围内。根据不同频率段实测出的介质损耗因数和复电容等数据，结合式 (2-65) ～ 式 (2-69) 建立计算扩展德拜等效电路元件参数的优化目标函数，应用智能算法则可以计算出图 2-15 扩展德拜等效电路元件参数值。

第3章 油纸绝缘极化等效电路参数计算

3.1 极化等效电路参数计算方程式

由于介质极化等效电路未知参量较多，电路元件参数的求解较为复杂。到目前为止，还没有见到利用回复电压特征量计算介极化质极化等效电路参数的有效方法。虽然 Xu 等[32]提出了计算极化等效电路参数的方法，但是其数学模型需要积分，且参数计算的精度依赖于回复电压在测量过程中采样的点数，而且在计算过程中忽略了数学模型中的一些参数，如在积分时略去了积分下限值，这将影响参数计算的准确度。因此，亟须提出更加有效、准确度较高的计算模型和方法。

图 3-1 为基于扩展德拜极化等效电路回复电压的测试示意图。

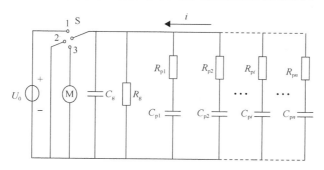

图 3-1 扩展德拜极化等效电路的测试量示意图

如图 3-1 所示电路，根据第 1 章介绍的方法，回复电压方法测量过程可简单描述如下：首先将开关 S 闭合至 1 点，电路接通直流电源，电介质在恒定电场作用下进行介质极化，所有弛豫时间常数 $\tau_i < t_c (\tau_i = R_{pi}C_{pi}, i=1, 2, \cdots, n)$ 的极化过程将被激发。然后，在 $t=t_c$ 时刻将开关 S 与 2 点接通，此时等效电路两端短路。经过 t_d 时间段的短路后，电路中几何电容 C_g 上的电荷瞬间被释放掉，在时间常数 $\tau_i < t_d$ 的极化过程中所产生的极化电荷也将被释放。但在 $t_d < \tau_i < t_c$ 的极化过程仍将继续保持激发状态。当开关 S 在 3 点闭合时，残余的极化电荷对 C_g 充电，等效电路两端之间呈现一个电势差。随着自由电荷在极板上不断地增加，回复电压 U_r 不断上升至最大值，最后通过几何电阻放电逐渐缓慢衰减至零。在回复电压 U_r 测量过程中，仪器将记录和保存回复电压峰值 U_r、峰值测量时间 t_{peak} 和初始斜率 dU_r/dt

三个特征量。

在单个回复电压测量循环中，根据基尔霍夫(KCL 和 KVL)定律对图 3-1 所示的扩展德拜极化等效电路建立方程式(3-1)和式(3-2)：

$$C_{\mathrm{g}}\frac{\mathrm{d}U_{\mathrm{r}}(t)}{\mathrm{d}t}+\frac{U_{\mathrm{r}}}{R_{\mathrm{g}}}+\sum_{i=1}^{n}C_{\mathrm{p}i}\frac{\mathrm{d}U_{\mathrm{cp}i}(t)}{\mathrm{d}t}=0 \tag{3-1}$$

$$\frac{U_{\mathrm{r}}(t)-U_{\mathrm{cp}i}(t)}{R_{\mathrm{p}i}}=C_{\mathrm{p}i}\frac{\mathrm{d}U_{\mathrm{cp}i}(t)}{\mathrm{d}t},\qquad i=1,2,\cdots,n \tag{3-2}$$

式中，t 为测量时间；$U_{\mathrm{cp}i}$ 是第 i 条极化支路电容的电压。各极化电容放电到 t_{d} 时刻两端的残余电压方程表达式如式(3-3)所示，它是已知量。

$$U_{\mathrm{cp}i}(t_{\mathrm{c}},t_{\mathrm{d}})=U_0\left(1-\mathrm{e}^{-\frac{t_{\mathrm{c}}}{R_{\mathrm{p}i}C_{\mathrm{p}i}}}\right)\mathrm{e}^{-\frac{t_{\mathrm{d}}}{R_{\mathrm{p}i}C_{\mathrm{p}i}}},\qquad i=1,2,\cdots,n \tag{3-3}$$

将式(3-1)和式(3-2)联立，并将各极化电容的电压表达式(3-3)代入联立的方程组，可得

$$C_{\mathrm{g}}\frac{\mathrm{d}U_{\mathrm{r}}(t)}{\mathrm{d}t}+\frac{U_{\mathrm{r}}(t)}{R_{\mathrm{g}}}+\sum_{i=1}^{n}\frac{U_{\mathrm{r}}(t)}{R_{\mathrm{p}i}}-\sum_{i=1}^{n}\frac{U_0}{R_{\mathrm{p}i}}\left(\mathrm{e}^{\frac{-(t+t_{\mathrm{d}})}{\tau_i}}-\mathrm{e}^{\frac{-(t+t_{\mathrm{c}}+t_{\mathrm{d}})}{\tau_i}}\right)=0 \tag{3-4}$$

式中，弛豫时间常数是 $\tau_i=R_{\mathrm{p}i}C_{\mathrm{p}i}$，$i=1,2,\cdots,n$。如果利用测量得到的回复电压特征量求解该方程，需要对方程进行积分，而积分后的方程式更加繁杂，需要大量的回复电压采样值，这将会增加回复电压测量和参数求解的难度。

通过对等效电路测量过程的分析，发现测试回复电压初始斜率时，当 $t\approx 0$ 时，根据电路换路定律，此时，$U_{\mathrm{r}}(t=0)$ 的值为零。将方程(3-4)非微分项移向方程右边，化简后可得

$$\frac{\mathrm{d}U_{\mathrm{r}}(t)}{\mathrm{d}t}=\frac{1}{C_{\mathrm{g}}}\left[-\frac{U_{\mathrm{r}}(t)}{R_{\mathrm{g}}}-\sum_{i=1}^{n}\frac{U_{\mathrm{r}}(t)}{R_{\mathrm{p}i}}+\sum_{i=1}^{n}\frac{U_0}{R_{\mathrm{p}i}}\left(\mathrm{e}^{\frac{-(t+t_{\mathrm{d}})}{\tau_i}}-\mathrm{e}^{\frac{-(t+t_{\mathrm{c}}+t_{\mathrm{d}})}{\tau_i}}\right)\right] \tag{3-5}$$

将 $U_{\mathrm{r}}|_{t=0}=0$ 代入方程(3-5)，可得

$$\left.\frac{\mathrm{d}U_{\mathrm{r}}}{\mathrm{d}t}\right|_{t=0}=\frac{1}{C_{\mathrm{g}}}\left[\sum_{i=1}^{n}\frac{U_0}{R_{\mathrm{p}i}}\left(\mathrm{e}^{\frac{-t_{\mathrm{d}}}{\tau_i}}-\mathrm{e}^{\frac{-(t_{\mathrm{c}}+t_{\mathrm{d}})}{\tau_i}}\right)\right] \tag{3-6}$$

式中，$(\mathrm{d}U_{\mathrm{r}}/\mathrm{d}t)|_{t=0}$，即为回复电压初始斜率值。该值可通过回复电压测试仪器

RVM5461 测量获得，将方程(3-6)右边的子项移向方程左边可得单个回复电压测量循环下的方程(3-7)：

$$\frac{\mathrm{d}U_\mathrm{r}}{\mathrm{d}t}\bigg|_{t=0} - \frac{1}{C_\mathrm{g}}\left[\sum_{i=1}^{n}\frac{U_0}{R_{\mathrm{p}i}}\left(\mathrm{e}^{\frac{-t_\mathrm{d}}{\tau_i}} - \mathrm{e}^{\frac{-(t_\mathrm{c}+t_\mathrm{d})}{\tau_i}}\right)\right] = 0 \tag{3-7}$$

不断改变充电时间 t_c，逐次进行一系列的回复电压测量，即可获得多个测试循环的回复电压初始斜率等特征值，并代入式(3-7)。然后将多个回复电压测量循环方程式联立，即可组成如式(3-8)所示的方程组：

$$\begin{cases} \dfrac{\mathrm{d}U_{\mathrm{r}1}}{\mathrm{d}t}\bigg|_{t=0} - \dfrac{1}{C_\mathrm{g}}\left[\displaystyle\sum_{i=1}^{n}\dfrac{U_0}{R_{\mathrm{p}i}}\left(\mathrm{e}^{\frac{-t_{\mathrm{d}1}}{\tau_i}} - \mathrm{e}^{\frac{-(t_{\mathrm{c}1}+t_{\mathrm{d}1})}{\tau_i}}\right)\right] = 0 \\ \qquad\qquad\vdots \\ \dfrac{\mathrm{d}U_{\mathrm{r}j}}{\mathrm{d}t}\bigg|_{t=0} - \dfrac{1}{C_\mathrm{g}}\left[\displaystyle\sum_{i=1}^{n}\dfrac{U_0}{R_{\mathrm{p}i}}\left(\mathrm{e}^{\frac{-t_{\mathrm{d}j}}{\tau_i}} - \mathrm{e}^{\frac{-(t_{\mathrm{c}j}+t_{\mathrm{d}j})}{\tau_i}}\right)\right] = 0 \\ \qquad\qquad\vdots \\ \dfrac{\mathrm{d}U_{\mathrm{r}m}}{\mathrm{d}t}\bigg|_{t=0} - \dfrac{1}{C_\mathrm{g}}\left[\displaystyle\sum_{i=1}^{n}\dfrac{U_0}{R_{\mathrm{p}i}}\left(\mathrm{e}^{\frac{-t_{\mathrm{d}m}}{\tau_i}} - \mathrm{e}^{\frac{-(t_{\mathrm{c}m}+t_{\mathrm{d}m})}{\tau_i}}\right)\right] = 0 \end{cases} \tag{3-8}$$

式(3-8)所示的方程组是一个非线性方程组，在方程组中，$t_{\mathrm{c}j}$ 和 $t_{\mathrm{d}j}$ 分别为第 j 个测试循环的充电时间和放电时间，$(\mathrm{d}U_{\mathrm{r}j}/\mathrm{d}t)|_{t=0}$ 为第 j 个测试循环的初始斜率值，$j=1,2,\cdots,m$。在该方程组中，U_0、t_c、t_d 为测试前设置的参数，均为已知量。初始斜率是通过 RVM5461 测试仪测量获得的，它也是已知量，而方程中几何电容值 C_g、极化电容 $C_{\mathrm{p}i}$ 和极化电阻 $R_{\mathrm{p}i}(i=1,2,\cdots,n)$ 等均为待求的未知量。

由此可见，求解式(3-8)所示的方程组，仅需要获取多个回复电压测试时的初始斜率特征值，并代入该方程组中，然后再通过智能优化算法就可以求解出等效电路元件的参数值，无须采样大量的回复电压测试数据。

3.2　极化等效电路支路数的确定

目前，国内外多数学者在求解式(3-8)时，都假设等效电路含有已知若干条极化支路，然后建立若干个方程式计算出等效电路元件的参数值。这种假设不能真实反映油纸绝缘设备的实际绝缘状况及绝缘内部的极化响应情况。如文献[33]在计算同一变压器检修前后两种不同绝缘状况的等效电路参数时，均采用 6 条极化支路的扩展德拜等效电路模型，其造成回复电压测量极化谱与计算极化谱之间的吻合度存在一定的误差。任意假设极化支路数除了造成计算值与实际测量值存在误差之外，还会增加求解方程组未知数的难度，更为严重的是影响对油纸绝缘设备老化状况判断的准确性。因此，在等效电路参数计算时，必须先要解决如何确定等效电路的极化支路数。

3.2.1　基于回复电压解谱的极化支路数判断

应用微分解谱法，首先对油纸绝缘设备测试获得的回复电压谱线进行微分和逐次解谱，将隐含在回复电压谱线中的弛豫响应特征以子谱线的形式展现出，然后根据回复电压微分子谱线的数量，判断出扩展德拜等效电路的极化支路数。

1. 回复电压微分解谱性质

假设图 3-1 中介质极化等效电路除了极化电阻和电容两个元件之外，还含有 N 条 RC 串联极化支路并联构成的，其回复电压谱函数表达式为

$$U_r(t) = \sum_{i=1}^{m} A_j \exp(p_j, t) \tag{3-9}$$

式中，p_j（j=1, 2, …, m；$m=N+1$），它是一个与弛豫响应支路参数有关的负系数；A_j 的表达式为

$$A_j = \sum_{j=1}^{m} B_{ji} U_{cpi}(t_c, t_d), \qquad j = 1, 2, \cdots, m = N+1 \tag{3-10}$$

其中，U_{cpi} 表示第 i 条（$i=1,2,\cdots,N$）支路极化电容的电压，它与充电时间 t_c 和放电时间 t_d 有关；B_{ji}（$j=1,2,\cdots,m$；$i=1, 2, \cdots, N$）是一个仅与弛豫响应支路参数值有关的系数。

在回复电压谱函数中，它隐含了油纸绝缘内部各种绝缘介质，如绝缘油、绝缘纸及隔板和撑条等，除此之外还包含了油与纸界面以及与绝缘系统老化等有关的各种产物，如微水、酸、醛、醇和酮等在介质极化弛豫响应过程中产生的各种快慢响应的子谱线叠加之和。若能将隐含在回复电压谱线中的所有响应快慢的子谱线逐次从中分解展现出来，就能准确地判别油纸绝缘系统弛豫响应等效电路中的极化支路数。

对回复电压谱函数式(3-9)进行微分解谱，然后乘以极化时间 t，即可得到回复电压微分谱函数表达式 $F(t, p_j, A_j)$ 为

$$F(t, p_j, A_j) = -t\frac{\mathrm{d}U_r}{\mathrm{d}t} = \sum_{j=1}^{m} A_j(-p_j t)\exp(-(p_j t))$$

$$= \sum_{j=1}^{m} -A_j\phi_j(p_j, t) \tag{3-11}$$

式中，$\phi_j(p_j, t) = p_j t \exp(-p_j t)$，$j = 1, 2, \cdots, m$，称 $\phi_j(p_j, t)$ 为第 j 条微分子谱线函数，其变化曲线如图 3-2 所示。回复电压微分谱函数 $F(t, p_j, A_j)$ 的谱线如图 3-3 所示。

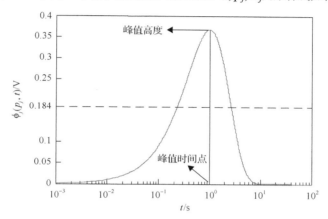

图 3-2　第 j 条微分子谱线

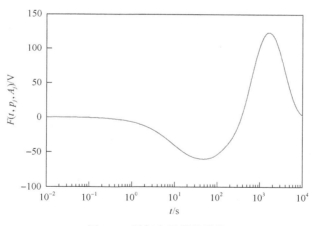

图 3-3　回复电压微分谱线

假如对第 j 条微分子谱线函数 $\phi_j(p_j, t)$ 再次进行微分后可得

$$\frac{\mathrm{d}\phi_j(t)}{\mathrm{d}t} = p_j\exp(-p_j t) - p_j^2 t\exp(-p_j t)$$

$$= p_j\exp(-p_j t)(1 - p_j t)$$

由上式分析可得出：

（1）当 $0 < t < \dfrac{1}{p_j}$ 时，$\dfrac{\mathrm{d}\phi_j(t)}{\mathrm{d}t} > 0$，则微分子谱线函数 $\phi_j(t)$ 是单调递增。

（2）当 $\dfrac{1}{p_j} < t < \infty$ 时，$\dfrac{\mathrm{d}\phi_j(t)}{\mathrm{d}t} < 0$，则微分子谱线函数 $\phi_j(t)$ 是单调递减。

（3）当且仅当 $t = \dfrac{1}{p_j}$ 时，$\dfrac{\mathrm{d}\phi_j(t)}{\mathrm{d}t} = 0$，则微分子谱线函数 $\phi_j(t)$ 存在唯一的峰值，且峰值为 $1/e$。

根据以上分析，回复电压一次微分子谱线 $\phi_j(p_j, t)$ 是一单峰值的凸函数，当且仅当 $t = 1/p_j$ 时，一次微分子谱线达到峰值，并沿着谱线向峰值两端逐渐减小。由此可见，回复电压微分谱线 $F(t, p_j, A_j)$ 是由多条一次微分子谱线所组成。当不同子谱线相互叠加后，将引起各微分子谱线峰值点的移动，如图 3-4 所示。

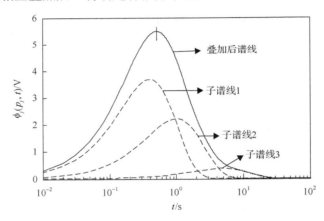

图 3-4　多条微分子谱线叠加情况

故第 j 条微分子谱线 $\phi_j(t)$ 具有以下性质：

（1）微分子谱线函数 $\phi_j(p_j, t)$ 是一个具有单一峰值的函数。当时间 $t = 1/p_j$ 时，达到峰值点。然后在峰值点的两侧随着时间的变化而逐渐衰减，最后趋近于 0。

（2）由于 $p_j (j=1, 2, \cdots, m)$ 的值大小各异，则微分子谱线函 $\phi_j(p_j, t)$ 的各个峰值点所对应的时间也不相同。当 p_j 值越小时，对应的峰值点时间 t_j 就越大。故回复电压微分谱函数 $F(t, p_j, A_j)$ 的谱线是 m 条单一峰值且峰值位置各不相同的微分子谱线的叠加之和。

（3）当 $p_j (j=1, 2, \cdots, m)$ 的值越大时，对应的微分子谱线 $\phi_j(p_j, t)$ 衰减就越快，反之微分子谱线 $\phi_j(p_j, t)$ 衰减就越慢。故 p_j 值越小的子谱线对 $F(t, p_j, A_j)$ 谱线的末

端贡献就越大。反之贡献就越小，故它对 $F(t, p_j, A_j)$ 谱线末端的影响可以忽略不计。

根据以上分析，得到以下判断扩展德拜等效电路极化支路数的方法。

极化支路数判据：油纸绝缘弛豫响应等效电路的极化支路数可以用回复电压微分谱线 $F(t, p_j, A_j)$ 分解出的子谱线来判别。倘若回复电压谱函数经过逐次微分解谱后分解出 m 条子谱线，则油纸绝缘弛豫响应等效电路的极化支路数就由 $N(N = m–1)$ 条 RC 串联支路并联组成的。

2. 回复电压谱线解谱方法

根据以上提出的油纸绝缘弛豫响应等效电路极化支路数的判断方法，具体实现步骤按如下操作。

步骤 1：将测试获取的回复电压曲线进行一次微分再乘以对应的回复电压测试时间的相反数，将回复电压曲线 $U_r(t)$ 转换为回复电压时域微分谱线 $F(t, p_j, A_j) = -t\dfrac{\mathrm{d}U_r}{\mathrm{d}t}$，其转换过程如图 3-5 所示。

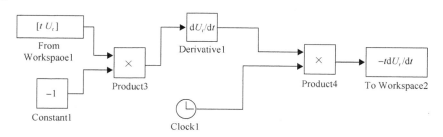

图 3-5　回复电压时域微分谱线转换过程

步骤 2：从微分谱线 $F(t, p_j, A_j)$ 的末端开始，任意取两点 t_1 和 $t_2 (t_2 > t_1)$，用解谱法建立下列方程组：

$$\begin{cases} t_1 \left.\dfrac{\mathrm{d}U_r}{\mathrm{d}t}\right|_{t=t_1} + A_j(-p_j t)\exp(-p_j t) = 0 \\[2mm] t_2 \left.\dfrac{\mathrm{d}U_r}{\mathrm{d}t}\right|_{t=t_2} + A_j(-p_j t)\exp(-p_j t) = 0 \end{cases} \tag{3-12}$$

由式 (3-12) 求出 A_j 和 p_j 两系数，然后分别代入式 (3-11)，即可求出第 1 条子谱线 L_1。

步骤 3：将回复电压微分谱线 $F(t, p_j, A_j)$ 减去第 1 条子谱曲线 L_1，得到剩余谱线 $G_i(*)$，也称 $G_i(*)$ 为当前剩余谱线。再从当前剩余谱线 $G_i(*)$ 的末端开始，任取两点 t_1 和 $t_2 (t_2 > t_1)$，按式 (3-12) 求出 A_j 和 p_j 两系数，然后再分别代入 $A_j(p_j, t)$ 中，求出第 2 条子谱线 L_2。

步骤 4：把当前剩余谱线 $G_i(*)$ 减去第 2 条子谱线 L_2 后，再应用以上解谱方法和步骤逐次求出第 3 条，第 4 条……直到第 m 条子谱线。当且仅当，若某一次解谱的当前剩余谱线 $G_i(*)$ 中最大峰点的绝对值小于预先设定的阈值时，则终止解谱。

步骤 5：根据步骤 4 最后解谱得到的 m 条子谱线，依据弛豫响应等效电路极化支路数的判定方法确定扩展德拜弛豫响应等效电路极化支路数 N。

回复电压微分解谱法的具体操作步骤流程图，如图 3-6 所示。

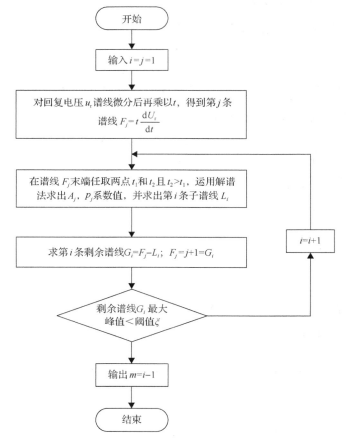

图 3-6　回复电压微分解谱流程图

3. 极化支路数判断示例

表 3-1 为油纸绝缘变压器 T_1 的基本信息，按照回复电压微分解谱法判断极化等效电路支路数的方法和步骤，对变压器 T_1 的极化支路数进行详细阐述和分析。

表 3-1　油纸绝缘变压器 T₁ 基本信息

代号	变压器型号	运行年限/年	绝缘状况
T₁	S11—5000/220/110/10	4	绝缘良好

首先按照第 1 章介绍的回复电压测量方法和步骤，在变压器的绝缘绕组两端施加 2000V 直流脉冲电压、充电时间为 9000s，充放电时间比为 2。测量出 T₁ 变压器的回复电压数据，如表 3-2 所示。

表 3-2　表 3-1 中 T₁ 变压器回复电压测量数据

t/s	1	2	3	4	5	6	7	8	9
U_r/V	0.00	5.17	10.12	14.88	19.46	23.89	28.17	32.30	36.31
t/s	10	20	30	40	50	60	70	80	90
U_r/V	40.20	73.30	98.47	118.14	133.90	146.78	157.52	166.60	174.40
t/s	100	200	300	400	500	600	700	800	900
U_r/V	181.17	221.10	242.40	256.97	267.13	273.88	277.92	279.81	279.98
t/s	1000	2000	3000	4000	5000	6000	7000	8000	9000
U_r/V	278.81	235.75	186.10	145.44	113.49	88.54	69.07	53.88	42.03

然后应用式(3-9)~式(3-12)和按照微分解谱法步骤 1 至步骤 5，从 T₁ 变压器的回复电压微分谱函数 $F(t, p_j, A_j)$ 的末端开始，逐次分解出隐含在回复电压谱线中的各条子谱线，若当前剩余谱线 $G_i(*)$ 中最大峰值点的绝对值小于预先设定的微分谱线中最大峰值点绝对值的 5%时，则终止解谱。故从 T₁ 变压器的回复电压谱线中分解出 6 条子谱线和剩余谱线及其对应子谱线的系数值，如表 3-3 和图 3-7 所示。

表 3-3　表 3-1 中 T₁ 变压器子谱线的系数

子谱线参数	子谱线序号					
	1	2	3	4	5	6
p_i	4883.40	702.8916	415.6805	167.9858	125.9127	76.6984
A_j	201.0302	−245.2521	68.2188	−93.7043	89.5040	−19.8821

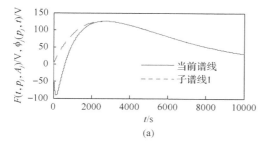

(a)

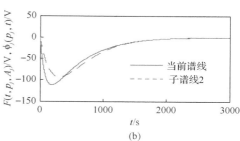

(b)

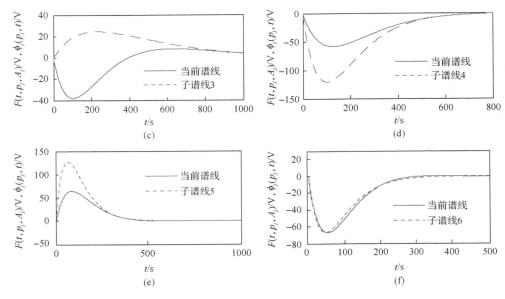

图 3-7　T_1 变压器的子谱线和剩余谱线

根据提出的扩展德拜等效电路极化支路数的判据，可判断出 T_1 变压器扩展德拜等效电路极化支路有 5（N=6−1）条。

为了进一步证实 T_1 变压器扩展德拜等效电路的极化支路数 5 条是正确的，现假设 T_1 变压器的极化支路数分别是 5 条、6 条和 7 条。然后应用等效电路参数计算方程式（3-8）和回复电压测量值分别计算出 5 条、6 条和 7 条极化支路的扩展德拜等效电路参数值和回复电压极化谱计算值。最后将这些计算值与实际测量的极化谱行比较[34,35]，如图 3-8 和图 3-9 所示。

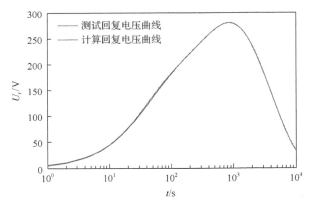

图 3-8　T_1 变压器回复电压计算值与实测值比较

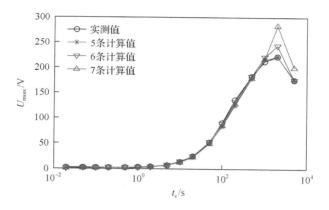

图 3-9　T_1 变压器实测极化谱与计算极化谱比较

由图 3-8 和图 3-9 分别可见：T_1 变压器的弛豫响应等效电路若由 5 条极化支路构成的扩展德拜等效电路，其计算极化谱与实测极化谱比较，两者是完全吻合；若采用 6 条或 7 条极化支路时，其计算极化谱与实测极化谱比较两者的吻合度都很差。由此可见，判断出的极化支路数是正确可信的。

3.2.2　去极化电流解谱的极化支路数判断

1. 去极化电流微分解谱

由去极化电流表达式 (2-63) 可知，油纸绝缘介质极化响应去极化电流 i_d 是由 N 个不同衰减项的弛豫机构叠加组成的，若要直接从测试获得的去极化电流曲线上确定扩展德拜等效电路的极化支路数目有一定的难度。因此，在本节中同样应用微分法从去极化电流曲线中获取弛豫信息，从而确定极化支路数 N[36]。

首先对去极化电流 i_d 表达式 (2-63) 进行一次微分运算，然后再乘以对应的去极化时间 t 的负数，则得到去极化电流 i_d 的微分谱线 $\zeta(t, \tau_i, C_i)$ 为

$$\zeta(t, \tau_i, C_i) = -t\frac{\mathrm{d}i_d}{\mathrm{d}t} = \sum_{i=1}^{N} C_i \frac{t}{\tau_i} \exp(-(t/\tau_i)) = \sum_{i=1}^{n} C_i \psi_i(t, \tau_i) \qquad (3\text{-}13)$$

令式 (3-13) 中 $\psi_i(t, \tau_i) = t/\tau_i \exp(-(t/\tau_i))$，称 $\psi_i(t, \tau_i)$ 为第 i 条一次微分子谱线，$i=1, 2, \cdots, N$（图 3-10）。图 3-10 中横坐标表示时间，单位是 s；纵坐标表示时间 t 与去极化电流微增率积的函数，单位是 A。

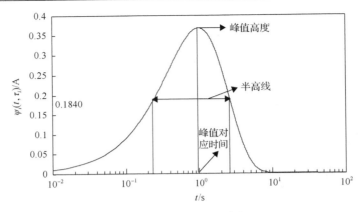

图 3-10　第 i 条一次微分子谱线 $\psi_i(t, \tau_i)$

倘若对第 i 条一次微分子谱线 $\psi_i(t, \tau_i)$ 再次进行微分后可得

$$\frac{\mathrm{d}\psi_i(t, \tau_i)}{\mathrm{d}t} = \frac{1}{\tau_i} \exp\left(-\frac{t}{\tau_i}\right)\left(1 - \frac{t}{\tau_i}\right) \tag{3-14}$$

一次微分子谱线再次经过微分后由式(3-14)分析，函数具有以下特点：

(1) 当 $0 < t < \tau_i$ 时，$\dfrac{\mathrm{d}\psi_i(t, \tau_i)}{\mathrm{d}t} > 0$，则一次微分子谱线 $\psi_i(t, \tau_i)$ 单调递增；

(2) 当 $\tau_i < t < \infty$ 时，$\dfrac{\mathrm{d}\psi_i(t, \tau_i)}{\mathrm{d}t} < 0$，则一次微分子谱线 $\psi_i(t, \tau_i)$ 单调递减；

(3) 仅当 $t = \tau_i$ 时，$\dfrac{\mathrm{d}\psi_i(t, \tau_i)}{\mathrm{d}t} = 0$，则一次微分子谱线 $\psi_i(t, \tau_i)$ 有一个峰值，且微分子谱线 $\psi_i(t, \tau_i)$ 是单峰值函数。

各弛豫机构的时间常数 $\tau_i (i=1, 2, \cdots, N)$ 的值大小各不相同，因此各个不同弛豫机构所对应的峰值点时间也各不相同。所以去极化电流微分谱线 $\zeta(t, \tau_i, C_i)$ 必定也是由 N 条不同弛豫机构、唯一一个峰值的子谱线相互叠加而成。

任意两条相邻的一次微分子谱线 $\psi_i(t, \tau_i)$ 和 $\psi_j(t, \tau_j)$ 叠加时，若半高线宽度较窄，且峰值时间常数 τ_i 与 τ_j 之间间隔 $(\Delta\tau_{ij})$ 较大时，则叠加后的微分谱线 $\zeta(t, \tau_i, C_i)$ 的峰值点就越明显；反之，半高线较宽且峰值大的较强子谱线将覆盖邻近的较弱子谱线，导致叠加后的一次微分谱线的峰值点无法判别。如图 3-11 和图 3-12 所示。

由去极化电流微分解谱具有的性质分析可获得判断扩展德拜等效电路极化支路数的方法。

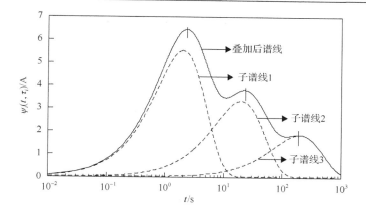

图 3-11　半高线宽度窄且 $\Delta\tau_{ij}$ 值大的子谱线

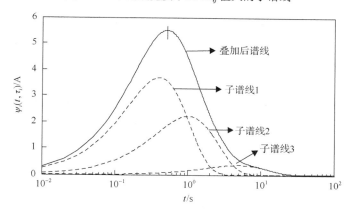

图 3-12　半高线宽度大且 $\Delta\tau_{ij}$ 值小的子谱线

判断方法　若去极化电流曲线经微分解谱后含有 N 条子谱线，则扩展德拜等效电路的极化支路数为 N。

此外，通过观察也可以看出，扩展德拜等效电路极化支路数目 N 也等于去极化电流一次微分谱线的峰值点个数。如果在去极化电流一次微分谱线上无法识别出具体的峰值点个数时，则需对去极化电流 i_d 进行二次微分再乘以相应的去极化时间 t^2，则得到二次微分谱线 $\varsigma(t,\tau_i)$ 为

$$\varsigma(t,\tau_i) = t^2\frac{\mathrm{d}^2 i_\mathrm{d}}{\mathrm{d}t^2} = \sum_{i=1}^{N} C_i\left(\frac{t}{\tau_i}\right)^2 \exp\left(-\left(\frac{t}{\tau_i}\right)\right) = \sum_{i=1}^{N}\mu_i(t,\tau_i) \tag{3-15}$$

由式(3-15)分析，去极化电流 i_d 二次微分子谱线 $\mu_i(t,\tau_i)$ 与一次微分子谱线 $\psi_i(t,\tau_i)$ 具有一样的变化特点，但二次微分子谱线半高线的宽度比一次微分子谱线变得更窄了。因此，二次微分谱线的峰值点显得更为明显，能清楚地识别出 N 个

波峰点。如图 3-13 是两者微分子谱线叠加后对比图。

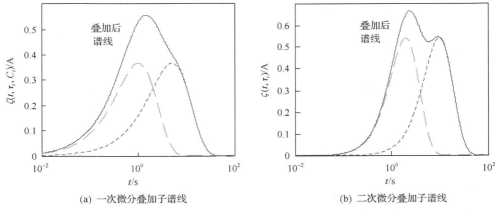

图 3-13　一次微分和二次微分子谱线叠加对比图

2. 去极化电流微分解谱步骤

根据去极化电流微分谱线的性质，它是由 N 条不同弛豫机构且仅有一个峰值的子谱线相互叠加而成。所以在微分谱线末端的点是由弛豫响应最大时间的一条子谱线单独作用得到的，而弛豫响应时间最小的子谱线对微分谱线末端的贡献可以不计。因此，可以通过对去极化电流微分谱线逐次进行分解，求出所有微分子谱线数，其具体操作步骤如下。

步骤 1：在去极化电流微分谱线 $\zeta(t,\tau_i,C_i)$ 的末端任取两点 $(t_1,\zeta(t_1,\tau_i,C_i))$，$(t_2,\zeta(t_2,\tau_i,C_i))$，并将其带入式 (3-16)，求得当前弛豫响应时间常数最大的那条子谱线的参数 (C_1,τ_1)，即求得了第 1 条子谱线函数式 $\psi_1(t,\tau_1,C_1)$。

$$\begin{cases} \zeta(t_1,\tau_i,C_i) - C_1\left(\dfrac{t_1}{\tau_1}\right)\exp\left(-\dfrac{t_1}{\tau_1}\right) = 0 \\ \zeta(t_2,\tau_i,B_i) - C_2\left(\dfrac{t_2}{\tau_2}\right)\exp\left(-\dfrac{t_2}{\tau_2}\right) = 0 \end{cases} \tag{3-16}$$

步骤 2：将去极化电流微分谱线 $\zeta(t,\tau_i,C_i)$ 减去第 1 条微分子谱线 $\psi_1(t,\tau_1,C_1)$，得到剩余谱线 $\chi_i(t,\tau_i,C_i)$。

步骤 3：再从剩余谱线 $\chi_i(t,\tau_i,C_i)$ 末端开始再任意取两点 (t_1,t_2)，按照式 (3-16) 求出第 2 条子谱线的参数值 (C_2,τ_2)，从而获得第 2 条微分子谱线 $\psi_2(t,\tau_1,C_1)$。

步骤 4：以此类推，重复采用步骤 1 至步骤 3 的方法，逐次求出第 3，4，…，m 条微分子谱线的参数值及相应的子谱线。

步骤 5：当某次剩余谱线最大峰值小于预设的阈值（一般取剩余谱线 $\chi_i(t, \tau_i, C_i)$ 最大峰值的 0.5%）时，则终止解谱。

步骤 6：根据步骤 5 最后得到的子谱线数 m，依据扩展德拜等效电路极化支路数的判定方法确定极化支路数，即 $N=m$。

基于去极化电流微分解谱极化支路判断流程图，如图 3-14 所示。

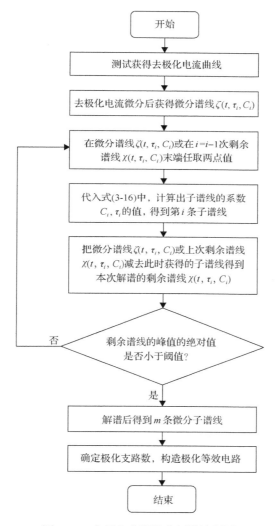

图 3-14　去极化电流微分解谱流程图

3. 等效电路极化支路数判断分析

根据第 1 章介绍的去极化电流测试方法和步骤，在外加直流电压 U_0=2000V、

极化时间 t_c=5000s 条件下，模拟测试得到表 3-1 中 T_1 变压器的去极化电流谱线，如图 3-15 所示。为了便于观察，把去极化电流谱线所在的坐标都变换到对数直角坐标系下。图 3-15 中横坐标表示时间，纵坐标表示去极化电流。

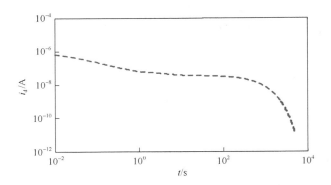

图 3-15　T_1 变压器去极化电流谱线

在图 3-15 的基础上，对油纸绝缘变压器的去极化电流谱线按照式(3-13)和式(3-15)进行一次和二次微分运算，得到 T_1 变压器去极化电流的一次和二次微分谱线如图 3-16 所示。

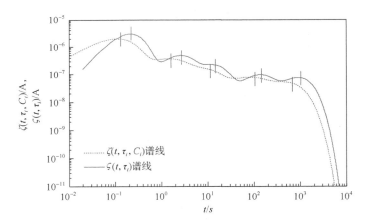

图 3-16　T_1 变压器去极化电流一次和二次微分谱线

从 T_1 变压器去极化电流二次微分谱线图 3-16 可以清楚地识别出曲线中有 5 个峰值点。根据极化等效电路支路数的判别方法，可以确定 T_1 变压器的扩展德拜等效电路极化支路数有 5 条。此外，按照去极化电流微分解谱步骤 1 至 5 对去极化电流微分谱线逐次进行分解，可获得 5 条微分子谱线，如图 3-17 所示。依据极化支路数的判别准则，也可以确定 T_1 变压器的扩展德拜等效电路有 5 条极化支路。

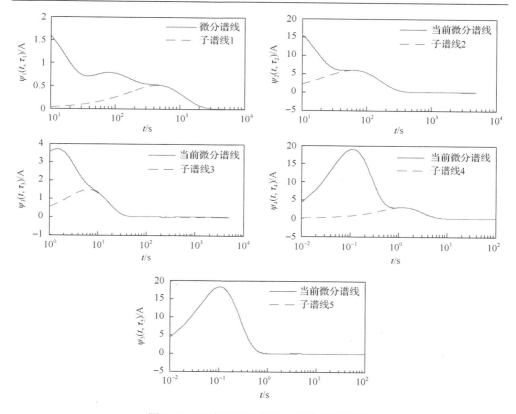

图 3-17　T_1 变压器去极化电流微分子谱线

3.3　基于改进粒子群算法的参数计算

3.3.1　建立求解非线性方程组的目标函数

方程组(3-8)是一个含有指数函数的高阶非线性方程组。应用粒子群优化算法求解非线性方程组首先需将求解非线性方程组转化为最优化问题的求解。假设等效电路有 n 条极化支路，式(3-8)由 $2n+1$ 个方程式组成。若选取 $n=4$ 条极化支路，则方程组共有 9 个变量，此时，可以根据现场测量的回复电压初始斜率，确定 9 个方程组成非线性方程组。其中，$X=(R_{p1}, C_{p1}, \cdots, R_{pn}, C_{pn}, C_g)$ 为要求解的未知变量。令 $f_i(x_1, x_2, \cdots, x_n)$ 为方程函数的表达式，假设方程组在实数空间 D 内具有唯一解，则求解此非线性方程组的参数问题，可转化为函数的最优化问题

$$F(X) = \min\left\{ \sum_{i=1}^{n} f_i^2(x_1, x_2, \cdots, x_n) \right\} \qquad (3-17)$$

令 $F(X)$ 的值为适应度值,则当适应度值约等于 0 时,即找到了方程组的解(当前的 $X=(x_1, x_2, \cdots, x_n)$ 即为方程组的解)。若一直迭代到最大迭代次数,适应度值未达到精度要求,则此方程组无解[37]。

因此根据方程组 (3-8) 和式 (3-17) 可建立求解扩展德拜极化等效电路参数的粒子群优化目标函数

$$F(X) = \min\left\{\frac{1}{2n+1}\sum_{j=1}^{2n+1}\left\{\left.\frac{\mathrm{d}U_{rj}}{\mathrm{d}t}\right|_{t=0} - \frac{1}{C_g}\left[\sum_{i=1}^{n}\frac{U_0}{R_{pi}}\left(\mathrm{e}^{-t_{dj}/\tau_i} - \mathrm{e}^{-(t_{cj}+t_{dj})/\tau_i}\right)\right]\right\}^2\right\} \quad (3\text{-}18)$$

将初始斜率特征值分别代入目标函数式 (3-18) 中,即可应用粒子群优化算法求解出扩展德拜等效电路元件参数 C_g、C_{pi} 和 R_{pi}($i=1, 2, \cdots, n$)的值。

3.3.2　标准粒子群优化算法

假设粒子群是由 M 个随机粒子构成,M 被称为群体规模,若第 i 个粒子的位置矢量为 $x_i=(x_{i1}, x_{i2}, \cdots, x_{iD})$,其中 D 为群体的维数。该粒子的位置即为优化问题的一个随机解,然后通过迭代找到最优解。在每次迭代中,粒子通过跟踪两个极值来更新自己的位置。一个是粒子本身所找到的最优解,称为该粒子的局部最优位置 pbest,另一个极值是整个种群目前找到的最优解,即所有粒子的最优位置 gbest;在找到两个最优值时,每个粒子根据式 (3-19) 和式 (3-20) 分别更新自己的速度和位置[38]:

$$V_{i,d}^{k+1} = V_{i,d}^k + c_1 r_1(\mathrm{pbest}_{i,d} - x_{i,d}^k) + c_2 r_2(\mathrm{gbest}_i - x_{i,d}^k) \quad (3\text{-}19)$$

$$x_{i,d}^{k+1} = x_{i,d}^k + V_{i,d}^{k+1} \quad (3\text{-}20)$$

式中,$i = 1, 2, \cdots, M$,$d = 1, 2, \cdots, D$;$V_{i,d}^k$ 是粒子的速度;$\mathrm{pbest}_{i,d}$ 和 gbest_i 分别表示粒子群的局部和全局最优位置;k 为当前代数;r_1、r_2 是介于 $(0, 1)$ 的随机数;$x_{i,d}^k$ 是粒子的当前位置。在每一维,粒子都有一个最大限制速度 $V_{\max}$,如果某一维的速度超过设定的 $V_{\max}$,那么这一维的速度就被限定为 $V_{\max}$。

为了改善基本粒子群算法的收敛性能,Shi 和 Eberhart[39]引入了惯性权重因子 ω,这种改进粒子群算法被默认为标准粒子群算法。在引入 ω 后,粒子群的速度更新表述为

$$V_{i,d}^{k+1} = \omega V_{i,d}^k + c_1 r_1(\mathrm{pbest}_{i,d} - x_{i,d}^k) + c_2 r_2(\mathrm{gbest}_i - x_{i,d}^k) \quad (3\text{-}21)$$

惯性权重因子 ω 的选择决定了粒子群算法的全局搜索能力。ω 值较大,全局

寻优能力强；反之，ω 值较小，局部寻优能力强。目前，采用较多的是 Shi 建议的线性递减权值策略[40,41]，其表达式如式(3-22)所示：

$$\omega = \omega_{max} - \frac{\omega_{max} - \omega_{min}}{iter_{max}}k \tag{3-22}$$

式中，$iter_{max}$ 为最大进化代数；ω_{max} 为初始惯性权值；ω_{min} 为迭代至最大代数的惯性权值。典型取值 $\omega_{max}=0.9$，$\omega_{min}=0.4$。惯性权重因子的引入使粒子群算法性能有了很大提高，能有效地解决很多实际问题。

　　然而，ω 随着迭代次数的增加呈线性变化，很难求解复杂非线性优化问题。标准粒子群容易陷入局部最优，在后期进化的过程中，其收敛速度较慢，收敛精度也会变差，特别是求解非线性优化问题时更为突出。针对这些缺点，引入混沌搜索策略对粒子群优化算法进行改进。

3.3.3　改进粒子群优化算法

1. 混沌初始化[41]

　　不同的混沌映射算子对于混沌寻优过程有较大的影响。帐篷(Tent)混沌映射是分段线性的一维映射，其结构简单，轨道概率密度分布均匀，有着良好的各态遍历特性，更适合大数量级数据序列的运算处理[42]。具有更高的寻优效率，其数学表达式为

$$z_{n+1} = \mu(1-2|z_n-0.5|), \qquad 0 \le \mu \le 1 \tag{3-23}$$

式中，$0 \le z_n \le 1$；μ 为控制参数，当 $\mu=1$ 时，帐篷映射在 0～1 呈现出完全混沌动力学和各态遍历特性[42]。

　　本节建立基于 Tent 混沌映射的粒子群优化算法，通过 Tent 映射产生混沌变量，即第 i 个粒子在可行域中产生混沌点列步骤[43-45]。

　　(1)首先将粒子所在位置 $x_{i,d}^k$ 的每一维按式(3-24)映射到(0, 1)的混沌变量

$$z_{i,d}^k = \frac{x_{i,d}^k - x_{i\,min}}{x_{i\,max} - x_{i\,min}}, \qquad i=1,2,\cdots,n \tag{3-24}$$

式中，$(x_{i min}, x_{i max})$ 为第 d 维变量 $x_{i,d}$ 的定义域。

　　(2)然后根据 $z_{i,d}^k$ 使用 Tent 映射，即式(3-23)迭代 M 次产生混沌序列，确定下一代混沌变量 $z_{i,d}^{k+1}$。

　　(3)按照式(3-25)将混沌序列中的点映射回原优化空间

$$x_{i,d}^{k+1} = x_{min} + z_{i,d}^{k+1}(x_{max} - x_{min}) \tag{3-25}$$

(4) 由此可以获得经过 Tent 映射后的混沌点列 $x_i^k = (x_{i1}^k, x_{i2}^k, \cdots x_{iD}^k)$，$k = 1, 2, \cdots, M$。

2. 混沌扰动

由于粒子群算法是对生物行为的一种模拟，本节利用灾变临界条件作为混合粒子群优化算法早熟收敛的判据。设 $f_m(n)$ 和 $f_a(n)$ 分别为第 n 代群体的最优适应度和平均适应度，当满足下述条件时，算法在寻优搜索中逐步陷入停顿[44,45]。

$$f_a(n) - f_a(n - n_1) \leqslant -\frac{2\sqrt{3}n_1}{9}\left(\frac{f_m(n)}{f_m(n-1)} - 1\right)^{\frac{3}{2}} \tag{3-26}$$

式中，$f_a(n - n_1)$ 表示近期 n_1 代平均进化速率（$n > n_1$）。因此，为了使粒子跳出局部最优区间，增加算法全局搜索的能力，此时保留全局最优粒子，对聚集到最优粒子周围的其他粒子施加混沌扰动[45]。将各个分量映射到混沌扰动范围 $[-\beta, \beta]$ 内，扰动量 $\Delta x = [\Delta x_1, \Delta x_2, \cdots, \Delta x_D]$，则

$$x_{i,d}^k = -\beta + 2\beta z_{i,d}^k \tag{3-27}$$

此时扰动前、后粒子的位置分别如式 (3-28) 和式 (3-29) 所示：

$$x_{i,d}^{k+1} = x_{i,d}^k + V_{i,d}^{k+1} \tag{3-28}$$

$$x_{i,d}'^{k+1} = x_{i,d}^k + V_{i,d}^{k+1} + \Delta x \tag{3-29}$$

计算这两个位置的适应度，若扰动后的适应度 f' 比未扰动的适应度 f 较优时，则更新粒子的位置，并令 $x_{i,d}^{k+1} = x_{i,d}'^{k+1}$。

应用改进混合粒子群算法优化电路参数的具体求解步骤如下：

(1) 设置最大迭代次数，并产生 M 个随机的粒子，首先执行混沌优化算法几代，寻找最优解。

(2) 根据获得的最优初始值，在给定范围内初始化每个粒子的位置和速度。

(3) 根据式 (3-18) 评价每个粒子的适应度。评估每个粒子的最优适应度函数 F_i，将其适应度与局部最优值 $pbest_{i,d}$ 比较，如果优于该值，则将其作为当前的局部最优值；对每个粒子，将其适应度与全局最优值 $gbest_i$ 比较，如果优于该值，则将其作为当前的全局最优值。

(4) 使用式 (3-19)～式 (3-21) 更新每个粒子的速度和位置。修改每个粒子的飞行速度，并且检查修改后的速度是否在 $[-V_{max}, V_{max}]$ 范围内。若超出范围，则将该速度限制在上、下限制值内。

(5) 根据灾变理论判断每个粒子是否处于停滞状态。若粒子停滞，对粒子进行

混沌扰动，比较扰动前、后位置的适应度的优劣来更新粒子位置。否则转入(6)。

(6)如果满足终止判据，输出该优化问题的最优解，令其为最后一次迭代更新的全局最优解；否则，更新代数计数器和惯性权重 ω，返回(2)。

3.4　应用改进粒子群算法求解扩展德拜电路参数

现在应用改进混合粒子群算法分别对下面 2 台不同电压等级、不同型号油纸绝缘变压器的扩展德拜极化等效电路元件参数进行辨识。

现有两台变压器 T_1 和 T_2 的基本信息如表 3-4 所示。现场分别测出 T_1 变压器和 T_2 变压器的回复电压特征数据(不同充电时间 t_c 对应的回复电压最大值 U_{rmax}、峰值测量时间 t_{peak} 和回复电压初始斜率 S_r)如表 3-5 所示。测量时，测试温度保持在 $37℃\pm2℃$，外加直流电压为 2000V，充放电时间比 t_c/t_d 为 2。

表 3-4　T_1 和 T_2 变压器基本信息

代号	变压器型号	运行年限
T_1	SFSE3—240000/220	28
T_2	SP—250/10	35

表 3-5　T_1 和 T_2 变压器回复电压测试数据

T_1 变压器中压侧				T_2 变压器低压侧			
t_c/s	U_{rmax}/V	t_{peak}/s	S_r/(V/s)	t_c/s	U_{rmax}/V	t_{peak}/s	S_r/(V/s)
0.02	1.71	2.19	13.7	0.02	3.34	0.495	42.3
0.05	1.72	3.89	17.1	0.05	4.33	0.996	41.6
0.10	1.8	7.2	12.6	0.10	5.37	1.59	35.5
0.20	1.96	17.7	8.1	0.20	7.00	3.09	27.4
0.50	2.31	50.6	3.2	0.50	12.3	8.6	18.3
1	2.91	154	2.1	1	20.9	13	14
2	4.02	95.5	1.3	2	36.4	16.1	12.4
5	8	331	0.7	5	75.9	13.4	15
10	14.4	295	0.5	10	115	20.9	19
20	25.5	303	0.4	20	141	22.9	23.6
50	52.9	470	0.5	50	142	30.1	17.9
100	90.9	518	0.6	100	131	40.8	12.9
200	139	447	0.9	200	119	61.2	3.25
500	201	526	1.1	500	97.8	102	5.95
1000	239	690	1	1000	—	—	—
2000	223	511	1	2000	—	—	—

假设 T_1 变压器中压侧和 T_2 变压器低压侧极化等效电路的支路数均为 6 条，其极化等效电路如图 3-18 所示。

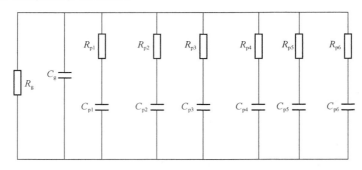

图 3-18　T_1 和 T_2 变压器中和低压侧极化等效电路

那么参数计算方程组(3-8)是由 13 个非线性方程组成。若选取 13 个初始斜率特征量，并将其分别代入优化目标函数式(3-18)。假设粒子群规模为 80，在一般情况下 V_{max} 设置的变量变化范围是根据变压器的大小确定的，现假设在 10%～20%。等效电路中的极化电阻和极化电容幅值变化范围分别设置为[0.01GΩ, 200GΩ]和[0.01nF, 200nF]。

应用改进混合粒子群算法分别求出 T_1 和 T_2 两台变压器中、低压侧等效电路参数值，如表 3-6 所示。

表 3-6　T_1 变压器中压侧和 T_2 变压器低压侧等效电路参数值

支路编号	变压器 T_1		变压器 T_2	
	R_i/GΩ	C_i/nF	R_i/GΩ	C_i/nF
1	0.529546	0.02996736	0.13183	0.1375726
2	0.723322	0.1036991	0.1533	0.5877389
3	3.55616	0.1533887	0.32385	1.807298
4	12.9901	0.3721402	0.24917	50.60298
5	10.2571	23.2493	0.37046	111.4623
6	3.18955	175.3117	0.4792	540.8021
C_0/nF	102.9403		198.537	

3.5　极化等效电路回复电压计算

为了验证 3.4 节中极化等效电路参数求解的正确性和可行性，需要将实际测量的回复电压极化谱与通过计算获得的极化谱进行比较。此外，在求解回复电压的分析过程中，还需要求解等效电路的几何电阻 R_g 值。

3.5.1　单极化支路回复电压计算公式

对于图 3-1 所示的极化等效电路，假设电路中极化支路只有一条。等效电路在外加恒定电压作用下，经过充放电后，极化电容内部存在残余电荷，此时电路是一个二阶零输入响应电路。为了便于计算等效电路两端的回复电压，可将单支路扩展德拜模型转化为运算电路，极化电容两端的残余电压可视为独立电压电源。根据 KVL 可以建立运算电路方程组

$$\begin{cases} U_r(s) = U_{cp1}(s) - R_{p1}I(s) - \dfrac{I(s)}{sC_{p1}} \\[3mm] \dfrac{U_r(s)}{R_g} + sU_r(s)C_g = I(s) \end{cases} \tag{3-30}$$

式中，$I(s)$ 为电流 i 的拉普拉斯变换。如图 3-1 所示，消去方程(3-30)中的 $I(s)$，则电路回复电压与极化电容两端电压之比为

$$\frac{U_r(s)}{U_{cp1}(s)} = \frac{sC_{p1}R_g}{as^2 + bs + 1} \tag{3-31}$$

式中，$a = R_g C_g C_{p1} R_{p1}$；$b = R_g C_g + R_{p1} C_{p1} + C_{p1} R_g$。式(3-31)可简化为

$$\frac{U_r(s)}{U_{cp1}(s)} = k \frac{s}{(s+p_1)(s+p_2)} \tag{3-32}$$

式中，p_1 和 p_2 为转移函数的极点；$k = \dfrac{C_{p1} R_g}{R_g C_g R_{p1} C_{p1}} = \dfrac{1}{C_g R_{p1}}$。

若电路参数已知，可以建立求解极点的方程表达式，则求出转移函数的极点值。如果充电时间为 t_c，对方程(3-32)进行拉普拉斯逆变换，可以获得对应的时域电压或回复电压 $U_r(t, t_c)$。

$$U_r(t, t_c) = k(A_1 e^{p_1 t} + A_2 e^{p_2 t}) U_{cp1}(t_c) \tag{3-33}$$

式中，$A_1 = \dfrac{1}{p_1 - p_2}$；$A_2 = \dfrac{1}{p_2 - p_1}$。

计算获得转移函数的极点后，此时根据电路可以计算回复电压值，其表达式为

$$U_r(t,t_c) = kU_0\left(A_1 e^{p_1 t} + A_2 e^{p_2 t}\right)\left(1 - e^{-\frac{t_c}{\tau_1}}\right)e^{-\frac{t_d}{\tau_1}} \tag{3-34}$$

式中，$\tau_1 = R_{p1}C_{p1}$。

然而单一支路并不能反映油纸绝缘介质响应过程的实质，因此需要推导多条支路的回复电压计算方程。对于两条支路的等效电路，在回复电压测量过程中，两个极化电容都存有电荷，此时可将两个存储电荷的电容视为两个等效电压源，然后分别计算等效电路中的回复电压值，最后通过叠加定理来计算总的回复电压。因此，如果此时认为电容 C_{p1} 上的残余充电电压只有输入，则可以建立如下方程：

$$U_r(s) = U_{cp1}(s) - R_{p1}I(s) - \frac{I(s)}{sC_{p1}}$$
$$\frac{U_r(s)}{R_g} + sU_r(s)C_g + \frac{U_r(s)}{R_{p2} + \frac{1}{sC_{p2}}} = I(s) \tag{3-35}$$

消去 $I(s)$ 后可得

$$U_r(s) = U_{cp1}(s) - \left(R_{p1} + \frac{1}{sC_{p1}}\right)\left(\frac{1}{R_g} + sC_g + \frac{sC_{p2}}{sC_{p2}R_{p2}+1}\right)U_r(s) \tag{3-36}$$

因此可以推导获得电容 C_{p1} 上的电压与回复电压的转移函数为

$$\frac{U_{cp1}(s)}{U_r(s)} = \frac{s^2 C_{p1}R_g C_{p2}R_{p2} + sC_{p1}R_g}{s^3 D_3 + s^2 D_2 + sD_1 + 1} \tag{3-37}$$

式中，$D_1 = R_g C_g + R_{p2}C_{p2} + R_{p1}C_{p1} + R_g C_{p1} + R_g C_{p2}$；$D_3 = R_g C_g R_{p1}C_{p1}R_{p2}C_{p2}$；$D_2 = R_{p1}C_{p1}(R_g C_g + R_{p2}C_{p2} + R_{p2}C_g) + R_g C_g R_{p2}C_{p2} + R_g C_{p1}R_{p2}C_{p2}$。

若认为电容 C_{p2} 上的残余充电电压只有输入，这时的方程式和式(3-37)具有相同的分母，因为电路本身没有变化，只是存储能量的电源位置发生了变化。

回复电压的方程可以表达为

$$U_r(t_c) = A_1(t)U_{cp1}(t_c) + A_2(t)U_{cp2}(t_c) \tag{3-38}$$

式中，U_{cp1} 的表达式如式(3-3)所示，$A_i(t) = A_{i,1}e^{p_1 t} + A_{i,2}e^{p_2 t} + A_{i,3}e^{p_3 t}$。

对于 $i=1,2$，$A_i(t)$ 表达式的各个系数为

$$A_{i,1} = k_i \frac{(p_1 - z_{i,1})(p_2 - z_{i,2})}{p_1(p_1 - p_2)(p_1 - p_3)}$$

$$A_{i,2} = k_i \frac{(p_2 - z_{i,1})(p_2 - z_{i,2})}{p_2(p_2 - p_1)(p_2 - p_3)} \tag{3-39}$$

$$A_{i,3} = k_i \frac{(p_3 - z_{i,1})(p_3 - z_{i,2})}{p_3(p_3 - p_2)(p_3 - p_1)}$$

式中，(p_1, p_2, p_3) 为转移函数的极点；$(z_{i,1}, z_{i,2})$ 为转移函数的零点。计算获得零点和极点后，代入方程(3-38)，可以获得回复电压的表达式为

$$U_r(t_c) = U_0 A_1(t_p)\left(1 - \exp\left(\frac{-t_c}{\tau_i}\right)\right)\exp\left(\frac{-t_d}{\tau_i}\right) + A_2(t_p)\left(1 - \exp\left(\frac{-t_c}{\tau_i}\right)\right)\exp\left(\frac{-t_d}{\tau_i}\right) \tag{3-40}$$

式中，t_p 是回复电压曲线对应的峰值测量时间 t_{peak}。

3.5.2　多极化支路回复电压计算通式

对于多极化支路的等效电路，在回复电压测量的过程中，短路移除后，电路在换路瞬间，不完全去极化的支路电容将会放电，各条支路电容的残余电荷要进行重新分配，各电容的电荷分布再次达到新的平衡状态，在这个过程中产生了回复电压。对于任一充电时间 t_c 循环，都可以获得回复电压 U_{ri} 与极化电容 C_{pi} 的电压 U_{cpi} 之间的关系式[1,5]

$$\frac{U_{ri}(s)}{U_{cpi}(s)} = \frac{N_{n,i}s^n + N_{n-1,i}s^{n-1} + \cdots + N_{1,i}s + N_0}{D_{n+1}s^{n+1} + D_n s^n + \cdots + D_1 s + D_0}, \qquad i = 1, 2, \cdots, n \tag{3-41}$$

式(3-41)的转移函数的零点 z 和极点 p 可以分别通过求解分子和分母多项式获得。其中，这些多项式的系数 N 和 D 可以从等效电路模型的分析中求得，它们是由 R_g、C_g、R_{pi} 和 C_{pi} 参数组合的结果。

当这些参数都已知时，就可以求解零点和极点值。然后从式(3-41)中通过拉普拉斯逆变换获得由电容 C_{pi} 在时域产生的回复电压。回复电压是多个极化电容 C_{pi} 共同作用的结果，根据叠加原理，回复电压计算式为

$$U_r(t_c) = U_0 \sum_{i=1}^{n} A_i(t_p)\left(1 - \exp\left(\frac{-t_c}{\tau_i}\right)\right)\exp\left(\frac{-t_d}{\tau_i}\right) \tag{3-42}$$

式中，$A_i(t_p) = \sum_{j=1}^{n+1} A_{i,j}\exp(t_p p_j)$，$A_{i,j} = k_i \dfrac{\prod_{l}^{n}(p_j - z_{i,l})}{p_k \prod_{k \neq j}(p_j - p_k)}$，$k_i = \dfrac{N_{n,i}}{D_{n+1}}$，$j, k = 1, \cdots,$

$n+1$；$i, l=1, \cdots, n$。此时，若再求出隐含在转移函数中的几何电阻 R_g 值，即可以计算出任意充电循环下的回复电压极化谱。

3.5.3　等效电路中几何电阻 R_g 的求解

从回复电压计算公式 (3-42) 可见，公式中唯一隐含的未知量是等效电路中的几何电阻 R_g，因此，根据已知的回复电压和峰值测量时间特征值就可以求解出几何电阻 R_g 值。此外，也可以通过改进粒子群混合算法，求解式 (3-43) 的目标函数，即可得等效电路几何电阻值

$$G(X) = \min \left\{ \frac{1}{m} \left[\sum_{i=1}^{m} (U_r(t_{peak}, t_c, t_d) - U_{rmax}(t_c, t_d))^2 \right]^{\frac{1}{2}} \right\} \tag{3-43}$$

式中，$U_{rmax}(t_c, t_d)$ 表示测试循环中某次充放电时间分别为 t_c 和 t_d 时，测量获得的回复电压最大值；$U_r(t_{peak}, t_c, t_d)$ 是式 (3-42) 中 $t_p = t_{peak}$ 时计算的回复电压最大值；m 为测量次数。

3.6　等效电路参数计算准确性分析

为了验证书中提出的等效电路参数计算的准确性，现在将 3.4 节中参数计算结果分别代入式 (3-42) 求出回复电压计算极化谱，然后再与实际测量的极化谱比较，来证实提出的计算方法的可信性和准确性。现将表 3-4 中代号为 T_1 和 T_2 的两台变压器的等效电路参数计算值分别代入回复电压计算公式 (3-42) 中，计算出 T_1 和 T_2 变压器在不同充电时间的回复电压峰值，并绘制出回复电压计算峰值与其相应充电时间的关系曲线，再将计算得出的回复电压极化谱曲线与测量的极化谱进行比较，如图 3-19 和图 3-20 所示。

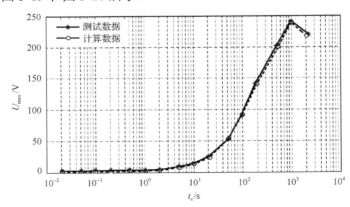

图 3-19　T_1 变压器极化谱计算值与测量值比较

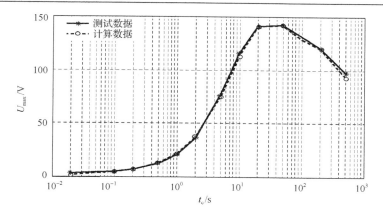

图 3-20　T_2 变压器极化谱计算值与测量值比较

从图 3-19 和图 3-20 中可以看出，这两台变压器通过辨识的电路参数计算的极化谱与测量值差别很小，曲线的匹配度较高。为了更直观地看出极化谱计算值与测量值的吻合度，可应用吻合度公式(3-44)计算两者的吻合程度

$$C(X) = \left(1 - \frac{\dfrac{1}{M} \min \displaystyle\sum_{a=1}^{M} \left| V_{r\max}(t) - U_{Mf}(t) \right|}{\dfrac{1}{M} \displaystyle\sum_{a=1}^{M} \left| U_{Mf}(t) \right|} \right) \times 100\% \qquad (3\text{-}44)$$

式中，$V_{r\max}$ 是回复电压极化谱的计算值；U_{Mf} 是回复电压的测量值。

通过式(3-44)计算，分别得到 T_1 和 T_2 变压器的吻合度为 97.85% 和 98.42%。由此表明，通过计算获得的回复电压极化谱值与实际测量值基本相同，从而证实了等效电路参数计算方法是正确可靠的。

3.7　去极化电流三次微分的等效电路参数计算

1. 微分子谱线的参数计算

油纸绝缘极化等效电路参数除了应用回复电压特征量计算外，本节还提出一种应用去极化电流三次微分法计算扩展德拜等效电路参数的新方法。

首先由 3.2.2 节中式(3-15)和图 3-13(b)可见，去极化电流 i_d 通过二次微分后谱线上各个峰值点能清晰地判断出极化支路的数目。但由图 3-21 同时也看出，各个单独子谱线峰值时间与叠加后曲线的对应的峰值时间存在一定的偏移。这是由于时间常数较大的子谱线在小于峰值时间($t<2\tau_i$)时，与时间常数较小的子谱线叠加后，导致局部峰值时间增大或减小。这样二次微分谱线只能用于判断等效电路

的极化支路数，但无法求解各子谱线的参数值。

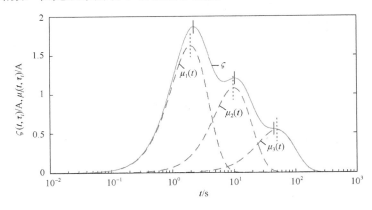

图 3-21　二次微分子谱线叠加曲线

为了解决二次微分谱线存在的上述问题，需按二次微分的方法继续对去极化电流进行三次微分运算，可得到如式(3-45)所示的三次微分函数：

$$\xi(t,\tau_i) = -t^3 \frac{\mathrm{d}^3 i_\mathrm{d}}{\mathrm{d}t^3} = \sum_{i=1}^{N} C_i \frac{t^3}{\tau_i^3} \mathrm{e}^{-t/\tau_i} = \sum_{i=1}^{N} \varphi_i(t,C_i,\tau_i) \tag{3-45}$$

式中，$\varphi_i(t,C_i,\tau_i) = C_i \left(\dfrac{t}{\tau_i} \right)^3 \mathrm{e}^{-t/\tau_i}$ 为第 i 条三次微分子谱线，由数学分析可知，它与一、二次微分谱线具有同样性质。为了说明三次微分谱线与二次微分谱线的不同点，现假设有 3 条不同时间常数和 C_i 值的子谱线：$\varphi_1(t) = 3t^3 \mathrm{e}^{-t/1}$，$\varphi_2(t) = \dfrac{2}{5^3} t^3 \mathrm{e}^{-t/5}$ 和 $\varphi_3(t) = \dfrac{1}{25^3} t^3 \mathrm{e}^{-t/25}$，经叠加后如图 3-22 所示。

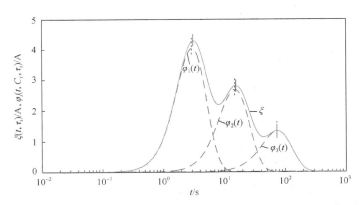

图 3-22　三次微分子谱线叠加曲线

由图 3-21 和图 3-22 可以看出，三次微分谱线末端峰值点与子谱线 $\varphi_3(t)$ 的峰值点基本重合，即末端峰值主要由较大时间常数 τ_i 的子谱线贡献的，较小时间常数 τ_i 的子谱线则基本无贡献。因此，三次微分谱线除可以清晰地判断出极化支路数外，还具有以下两个特点。

（1）三次微分谱线的峰值点与各微分子谱线的峰值点基本重合；三次微分谱线最末端的峰值是最大时间常数子谱线峰值在这点的贡献。

（2）通过数学分析，各子谱线的峰值点对应时间坐标值 $(t_{\max i}, p_{\max i})$ 分别为 3τ 和 $27C_i/\mathrm{e}^3$。根据峰值点坐标关系，可求出微分子谱线的参数 C_i 和 τ_i 值

$$\begin{aligned}
\tau_i &= \frac{1}{3} t_{\max i} \\
C_i &= \left(\frac{1}{3}\right)^3 p_{\max i} \cdot \mathrm{e}^3
\end{aligned} \qquad , \qquad i = 1, 2, \cdots, N \qquad (3\text{-}46)$$

2. 极化电阻和极化电容求解式

根据图 3-1 的油纸绝缘扩展德拜等效电路，经过短路放电过程测试去极化电流的等效电路模型，如图 3-23 所示。在短路放电过程中绝缘电阻 R_g 被短路，几何电容 C_g 瞬间放电结束，故在去极化过程中不考虑绝缘电阻和几何电容的作用。其中，第 i 条极化支路的去极化电流为 $i_{di}(t)$、极化电容 C_{pi} 两端的电压为 $u_{ci}(t)$，$i=1, 2, \cdots, N$。

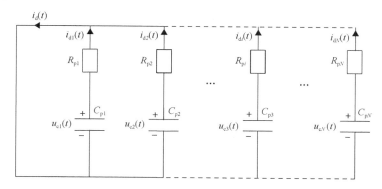

图 3-23　分析去极化等效电路模型

根据电路基本原理，在去极化过程中各极化电容两端的电压如式(3-47)所示：

$$\begin{aligned}
u_{ci}(t) &= i_{di}(t) R_{pi} = U_0 (1 - \mathrm{e}^{-t_c/\tau_i}) \mathrm{e}^{-t/\tau_i} \\
i_{di} &= C_i \, \mathrm{e}^{-t/\tau_i}
\end{aligned} \qquad i = 1, 2, \cdots, N \qquad (3\text{-}47)$$

式中，U_0、C_i、τ_i 和 t_c 都为已知量。

由式(3-47)进一步求得各极化支路的电阻 R_{pi}、电容 $C_{pi}(i=1, 2, \cdots, N)$ 表达式：

$$R_{pi} = \frac{U_0(1-e^{-t_c/\tau_i})}{C_i}$$

$$C_{pi} = \frac{\tau_i}{R_i} \tag{3-48}$$

由式(3-48)可以看出，只要求解出各极化支路的弛豫时间 τ_i 和弛豫贡献度 C_i，便可求解出各极化支路参数值 R_{pi}、$C_{pi}(i=1, \cdots, N)$。

3. 绝缘电阻与几何电容求解

1) 绝缘电阻 R_g

绝缘电阻 R_g 反映了油纸组合绝缘的实际电导情况，其值会随绝缘状态发生变化。实验证明，随着绝缘状态的劣化，绝缘电阻 R_g 将不断减小。根据电介质物理学[16]，当油纸绝缘系统施加电压源 U_0 时，极化电流 i_p 会随电容充电不断衰减并最终逐渐趋近稳定值。该稳定电流值就是绝缘系统的泄漏电流。极化电流由 3 部分组成，分别是泄漏电流 I_r、几何电流 i_s 和吸收电流 i_a，且 $i_p=i_s+i_a+I_r$。泄漏电流 I_r 即为加压后流过绝缘电阻 R_g 的稳定电流。因此，当极化时间 t_c 趋近于无穷大时，R_g 可以由施加的直流电压 U_0 与恒定极化电流 $i_p(t)$ 计算获得

$$R_g = \frac{U_0}{I_r} = \frac{U_0}{\lim\limits_{t\to\infty} i_p(t)} \tag{3-49}$$

2) 几何电容 C_g

在德拜等效电路中的几何电容 C_g 为真空几何电容和无损极化的等效电容之和，是由变压器绝缘结构和介质基本特性决定的。在变压器运行过程中，C_g 几乎不随老化或受潮改变，可通过工业仪器测量得到。本书研究利用回复电压测试曲线 $U_r(t)$ 数据，对 C_g 进行求解，则无须再次通过测量获取。

根据式(3-7)回复电压的初始斜率方程式，即为

$$\frac{dU_r(t)}{dt}\Big|_{t=0} - \frac{1}{C_g}\sum_{i=1}^{i=N} \frac{U_0\left(e^{-\frac{t_d}{\tau_i}} - e^{-\frac{t_c+t_d}{\tau_i}}\right)}{R_{pi}} = 0$$

式中，N，R_{pi} 和 τ_i 均为已知量，它们通过三次微分法计算出来；U_0、t_c、t_d 分别是外加电压和充放电时间，均为已知量。再将回复电压的初始斜率 $S_r(dU_r(t)/dt|_{t=0})$

代入上式中，便可直接求解出几何电容 C_g 值。

4. 三次微分子谱线参数求解步骤

通过上述分析，可知去极化电流三次微分子谱线参数（C_i、τ_i）的求解步骤。

步骤 1：首先，通过去极化电流三次微分曲线的峰值点个数，可以判断出等效电路弛豫机构数 N。

步骤 2：从三次时域微分曲线中获取末端峰值点坐标值（$t_{\max i}$，$p_{\max i}$），并根据公式 (3-46) 计算出最大时间常数的弛豫参数值 C_i 与 τ_i。

步骤 3：通过当前微分曲线减去最大时间常数的子谱线得到剩余谱线。

步骤 4：返回步骤 2，从剩余曲线末端的峰值点坐标值，求出第二条大时间常数子谱线的 C_{i-1} 与 τ_{i-1}，以此类推，求解到最后一个峰值点，即 $i=N$ 时终止求解。

根据上述参数三次微分子谱线参数计算步骤，可以绘制应用三次微分谱线求解弛豫参数和等效电路元件参数值的流程图，如图 3-24 所示。

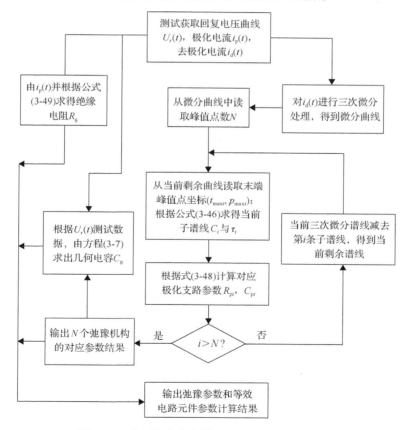

图 3-24　去极化电流电谱三次微分解析法流程图

3.8　极化等效电路参数计算示例

应用去极化电流三次微分法计算一台电压等级 220kV、容量为 240MVA 已运行 6 年油纸绝缘变压器的扩展德拜极化等效电路参数值。首先，按照第 1 章极化、去极化电流测试方法和步骤，测量该台变压器的极化电流值和去极化电流，如图 3-25 所示。已知充电电压 U_0=2000V，极化和去极化时间分别为 10^5s 和 $5×10^3$s。

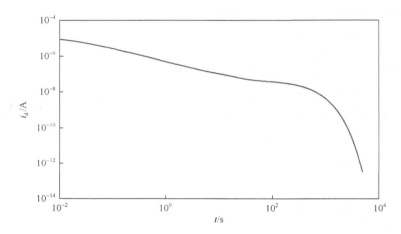

图 3-25　油纸绝缘变压器去极化电流曲线

应用式(3-45)对去极化电流三次微分后的谱线如图 3-26 所示。从三次微分谱线图中可以清晰辨别出存在 6 个峰值点，故可判断出扩展德拜极化等效电路有 6 条极化支路。

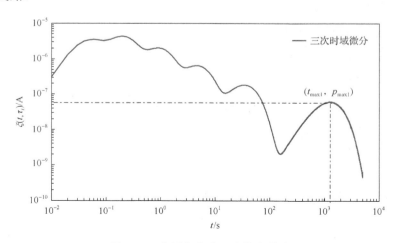

图 3-26　去极化电流三次微分谱线

按照图 3-24 去极化电流三次微分求解弛豫参数和扩展德拜等效电路元件参数值流程图的方法和步骤可分别求出所有子谱线的弛豫参数 τ_i 和 C_i 值，如表 3-7 所示。图 3-27 给出去极化电流经三次微分后分解出各子谱线的求解过程。

表 3-7　三次微分子谱线峰值点坐标与 τ_i、C_i 值

各子谱线	各剩余谱线末端峰值点 (t_{maxi}, p_{maxi})	弛豫贡献度 $C_i/10^{-8}$A	弛豫时间 τ_i/s
1	$(1258.18, 6.0767\times10^{-8})$	4.5205	419.3933
2	$(34.51, 18.3114\times10^{-8})$	13.622	11.5033
3	$(4.64, 64.1422\times10^{-8})$	47.716	1.5467
4	$(0.91, 209.0402\times10^{-8})$	155.5069	0.3033
5	$(0.20, 634.1775\times10^{-8})$	471.7702	0.0667
6	$(0.06, 847.3161\times10^{-8})$	630.3259	0.0200

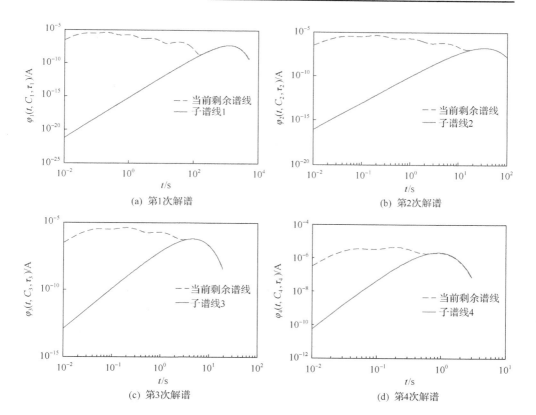

(a) 第1次解谱　　　　　　　　　(b) 第2次解谱

(c) 第3次解谱　　　　　　　　　(d) 第4次解谱

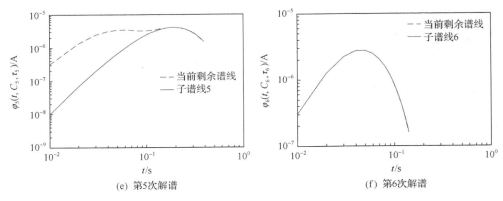

(e) 第5次解谱　　　　　　　　　　　(f) 第6次解谱

图 3-27　去极化电流三次微分各子谱线

在表 3-7 中各子谱线参数值 τ_i、C_i 已知的基础上，应用式(3-7)、式(3-48)和式(3-49)分别计算出扩展德拜等效电路元件参数值，如表 3-8 所示。

表 3-8　油纸绝缘变压器极化等效电路元件值

极化支路	电路极化元件值	
	$R_{pi}/G\Omega$	C_{pi}/nF
1	44.244	9.4791
2	14.726	0.7809
3	4.1827	3.3688
4	1.2916	0.23142
5	0.5215	0.22282
6	0.3764	0.04056
C_g/nF	49.144	
$R_g/G\Omega$	72.751	

为了验证应用三次微分求解等效电路参数计算结果的准确性，将表 3-8 中各子谱线参数值 τ_i、C_i，分别代入式(2-63)计算去极化电流 $i_d(t)$ 曲线。同时与文献[36]提出的应用一次微分谱线末端算法求解出的去极化电流曲线，两者再与实测的去极化电流曲线对比，如图 3-28 所示。

由图 3-28 可看出，两种算法的计算结果与实测的去极化电流曲线是相互吻合，且三次微分算法吻合度相对高些。由此可见，应用三次微分算法和一次微分谱线末端算法都能准确地计算出扩展德拜等效电路中各元件的参数值。

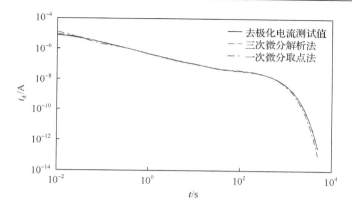

图 3-28 不同算法的去极化电流曲线与实测对比图

3.9 基于频域介电谱的混联等效电路参数计算

极化等效电路参数计算除了应用回复电压法或极化、去极化电流法之外，目前也有采用频域介电谱来计算等效电路参数值。这种算法计算较为简便，且能够一次性求出等效电路的所有参数值。以下分别阐述这种算法在油纸绝缘混联极化等效电路参数辨识中的应用。

3.9.1 混联极化等效电路参数与频域介电谱关系

假设混联极化等效电路模型如图 3-29 所示，电路中有 n 条串联极化支路，N 条界面极化支路。根据电路理论可求得电路两端的等效导纳 Y，如式 (3-50) 所示：

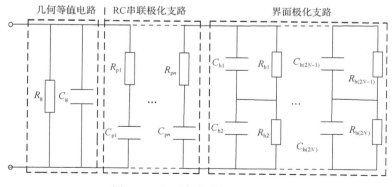

图 3-29 混联极化等效电路模型

$$Y = \mathrm{j}\omega C_\mathrm{g} + \frac{1}{R_\mathrm{g}} + \sum_{i=1}^{n} \frac{1}{R_{\mathrm{p}i} + \dfrac{1}{\mathrm{j}\omega C_{\mathrm{p}i}}} + \sum_{i=1}^{N} \frac{1}{\dfrac{R_{\mathrm{h}(2i-1)}}{R_{\mathrm{h}(2i-1)} \cdot \mathrm{j}\omega C_{\mathrm{h}(2i-1)} + 1} + \dfrac{R_{\mathrm{h}(2i)}}{R_{\mathrm{h}(2i)} \cdot \mathrm{j}\omega C_{\mathrm{h}(2i)} + 1}}$$

$$(3\text{-}50)$$

混联极化等效电路的复电容 C^* 由式(3-51)可得

$$C^*(\omega) = \frac{1}{\mathrm{j}\omega Z} = C_\mathrm{g} + \frac{1}{\mathrm{j}\omega R_\mathrm{g}} + \sum_{i=1}^{n} \frac{C_{\mathrm{p}i}}{1 + \mathrm{j}\omega R_{\mathrm{p}i} C_{\mathrm{p}i}}$$

$$+ \sum_{i=1}^{N} \frac{1}{\mathrm{j}\omega\left(\dfrac{R_{\mathrm{h}(2i-1)}}{R_{\mathrm{h}(2i-1)} \cdot \mathrm{j}\omega C_{\mathrm{h}(2i-1)} + 1} + \dfrac{R_{\mathrm{h}(2i)}}{R_{\mathrm{h}(2i)} \cdot \mathrm{j}\omega C_{\mathrm{h}(2i)} + 1} \right)}$$

$$(3\text{-}51)$$

式中，复电容 C^* 的实部 C' 和虚部 C'' 分别为

$$C'(\omega) = C_\mathrm{g} + \sum_{i=1}^{n} \frac{C_{\mathrm{p}i}}{1 + (\omega \tau_i)^2}$$

$$+ \sum_{i=1}^{N} \frac{(\omega^2 \tau_{2i-1} \tau_{2i} - 1)(R_{\mathrm{h}(2i-1)} \tau_{2i} + R_{\mathrm{h}(2i)} \tau_{2i-1}) - (\tau_{2i-1} + \tau_{2i})(R_{\mathrm{h}(2i-1)} + R_{\mathrm{h}(2i)})}{\omega^2 (R_{\mathrm{h}(2i-1)} \tau_{2i} + R_{\mathrm{h}(2i)} \tau_{2i-1})^2 + (R_{\mathrm{h}(2i-1)} + R_{\mathrm{h}(2i)})^2}$$

$$(3\text{-}52)$$

$$C''(\omega) = \frac{1}{\omega R_\mathrm{g}} + \sum_{i=1}^{n} \frac{\omega \tau_i C_{\mathrm{p}i}}{1 + (\omega \tau_i)^2}$$

$$- \sum_{i=1}^{N} \frac{(R_{\mathrm{h}(2i-1)} + R_{\mathrm{h}(2i)})(1 - \omega^2 \tau_{2i-1} \tau_{2i}) - \omega^2 (R_{\mathrm{h}(2i-1)} \tau_{2i} + R_{\mathrm{h}(2i)} \tau_{2i-1})(\tau_{2i-1} + \tau_{2i})}{\omega^3 (R_{\mathrm{h}(2i-1)} \tau_{2i} + R_{\mathrm{h}(2i)} \tau_{2i-1})^2 + \omega (R_{\mathrm{h}(2i-1)} + R_{\mathrm{h}(2i)})^2}$$

$$(3\text{-}53)$$

在式(3-52)和式(3-53)中，$\tau_i = R_{\mathrm{p}i} C_{\mathrm{p}i}$，$\tau_{2i} = R_{\mathrm{h}(2i)} C_{\mathrm{h}(2i)}$，$\tau_{2i-1} = R_{\mathrm{h}(2i-1)} C_{\mathrm{h}(2i-1)}$，$i = 1, \cdots, n$。由电介质物理学理论可知，介质损耗因数等于复电容虚部与实部的比值，即

$$\tan \delta(\omega) = \frac{C''(\omega)}{C'(\omega)} \tag{3-54}$$

式中，只要知道复电容的虚部与实部就可以求出介质损耗因数值。

3.9.2　求解混联等效电路参数目标函数

在图 3-29 中有 n 条 RC 串联极化支路和 N 条界面极化支路，则电路中有 $2+2n+4N$ 个需要求解的未知量。若要求解混合极化等效电路 $2+2n+4N$ 个元件参数值，则需要在 m 次不同频率下测试出频域介电谱参数值，然后建立式 (3-55) 方程组[17]：

$$\begin{cases} C_t'(\omega_1) - C'(\omega_1) = 0 \\ \qquad\vdots \\ C_t'(\omega_i) - C'(\omega_i) = 0 \\ C_t''(\omega_{i+1}) - C''(\omega_{i+1}) = 0 \\ \qquad\vdots \\ C_t''(\omega_k) - C''(\omega_k) = 0 \\ \tan\delta_t(\omega_{k+1}) - \tan\delta(\omega_{k+1}) = 0 \\ \qquad\vdots \\ \tan\delta_t(\omega_m) - \tan\delta(\omega_m) = 0 \end{cases} \tag{3-55}$$

式中，$C_t'(\omega)$、$C_t''(\omega)$ 和 $\tan\delta_t(\omega)$ 对应每一次测试频率 (ω) 下的各个测试数据；$C'(\omega)$、$C''(\omega)$。$\tan\delta(\omega)$ 分别对应式 (3-52)～式 (3-54) 的函数计算值表达式。

若求解式 (3-55) 方程组的 $2+2n+4N$ 个未知量，则至少需要 $2+2n+4N$ 个复电容与介质损耗因数的测量值，因此测试次数 m 应满足：$m \geqslant 2+2n+4N$。此外，联立求解式 (3-55) 多元方程组是一个相当复杂的问题，因此需将式 (3-55) 多目标优化问题转换为单目标优化问题求解，则建立总体优化目标函数

$$F(\omega) = \min \sum_{i=1}^{m} [(\tan\delta_t(\omega_i) - \tan\delta(\omega_i))^2 + (C_t'(\omega_i) - C'(\omega_i))^2 + (C_t''(\omega_i) - C''(\omega_i))^2]$$

$$\tag{3-56}$$

式中，$\tan\delta(\omega_i)$、$C'(\omega_i)$、$C''(\omega_i)$ 由式 (3-52)～式 (3-54) 计算所得；$\tan\delta_t(\omega_i)$、$C_t'(\omega_i)$、$C_t''(\omega_i)$ 则为频域介电谱第 i 次测试的频率对应的实测数据。

3.9.3　混联等效电路参数计算示例

应用 DIRANA 频谱分析仪现场测试变压器的频域介电谱，当外加交流电压 100V、测量频率在 10^{-4}～10^{3}Hz 范围内测得介质损耗因数 $\tan\delta$、复电容 C^* 等参数值如表 3-9 所示。

表 3-9　　TSJA—20/0.5 调压器的频域介电谱实测数据

f/Hz	$\tan\delta$	C'/F	C''/F
0.000099	2.790046804	8.0568×10^{-8}	-2.2479×10^{-7}
0.0001	2.808238662	7.9426×10^{-8}	-2.2305×10^{-7}
0.00021532	2.353913217	5.0007×10^{-8}	-1.1771×10^{-7}
0.00046404	1.790825537	3.5347×10^{-8}	-6.3300×10^{-8}
0.001	1.93739273	2.1053×10^{-8}	-4.0787×10^{-8}
0.0021543	1.683584238	1.4492×10^{-8}	-2.4398×10^{-8}
0.0046414	1.939212947	8.0178×10^{-9}	-1.5548×10^{-8}
0.01	2.130946882	4.3771×10^{-9}	-9.3273×10^{-9}
0.021544	2.200103101	2.4624×10^{-9}	-5.4175×10^{-9}
0.046416	4.217418872	7.9283×10^{-10}	-3.3437×10^{-9}
0.100000001	4.080182071	2.5070×10^{-10}	-1.0229×10^{-9}
0.215440005	3.61666875	1.5028×10^{-10}	-5.4351×10^{-10}
0.464170009	3.733482632	8.8755×10^{-11}	-3.3136×10^{-10}
1	3.823223421	4.7515×10^{-11}	-1.8166×10^{-10}
2.154599905	3.172210998	2.8486×10^{-11}	-9.0364×10^{-11}
4.641699791	2.333595506	1.9202×10^{-11}	-4.4810×10^{-11}
10	1.526416382	1.6123×10^{-11}	-2.4611×10^{-11}
20	0.897576089	1.4321×10^{-11}	-1.2854×10^{-11}
40	0.524738909	1.3255×10^{-11}	-6.9557×10^{-12}
70	0.37704706	1.2754×10^{-11}	-4.8088×10^{-12}
110	0.28171589	1.2407×10^{-11}	-3.4952×10^{-12}
222.2200012	0.179747191	1.1948×10^{-11}	-2.1477×10^{-12}
446.6799927	0.114856447	1.1608×10^{-11}	-1.3332×10^{-12}
1000	0.075373429	1.1266×10^{-11}	-8.4917×10^{-13}

假设油浸式感应调压器(TSJA—20/0.5)的混合极化等效电路模型有以下 4 种不同极化类型的支路数:

(1)6 条极化支路,其中有 3 条 RC 串联极化支路、3 条界面极化支路,即($n=3$,$N=3$)。

(2)6 条极化支路,其中有 4 条 RC 串联极化支路,2 条界面极化支路,即($n=4$,$N=2$)。

(3)6 条极化支路,其中有 5 条 RC 串联极化支路,1 条界面极化支路,即($n=5$,$N=1$)。

(4)6 条极化支路,其中有 6 条 RC 串联极化支路,0 条界面极化支路,即($n=6$,$N=0$)。

现在分别应用上述介绍的遗传算法与改进粒子群混合算法，并结合实测的介质损耗因数和复电容等数据计算以上 4 种不同结构的混联极化等效电路元件参数值。计算结果见表 3-10～表 3-13 所示。

表 3-10　（$n=3$，$N=3$）混联极化等效模型参数计算结果

等效支路		$R_i/\mathrm{G\Omega}$	C_i/nF
RC 极化 $n=3$	1	2.0351	4.3115
	2	1.5749	0.1676
	3	3.7272	19.7466
界面极化 $N=3$	1	845.5637	0.001785
		1403.4588	3241.7465
	2	1460.3626	0.001245
		1141.4960	1735.2519
	3	802.5713	0.0016785
		1303.6397	3816.9728
几何支路		5.0604	0.014552

表 3-11　（$n=4$，$N=2$）混联极化等效模型参数计算结果

等效支路		$R_i/\mathrm{G\Omega}$	C_i/nF
RC 极化 $n=4$	1	1.5737	0.1650752
	2	2.0869	4.021822
	3	7.7873	124.3516
	4	3.8765	15.66246
界面极化 $N=2$	1	939.6659	1561.0352
		1105.0485	0.0001254
	2	1367.7945	0.0001869
		1239.0066	1340.4644
几何支路		10.7136	0.01733

表 3-12　（$n=5$，$N=1$）混联极化等效模型参数计算结果

等效支路		$R_i/\mathrm{G\Omega}$	C_i/nF
RC 极化 $n=5$	1	1.5963	0.161894
	2	957.4885	0.0010495
	3	7.2785	118.0612
	4	3.7598	15.01211
	5	2.1719	3.739543
界面极化 $N=1$	1	1091.282	772.565
		2528.0165	0.00015637
几何支路		11.0449	0.017211

表 3-13 　($n=6$，$N=0$）混联极化等效模型参数计算结果

等效支路		$R_i/GΩ$	C_i/nF
RC 极化 $n=6$	1	387.9278	406.8853
	2	1.5871	0.1623951
	3	485.2859	299.5282
	4	2.1601	3.7669
	5	3.7800	15.0071
	6	8.9044	77.9314
几何支路		8.9268	0.017319

　　把以上 4 种不同类型极化支路数的频域介电谱计算值与实测的频域谱复电容、介质损耗因数曲线进行比较，如图 3-30 所示。

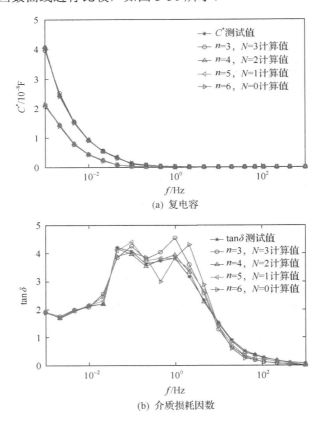

(a) 复电容

(b) 介质损耗因数

图 3-30 　不同类型极化支路数的频域谱与实测对比

　　由图 3-30 对比图大致可以看出，同样都是 6 条极化支路的情况下，当 RC 串联极化支路数和界面极化支路数分别为 4 和 2 时，计算结果与测试频域参数曲线的

吻合度最高。这说明，在 6 条极化支路中，含有 2 条界面极化支路的混合等效模型与实际绝缘极化情况更为吻合。

为了更加直观展示不同极化支路数的谱线吻合程度，可根据式 (3-57) 计算各个频域谱的平均吻合度 W_a。计算结果见表 3-14。

$$W_a = \left(1 - \frac{\sum\limits_{k=1}^{m} |X_{ck} - X_{tk}|}{\sum\limits_{k=1}^{m} X_{tk}} \right) \times 100\% \tag{3-57}$$

式中，X_{tk} 为第 k 次测试频率采样点的频域谱测试值；X_{ck} 为第 k 次测试频率采样点的频域谱计算值；m 为频率采样次数。

表 3-14　不同类型极化支路数的平均吻合度

(n,N)	C'吻合度/%	C''吻合度/%	$\tan\delta$ 吻合度/%	平均吻合度 W_a/%
(3,3)	97.65	95.92	88.95	94.17
(4,2)	99.72	99.37	97.65	98.91
(5,1)	98.46	97.70	94.10	96.75
(6,0)	96.58	95.43	87.86	93.29
(5,0)	96.00	95.18	87.09	92.75

由表 3-14 不同极化类型支路组合的吻合度计算结果可以看出，在 6 条极化支路中，含有 2 条界面极化支路的混合等效电路算出的各个参数吻合度及平均吻合度比其他类型支路组合的吻合度都高出 2%～3%。

同时也将部分计算结果与文献[46]中应用回复电压时域介电谱测试参数的计算结果比较，结果如表 3-15 所示。

表 3-15　频域与时域谱线的吻合度对比

(n,N)	时域谱线吻合度/%	频域谱线平均吻合度/%
(4,2)	89.04	98.91
(6,0)	85.49	93.29

由表 3-15 可见，同样类型的电路结构、同样的算法，应用频域介电谱测试数据计算结果比时域谱介电谱测试数据计算结果的吻合度相对较高。尤其是 4 条 RC 串联极化支路和 2 条界面极化支路的混合等效模型，其计算结果与不含界面极化支路的扩展德拜等效电路比较，吻合度高出 9.87%。由此表明，有考虑界面极化的混合等效模型更能真实地反映油纸绝缘老化的弛豫过程。

第4章 油纸绝缘状态与等效电路特征量关系

为了便于间接应用极化等效电路参数及其特征量评估油纸绝缘变压器的绝缘状况,本章在第3章扩展德拜等效电路参数计算的基础上,从等效电路的特征量、弛豫机构数和弛豫时间常数等入手,分别在实验对油纸绝缘试样和现场对油浸式变压器的回复电压测试数据深入探讨油纸绝缘变压器的绝缘状况与回复电压特征量、极化等效电路弛豫机构数和弛豫时间常数等之间的内在关系的基础上,系统地总结出各个特征参量受油纸绝缘劣化的影响和变化规律,从而获取应用回复电压特征量和弛豫参数间接诊断油纸绝缘系统劣化状态的依据,为今后定性评估油纸绝缘变压器的绝缘状况提供一种分析手段。

4.1 油纸绝缘状况实验测试分析

油纸绝缘变压器在运行过程中,受到周围环境、水分和不同老化产物的影响,绝缘系统内部逐渐发生劣化,最终可以通过弛豫响应介电谱线体现出来。

根据图 1-6 回复电压的测量接线方法和操作步骤,应用回复电压测试仪(RVM5461)单次测试获得回复电压峰值(U_{rmax})、峰值时间(t_{peak})和初始斜率(S_r)等参数值和曲线,由这三个特征量能直接反映出油纸绝缘系统内部的实际状况。但由于各个特征量对于油纸绝缘中不同介质状态的反映特性和灵敏程度均有所差异,因此有必要分别对不同特征量进行深入的分析。本章在油纸绝缘回复电压模拟测试实验平台上,研究油纸绝缘系统中不同介质老化(油劣化和纸老化)对回复电压测试参数的影响,并总结出相应的变化规律,为评估油纸绝缘变压器复合绝缘状态提供一种分析手段。

4.1.1 测试平台和实验操作过程

1. 油纸绝缘试样的模拟

油浸式变压器的主绝缘以油纸屏障绝缘结构最为常用。油纸绝缘系统主要由变压器油、隔板和撑条等组成,如图 4-1(a)的结构示意图,在高低压绕组之间,通过撑条加固,油隙与隔板则交替排列。根据绝缘结构示意图选取其结构单元作为油纸绝缘系统的实验模型,如图 4-1(b)所示,而隔板和撑条的主要成分均为纤维素,故本实验将其二者简化为相同材料的变压器绝缘纸。因此可制备实验所用的油纸绝缘试样，如图 4-2 所示。

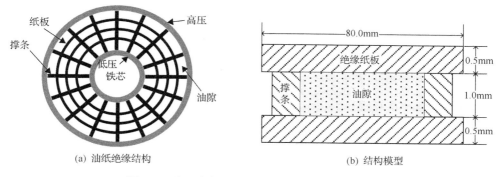

(a) 油纸绝缘结构　　　　　　　　　　(b) 结构模型

图 4-1　油浸式变压器主绝缘结构和模型示意图

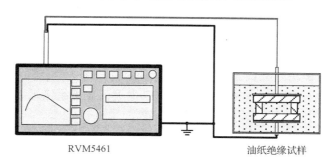

图 4-2　实验接线方式示意图

在油纸绝缘实验过程中，实验试样是采用油浸式变压器常用的 25 号克拉玛依环烷基绝缘油；绝缘纸选用纯硫酸盐木浆纸，单层厚度为 0.08mm，通过裁剪成一定尺寸大小（80mm×60mm），并叠加形成一定厚度的绝缘纸板。

2. 实验测试平台

实验时采用的实验仪器[17]：

（1）选用瑞士 Haefely Instrument 公司生产的便携式自动回复电压测试仪（RVM5461），其主要用于测试油纸高压绝缘材料的回复电压极化谱。RVM5461测试仪可以自动完成所有测量过程并以数字方式或图形方式存储和显示测量结果，同时可以打印出测试数据，其具有测量精度高、携带方便等优点。测量电压范围：200～2000V，充电时间 t_c 范围：0.02～10000s，充放电时间比（t_c/t_d）范围：0.1～10.0，可通过设置充放电时间比，进行循环测量，获取回复电压参数（U_{rmax}、t_{peak}、S_r）与充电时间 t_c 的散点图，简称为极化谱。

(2)调节电热恒温干燥箱内温度范围在：10～300℃，其主要用于盛样装置、绝缘纸等干燥处理，以及绝缘纸的加速热老化受潮处理。

(3)盛样装置：圆形玻璃容器，其主要材质为硼硅酸盐玻璃，耐高温、不腐蚀，且具有良好的密封性，不与实验相关材料发生反应。

除以上主要实验仪器装置，还需若干铜导线、铜片等，主要用于电极制作及测试导线，以及绝缘纸老化环境的模拟。

实验测试平台接线，如图 4-2 所示。通过两个电极与密封盛样装置中油纸绝缘试样的上下两端连接，并与 RVM5461 的红黑测量鳄鱼钳相接，同时注意黑色鳄鱼钳务必可靠接地。

3. 实验步骤

(1)对玻璃盛样装置和测试铜片电极进行清洗和干燥处理。

(2)将不同处理条件下的变压器绝缘油加入盛样装置中。

(3)同样将不同处理条件下的绝缘纸叠加一定层数，平坦浸在变压器油中的负电极上，并将电极与绝缘纸放置中心位置。

(4)待绝缘纸全都被油浸透均匀后，将正电极覆盖于绝缘纸上。

(5)合上密封盖，保持装置中的密封环境。

(6)分别将正、负电极的外接引线与 RVM5461 测试仪器的两极测试接头相连接。

(7)检查接线并确认，打开仪器电源开关，设置充电电压、充放电时间比、充电时间范围等参数。

(8)选择仪器自动测量模式，并设置个各充电时间，然后测试回复电压和输出回复电压测试参数。

(9)实验结束，记录相关数据。

按照上述实验操作步骤，可更换不同条件下制备的油纸绝缘试样，在相同的测试环境下进行实验，获取对应的回复电压数据。

4.1.2 实验分析结果

采用下列三种类型的油纸绝缘试样：①新绝缘纸与不同劣化程度的变压器油组成的油纸绝缘试样；②新变压器油与不同老化程度的绝缘纸组成的油纸绝缘试样；③绝缘油和纸均受潮或老化不同程度的油纸绝缘试样。通过实验获取回复电压极化谱特征量。为了排除实验过程其他因素对测试结果的干扰，油纸绝缘试样和测试参数的设置统一要求如下：

(1)绝缘纸尺寸：80mm×60mm×0.08mm，并叠加 5 层。

(2)绝缘油容量：100mL。

（3）测试环境温度：25℃±2℃。

（4）回复电压测试参数：充电电压为 200V，充放电时间比为 2，充电时间范围为 0.02～500s。

1. 绝缘油劣化对回复电压极化谱影响

在 3 个玻璃容器中加入等量的新油(100mL)，并加入相同比例的铜片，然后放入热老化箱(干燥箱)中，设置环境温度持续为 60℃，并制造一定的潮湿环境。根据加速热老化时间的长短，制备出不同劣化程度的绝缘油。

如图 4-3 所示，分别是油老化时间 5 天、15 天、30 天的油纸绝缘试样。由图 4-3 也可大致看出，随着劣化程度的加深，绝缘油的颜色也从淡黄色加深为浅黄色。

(a) 油老化5天　　　　　　(b) 油老化15天　　　　　　(c) 油老化30天

图 4-3　不同劣化程度绝缘油与新绝缘纸的实验试样

按照上述实验步骤和要求对以上三组油纸绝缘试样分别进行 RVM 测试，获取不同极化谱的实验对比结果，如图 4-4～图 4-6 所示。

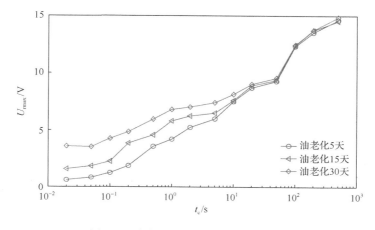

图 4-4　油劣化对回复电压峰值的影响

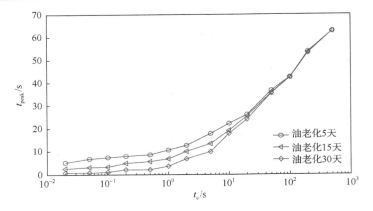

图 4-5　油劣化对回复电压峰值时间的影响

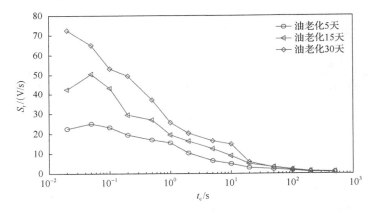

图 4-6　油劣化对回复电压初始斜率的影响

在保持绝缘纸状态良好情况下，随着绝缘油的老化时间不断增加，在回复电压极化谱的前段部分，即较短充电时间区间段($t_c<10s$)的测量值则呈现增大或减小的趋势，末段部分($t_c>100s$)则变化不明显。其中，回复电压峰值和初始斜率越小，峰值时间越大，则油的绝缘状态越好。从测试结果图也可大致看出：回复电压初始斜率特征值的变化程度大于峰值与峰值时间。

2. 绝缘纸老化对回复电压极化谱影响

在 3 个玻璃容器中加入 5 层新绝缘纸，并加入适当比例铜片，放入热老化箱中，设置环境温度持续为 60℃，并制造一定的潮湿环境。如图 4-7 所示，分别为绝缘纸老化分别处理 1 天、15 天、30 天的实验试样。由图 4-7 可大致看出[17]，新变压器油颜色为淡黄色，绝缘纸随着老化程度加深，颜色也从深黄色逐渐变为黑褐色。

(a) 纸老化1天

(b) 纸老化15天

(c) 纸老化30天

图 4-7　不同老化程度绝缘纸与新绝缘油的实验试样

同样对以上三组的油纸绝缘试样按照上述实验步骤和要求，分别进行 RVM 测试，获取不同极化谱的实验对比结果，如图 4-8～图 4-10 所示。

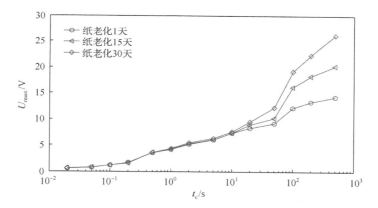

图 4-8　纸老化对回复电压峰值的影响

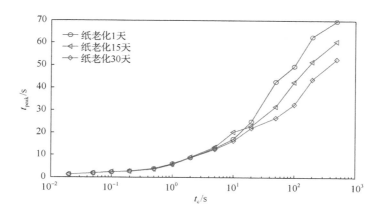

图 4-9　纸老化对回复电压峰值时间的影响

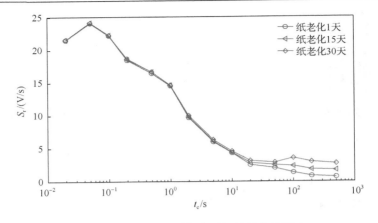

图 4-10   纸老化对回复电压初始斜率的影响

在保持绝缘油状态良好情况下，随着绝缘纸的老化时间不断增加，在回复电压谱线的末段部分，即长充电时间区间段 $(t_c>100s)$ 的测量值则呈现增大或减小的趋势，前段部分 $(t_c<10s)$ 则变化不明显。由回复电压谱线分析可见，峰值和初始斜率越小，峰值时间越大，纸的绝缘状态越好。此外，从回复电压测试结果图也可大致看出：回复电压峰值与峰值时间的特征值变化程度大于初始斜率。

3. 油纸绝缘均老化对回复电压极化谱影响

在以上实验的基础上，根据以上两组实验制备的不同绝缘油和纸的样品，可以组合成不同老化程度的油纸绝缘试样，如图 4-11 所示。

(a) 油纸未发生老化   (b) 油老化5天，纸老化1天

(c) 油老化15天，纸老化15天   (d) 油老化30天，纸老化30天

图 4-11   不同老化程度油纸绝缘的实验试样

　　同样用 RVM 方法对不同试样分别进行实验测试，获取不同情形下的回复电压极化谱测试结果，如图 4-12～图 4-14 所示。

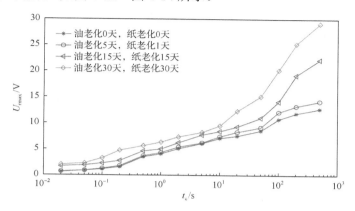

图 4-12　油纸老化对回复电压峰值的影响

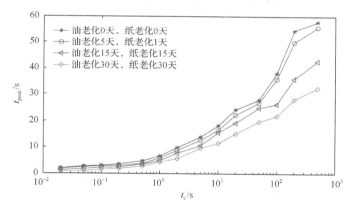

图 4-13　油纸老化对回复电压峰值时间的影响

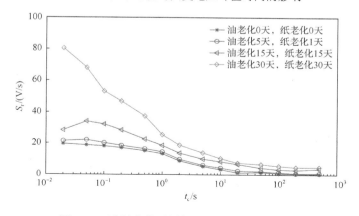

图 4-14　油纸老化对回复电压初始斜率的影响

由测试结果可以看出，随着绝缘油和绝缘纸不断老化，在回复电压的极化谱中均表现出整体增大或减小的趋势。其中，回复电压峰值 U_{rmax} 和初始斜率 S_r 油纸随绝缘老化程度的加深而变大；峰值时间 t_{peak} 随油纸随绝缘老化程度加深而减小；同时回复电压测试参数中电压峰值 U_{rmax} 和峰值时间 t_{peak} 对绝缘纸的状态变化反映更为明显；而初始斜率 S_r 对绝缘油的状态变化，反映较为明显。

4.2　油纸绝缘变压器回复电压极化谱分析

4.2.1　绝缘油处理前后测试结果分析

根据 4.1.2 节实验结果分析，在长充电时间段内回复电压参数主要反映绝缘纸的老化状态，在短时充电时间段内回复电压参数主要反映绝缘油的劣化状态；且随着油纸绝缘老化程度的加深，对应区间段的回复电压峰值和初始斜率将增大，峰值时间则减小。现选取两台老化程度相当，电压等级和容量相同的油浸式变压器分别将现场测试的回复电压极化谱数据进行对比分析，其中变压器 T_1 未做过油处理，变压器 T_2 则经过油处理。T_1、T_2 变压器基本信息如表 4-1 所示。

表 4-1　T_1、T_2 变压器的基本信息

代号	制造年月	变压器型号	容量	制造厂家	实际状况
T_1	1997 年 4 月	SFPSZ9—180/220	180MVA	沈阳变压器厂	已退变压器，未做过油处理
T_2	1987 年 12 月	SFPS—180/220	180MVA	沈阳变压器厂	测试前已大修，主要做过油处理

按照回复电压测试接线方式和测试操作步骤，外加充电电压为 2000V，充放电时间比为 2，充电时间设置在 0.02~1000s，分别测量出两台变压器的回复电压峰值、峰值时间和初始斜率等极化谱特征量，如图 4-15 所示。

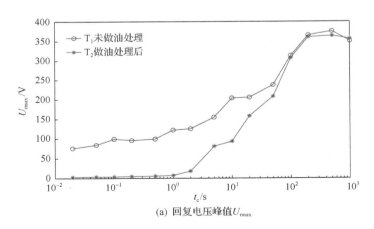

(a) 回复电压峰值 U_{rmax}

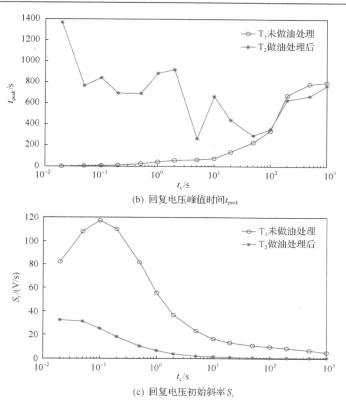

(b) 回复电压峰值时间 t_{peak}

(c) 回复电压初始斜率 S_r

图 4-15　油处理前后的回复电压参数变化

从图 4-15 整体可以看出，未做油处理的变压器 T_1 和已做过油处理的变压器 T_2 的回复电压测试参数在短充电时间区间段（$t_c < 10$s）有较为明显的差异，而在长充电时间段（$t_c > 100$s）则基本一致或相差不大。

上述的实测结果与 4.1.2 节的实验结论基本是一致的[17]，即回复电压极化谱在短充电区间段（$t_c < 10$s）能够有效地反映出绝缘油的老化程度；且油绝缘状态越好，短充电时间段回复电压峰值 U_{rmax} 和初始斜率 S_r 越小，峰值时间 t_{peak} 则越大。

4.2.2　刚投运变压器测试结果分析

现对表 4-2 所示一台刚投运不久且容量为 240MVA、电压等级 220kV 代号为 T_3 的变压器分别测量其高、低压侧各个绕组的回复电压参数值，然后分析比较两者特征量的异同点。由于新投运变压器，其油纸绝缘系统均处于为最佳绝缘状态。但绝缘纸的绝缘性能会因电压等级的不同而有所差异，高压侧绝缘纸的绝缘等级将比低压侧绝缘等级要求较高。因此对比分析同一台新投运的变压器不同绕组侧的回复电压特征值变化，可以间接体现出纸的绝缘状态对回复电压不同参数的影响。T_3 变压器的基本信息见表 4-2 所示。

表 4-2　T₃ 变压器的基本信息

代号	制造年月	变压器型号	容量	制造厂家	实际状况
T₃	2007 年 1 月	SFSE9—240/220	240MVA	常州东芝变压器厂	刚投运，油纸绝缘状况良好

在测试过程中，充电电压设置为 2000V、充放电时间比为 2、充电时间在 0.02～5000s。经过多次测试后分别获取 T₃ 变压器高、低压侧绕组的回复电压极化谱 3 个特征量变化曲线，如图 4-16 所示。

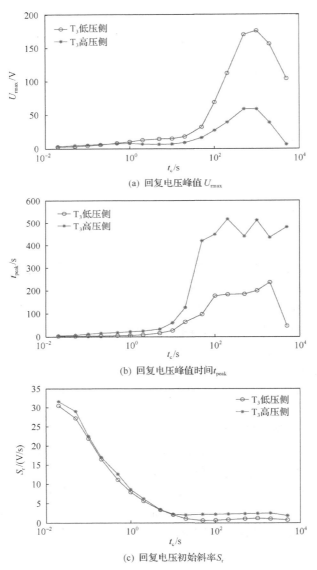

(a) 回复电压峰值 U_{rmax}

(b) 回复电压峰值时间 t_{peak}

(c) 回复电压初始斜率 S_r

图 4-16　绝缘油处理前后的回复电压参数变化

现分别比较分析图 4-16(a)、(b) 和 (c) 中的曲线，从中可以看出，在长充电时间区间段(t_c>100s)，高压侧的回复电压峰值明显低于低压侧，峰值时间则明显高于低压侧，初始斜率则略高于低压侧。结果表明，绝缘纸的状态等级越好，峰值和峰值时间变化越明显；在短充电时间段(t_c<10s)，高低压侧的测试结果基本一致或相差不大。

通过以上实测结果分析可以进一步印证 4.1.2 节的结论：油纸绝缘系统中绝缘纸状态越好，在长充电时间区间段(t_c>100s)回复电压的谱峰值 U_{rmax} 和初始斜率 S_r 越小，峰值时间 t_{peak} 则越大。

4.2.3　检修前后测试结果分析

现分析一台容量为 240MVA、电压等级 220kV、代号为 T_4 的油浸式变压器检修前后回复电压极化谱。基本信息见表 4-3。

表 4-3　变压器 T_4 的基本信息

代号	制造年月	变压器型号	容量	制造厂家	实际状况
T_4	1993 年 9 月	SFP9—240/220	240MVA	沈阳变压器厂	换油，并更换了低压绕组

首先测试变压器在检修前的回复电压特征量，然后再测试更换变压器绝缘油和低压绕组的回复电压特征量。测试时，充电电压和充放电时间比的参数设置与4.2.2 节相同，充电时间范围在 0.02～1000s，分别测出检修前后回复电压峰值、峰值时间、初始斜率等数据，如图 4-17 所示。

由图 4-17 分析对比可见：油纸绝缘变压器的绝缘状态越好，则回复电压峰值 U_{rmax} 越小，峰值时间 t_{peak} 越大，初始斜率 S_r 越小。由此可见，回复电压峰值 U_{rmax}、峰值时间 t_{peak} 对纸的绝缘老化状态的反映较为敏感，而初始斜率 S_r 对油的绝缘老化状态的反映较为敏感。此结论与实验分析结果是相同的。

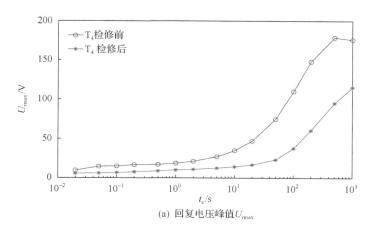

(a) 回复电压峰值 U_{rmax}

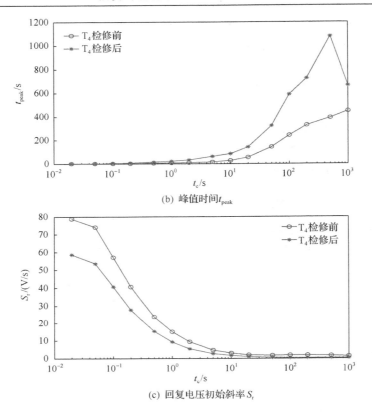

(b) 峰值时间t_{peak}

(c) 回复电压初始斜率S_r

图 4-17　检修前后的回复电压参数变化

根据以上分析，油纸绝缘状态与回复电压特征量存在以下关系[17]。

（1）回复电压峰值 U_{rmax}、峰值时间 t_{peak}、初始斜率 S_r 均能在一定程度上反映变压器油纸绝缘老化情况；在极化谱的短充电时间段（$t_c < 10s$）可以反映绝缘油的老化状态，在长充电时间段（$t_c > 100s$）可以反映绝缘纸的老化状态。当回复电压峰值 U_{rmax} 越小，峰值时间 t_{peak} 越大，初始斜率 S_r 越小，则反映油纸绝缘状态越好。

（2）回复电压峰值 U_{rmax} 在长充电时间段对绝缘纸的状态反映更为敏感；峰值时间 t_{peak} 在长充电时间段可以有效反映绝缘纸的老化状态；初始斜率 S_r 对变压器油的老化状态改变的反映比较灵敏，在短充电时间段初始斜率 S_r 可以更有效诊断绝缘油的老化状态。

（3）回复电压特征量对绝缘油状态的反映敏感度为：$U_{rmax} > t_{peak} > S_r$；对绝缘纸状态的反映灵敏度则为：$S_r > U_{rmax} > t_{peak}$。

以上结论，可以为今后综合采用回复电压特征量评估变压器绝缘状态时，确定不同特征量之间的权重值提供重要的理论依据。

4.3　油纸绝缘状况与弛豫机构的关系

为了能充分地利用极化等效电路参数评估油纸绝缘变压器的老化状况，这节内容中在扩展德拜极化等效电路参数计算的基础上，从弛豫机构数和弛豫时间常数等入手，根据现场对油浸式变压器测试得到的回复电压数据分别探讨油纸绝缘变压器的绝缘状况与这些特征量之间的内在关系。

4.3.1　油纸绝缘老化程度与极化支路数关系

通过对多台不同绝缘状况的变压器弛豫响应极化支路数进行研究分析，总结出油纸绝缘变压器的绝缘状况与等效电路极化支路数之间存在密切的关系，即油纸绝缘变压器老化程度越严重，等效电路中的极化支路数就越多。由于篇幅限制，下面只列举 4 台变压器的其基本信息如表 4-4 所示，然后分别分析各台变压器绝缘状况与极化支路的关系。

表 4-4　变压器的基本信息

代号	变压器型号	电压等级	绝缘状况
T_1	SFL—50000/110	110kV	良好
T_2	SFSE9—240000/220	220kV	良好
T_3	SFSZ10—180000/220	220kV	老化严重
T_4	SFP9—240000/220	220kV	老化严重

首先根据 T_1～T_4 4 台变压器现场测试的回复电压数据，分别采用 5 条、6 条和 7 条极化支路构成扩展德拜等效电路，然后根据 3.4 节等效电路参数计算的方法和步骤求出各支路元件参数值，最后应用式(3-42)回复电压计算公式求出各台变压器的回复电压极化谱。由于本节只探讨油纸绝缘老化状况与等效电路极化支路数的关系，故未列出计算得到的等效电路各元件的参数值，而只是将计算极化谱和实测极化谱进行对比，如图 4-18～图 4-21 所示。

从图 4-18、图 4-19 可以看出，T_1 和 T_2 这两台绝缘状态良好的变压器采用 5 条极化支路的等效电路计算的极化谱与测试极化谱有较高的吻合度，而采用 6 条或 7 条极化支路的等效电路计算的极化谱和测试极化谱相比较吻合度较差。这说明采用 5 条极化支路数计算出的等效电路参数可以反映 T_1 和 T_2 这两台油纸绝缘变压器的实际绝缘状况，即绝缘状况良好的变压器其等效电路中含有的极化支路数通常有 5 条。

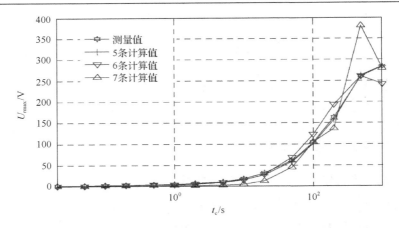

图 4-18　变压器 T_1 计算极化谱和实测极化谱比较

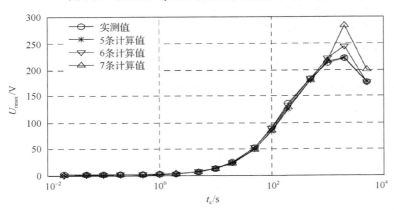

图 4-19　变压器 T_2 计算极化谱和实测极化谱比较

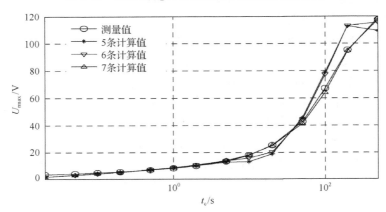

图 4-20　变压器 T_3 计算极化谱和实测极化谱比较

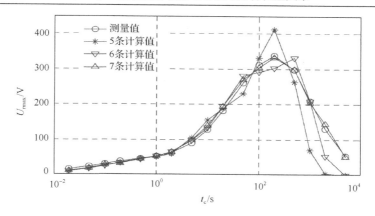

图 4-21 变压器 T_4 计算极化谱和实测极化谱比较

同理从图 4-20、图 4-21 也可以看出，T_3 和 T_4 这两台绝缘较差的变压器采用 7 条支路极化的等效电路计算的极化谱和测试极化谱相比较具有较高的吻合度，而采用含有 5 条或 6 条极化支路的等效电路计算的极化谱与测试极化谱吻合度较差。这说明采用 7 条极化支路计算出的等效电路参数可以反映 T_3 和 T_4 这两台油纸绝缘变压器的绝缘状况，即绝缘状况较差的变压器其等效电路中含有极化支路数通常有 7 条。

由此表明，油纸绝缘变压器的绝缘状况和等效电路极化支路数之间存在一定关系，即油纸绝缘变压器老化越严重的，所对应的等效电路中极化支路数就越多；反之，绝缘状况良好的变压器，等效电路中极化支路数较少。这是由于油纸变压器绝缘系统内部存在着各种不同电介质，它们在极化过程中呈现出快慢不同的弛豫响应，不同弛豫响应时间对应等效电路中不同参数的支路。而且随着绝缘老化的不断加剧，各种老化产物也将与油纸绝缘系统的弛豫响应共同产生新的极化过程，这些都集中反映到等效电路中的极化支路数。

作者[47]通过对多台不同绝缘状况变压器应用回复电压微分解谱，得到每台变压器对应的极化支路数如表 4-5 所示。

表 4-5 油纸变压器不同绝缘状况与极化支路关系

序号	变压器型号	实际运行状况		极化支路数/条
		运行年限	绝缘状况(糠醛)	
1	S11—5000/220/110/10	4 年	良好	5
2	SFP9—240000/220	18 年(检修前)	老化严重且受潮	7
3	SFP9—240000/220	18 年(检修后)	良好	5
4	SFL—50000/110	22 年	老化较严重	6
5	SFSZ—240000/220	刚投运	良好	4

序号	变压器型号	实际运行状况		极化支路数/条
		运行年限	绝缘状况(糠醛)	
6	SZG—31500/110	12 年	低压侧明显老化(1.85mg/L)	6
7	SF08—31500/110	14 年	老化较严重(2.43mg/L)	6
8	SFPS—240000/220	15 年	老化较严重且受潮	6
9	SFSE10—180000/220	1 年	良好(0.001mg/L)	5
10	SZ4-50000/110	5 年	低压侧绝缘/良好	4
⋮	⋮	⋮	⋮	⋮
13	SZG—31500/11	8 年	绝缘良好	5
14	S9—630/10	已退役	老化严重(18.3mg/L)	7
15	SFSZ4—180000/220	9 年	良好(0.029mg/L)	5
16	SZ4—50000/110	2006 年投运	良好	5
17	S9—630/10	5 年	良好	5
18	SF08—31500/110	已退役	高、低压侧老化严重	7
19	SFP9—240000/220	2003 年投运	低压侧已有老化	6
20	SZG—31500/110	22 年	低压侧明显老化(19.5mg/L)	6
21	SFPS4—50000/220	不详	低压绕组有老化(2.437mg/L)	6
22	SFPS4—50000/220	23 年	低压侧老化严重	7
23	SFZ7—31500/110	20 年	低压绕组老化严重 (24.7mg/L)	7
24	SFZ—31500/110	已退役	高、低压侧老化严重 (27.7mg/L)	7
25	SFSE9—240000/220	1 年	良好(0.037mg/L)	5
⋮	⋮	⋮	⋮	⋮
30	SF08—31500/110	已退役	高、低压侧严重老化 (37.72mg/L)	7
31	SFSZ—240000/220	检修后投运	良好	5
32	S9—5000/10	15 年	低压侧已有老化(3.73mg/L)	6
32	SZ7—3150/35	15 年	低压绕组老化严重	7
33	S7—800/10	检修后投运	良好	5
34	CUB—MRM—120000/220	18 年	低压侧绕组老化严重 (2.57mg/L)	6
35	SFSE9—240000/220	10 年(检修前)	高压侧绕组老化	7
36	SFSE9—240000/220	10 年(检修后)	绕组检修后良好	5
37	S9—630/10	12 年(检修后)	良好(0.025mg/L)	4
38	SFL—20000/110	已退役	高、低压侧严重老化且受潮	7

序号	变压器型号	实际运行状况		极化支路数/条
		运行年限	绝缘状况(糠醛)	
39	SFLP9—240000/220	5 年	良好	5
40	SFSE9—240000/220	新投运	良好	5
41	SFZ7—31500/110	不详	绝缘良好	6*
42	SFL—50000/110	检修后投运	绝缘较好	5
43	SFSE9—240000/220	5 年	绝缘良好	4
44	SFL—50000/110	不详	绝缘良好	5
45	SF08—31500/110	检修后投运	绝缘良好	5
46	SFP9—240000/220	7 年	低压侧老化较严重	6
47	SF11—240000/220	2 年	良好(0.02mg/L)	4
48	SFP10—180000/110	8 年	良好(0.04mg/L)	5
⋮	⋮	⋮	⋮	⋮

*表示变压器实际绝缘状况与解谱后的极化支路数不符合。

　　根据表 4-5 中不同绝缘状况的油纸变压器与极化支路数的关系可以看到，变压器绝缘状况良好的极化支路数通常有 4～5 条；绝缘状况已有老化的或明显老化的极化支路数一般是 6 条；绝缘状严重老化的极化支路数一般是 7 条。由表 4-5 中得到的结果与 4.3.1 分析得到的结论基本上是一致的。

4.3.2　油纸绝缘老化程度与弛豫时间常数关系

　　为了更好地评估变压器的油纸绝缘状况，在上述极化支路数分析的基础上，深入探讨弛豫等效电路极化支路的时间常数与变压器的油纸绝缘状况之间的相互关系。首先对两台检修前和检修后油纸绝缘变压器进行分析。其中变压器 T_9 检修后并换油；变压器 T_{10} 检修后除换油外还更换绕组，其基本信息如表 4-6 所示。

表 4-6　变压器的基本信息

代号	变压器型号	电压等级	制造厂家
T_9	SFSE9—240000/220	220kV	常州东芝变压器厂
T_{10}	SFP9—240000/220	220kV	沈阳变压器厂

　　将这两台变压器现场测试的回复电压特征量(回复电压最大值、回复电压初始斜率和回复电压峰值时间等)分别代入式(3-18)目标函数中，应用 3.4 节计算扩展德拜等效电路参数的方法和步骤求解出各台变压器检修前后等效电路中各元件的参数值，如表 4-7～表 4-10 所示。

表 4-7　T$_9$ 变压器检修前的等效电路参数值

分支	R_{pi}/GΩ	C_{pi}/nF	τ_i/s
1	11.130	104.752	1165.879
2	6.757	27.456	185.522
3	6.305	2.503	15.781
4	1.720	1.067	1.835
5	0.585	0.576	0.337
6	0.272	0.267	0.072
7	0.189	0.094	0.018
R_g/GΩ		5.021	
C_g/nF		74.104	

表 4-8　T$_9$ 变压器检修后并换油的等效电路参数值

分支	R_{pi}/GΩ	C_{pi}/nF	τ_i/s
1	298.979	3.749	1120.858
2	333.303	0.561	186.964
3	56.391	0.291	16.409
4	13.624	0.159	2.172
5	1.618	0.277	0.448
R_g/GΩ		19.976	
C_g/nF		74.912	

表 4-9　T$_{10}$ 变压器检修前的等效电路参数值

分支	R_{pi}/GΩ	C_{pi}/nF	τ_i/s
1	6.861	82.822	568.225
2	11.748	7.286	85.592
3	8.173	1.473	12.040
4	2.575	0.789	2.031
5	0.669	0.500	0.334
6	0.256	0.320	0.082
7	0.208	0.149	0.031
R_g/GΩ		1.343	
C_g/nF		70.820	

表 4-10　T_{10} 变压器检修后(更换绕组和换油)的等效电路参数值

分支	$R_{pi}/G\Omega$	C_{pi}/nF	τ_i/s
1	99.999	23.000	2299.978
2	99.000	2.680	265.320
3	97.000	0.208	20.139
4	14.541	0.178	2.588
5	2.673	0.202	0.54
$R_g/G\Omega$		20.796	
C_g/nF		70.818	

　　为了便于讨论油纸绝缘老化状况与等效电路支路时间常数之间的关系,下面分别列出检修前后两台变压器的各条极化支路的时间常数值,如表 4-11 所示。

表 4-11　T_9 和 T_{10} 变压器检修前后各极化支路时间常数

极化支路	T_9		T_{10}	
	检修前 时间常数 τ_i/s	检修后并换油 时间常数 τ_i/s	检修前 时间常数 τ_i/s	检修后换绕组和换油 时间常数 τ_i/s
1	1165.88	1120.86	568.22	2299.98
2	185.52	186.96	85.59	265.32
3	15.78	16.41	12.04	20.14
4	1.83	2.17	2.03	2.59
5	0.34	0.45	0.33	0.54
6	0.07		0.08	
7	0.02		0.03	

　　从表 4-11 中可以看出,检修前两台变压器的绝缘状态都较差,它们的极化等效电路都含有 7 条极化支路。而检修后并换油,绝缘状态良好,极化支路减少至 5 条。说明油纸绝缘变压器老化越严重对应等效电路中的极化支路数就越多。这与 4.3.1 节的结论也是一致的。

　　下面分别比较表4-11中各台变压器检修前后各极化支路的时间常数之间存在的差异情况。从变压器 T_9 的极化支路时间常数可以看出,经过检修换油处理后,极化等效电路减少两条时间常数小于 0.1s 的极化支路。这是由于换油后,油中微水含量和老化产物的含量有所降低,而水分和老化产物所对应的是快极化响应,它在很短的时间内就达到饱和,则对应时间常数较小的极化支路。由此可见,小时间常数的极化支路,对绝缘油的绝缘状况变化反应较为敏感。

　　从变压器 T_{10} 检修前和检修后极化支路的时间常数可以看出,更换绕组后极化支路中最大的时间常数变化最为明显,它们分别由 568.22s 和 85.59s 变大为

2299.98s 和 265.32s。这是由于绝缘纸是由高分子的纤维素化合而成的，且是弱非极性分子，在加压后需要较长的时间才能完全极化，在弛豫过程中对应较大时间常数支路。所以，更换绕组后大时间常数的支路数不变，但时间常数变大了。此外，换油后时间常数小于 0.1s 极化支路也减少两条。

综上所述，极化等效电路中的较小时间常数的支路数是反映绝缘油的绝缘状况；较大时间常数的极化支路则反映绝缘纸的绝缘状况；因此，结合小时间常数极化支路数和大时间常数这两个特征量，就可以初步对油纸绝缘变压器的整体绝缘状况做出定性评估。

4.3.3　实例分析和验证

为了进一步详细说明油纸绝缘变压器老化状况与极化支路数及支路时间常数之间的关系，现再对表 4-4 中 T_1、T_3 和 T_4 3 台变压器进行分析，首先分别计算出它们对应的等效电路参数值，结果如表 4-12～表 4-14 所示。然后计算出各极化支路的时间常数值，而后对这 3 台变压器绝缘状况做定性评估。

表 4-12　T_1 变压器的等效电路参数值

分支	$R_{pi}/G\Omega$	C_{pi}/nF	τ_i/s
1	62.54	50.37	3149.92
2	28.70	28.92	830.08
3	15.18	4.73	162.80
4	4.46	1.71	7.62
5	0.97	0.21	0.20
$R_g/G\Omega$		57.48	
C_g/nF		23.93	

表 4-13　T_3 变压器的等效电路参数值

分支	$R_{pi}/G\Omega$	C_{pi}/nF	τ_i/s
1	16.78	36.05	604.92
2	24.70	3.84	94.84
3	13.70	0.66	9.08
4	5.55	0.30	1.66
5	1.87	0.18	0.33
6	0.81	0.08	0.07
7	0.67	0.02	0.02
$R_g/G\Omega$		5.42	
C_g/nF		40.95	

表 4-14　T$_4$ 变压器的等效电路参数值

分支	$R_{pi}/G\Omega$	C_{pi}/nF	τ_i/s
1	9.31	24.10	1955.87
2	8.66	57.17	495.24
3	19.53	5.11	99.69
4	6.76	2.43	16.44
5	0.49	1.30	0.64
6	0.49	0.61	0.30
7	0.28	0.22	0.06
$R_g/G\Omega$		1.55	
C_g/nF		169.37	

为了便于对变压器绝缘状况评估,现将各台变压器的极化支路时间常数值汇总在一起(表 4-15)。

表 4-15　T$_1$、T$_3$ 和 T$_4$ 变压器极化支路时间常数值

极化支路	T$_1$ 的 τ_i/s	T$_3$ 的 τ_i/s	T$_4$ 的 τ_i/s
1	3149.92	604.92	1955.87
2	830.08	94.84	495.24
3	162.80	9.08	99.69
4	7.62	1.66	16.44
5	0.20	0.33	0.64
6	—	0.07	0.30
7	—	0.02	0.06

从表 4-15 中可以看出,T$_1$ 变压器等效电路含有 5 条极化支路,而 T$_3$ 和 T$_4$ 变压器则含有 7 条极化支路,故从极化支路数可以判断 T$_1$ 变压器的绝缘状况是良好,而 T$_3$ 和 T$_4$ 变压器的绝缘严重老化。其次再从极化支路的时间常数来判断,T$_1$ 变压器极化支路最大的时间常数大大于 1000s,则可判断 T$_1$ 变压器绝缘纸的绝缘状况是良好的,故整体判断 T$_1$ 变压器绝缘状况是良好的;而 T$_4$ 变压器极化支路最大时间常数也超过 1000s,所以 T$_4$ 变压器绝缘纸的绝缘状况是好的,而老化出在绝缘油上;T$_3$ 变压器极化支路最大时间常数小于 1000s,故可判断它的绝缘纸也有老化。以上分析结果与实际绝缘情况是相符的。

以上分析结果进一步证实了，油纸绝缘变压器老化越严重，等效电路的极化支路数就越多；变压器油的绝缘老化程度与较小时间常数的极化支路数有关，绝缘纸的老化程度与较大时间常数的极化支路数有关。变压器的绝缘纸老化越严重，等效电路中较大时间常数对应的极化支路就越多。

4.4　去极化电流的弛豫响应参数分析

目前应用去极化电流弛豫响应参数评估绝缘老化状况的研究主要集中在弛豫时间 τ、弛豫谱线能量 Q_i 等，而对弛豫贡献度 A_i 的研究较少。根据已有的相关研究，应用以上几个弛豫响应特征量分析油纸绝缘老化的反映机理。

1. 弛豫时间常数 τ_i

极化支路的时间常数 $\tau_i = R_{pi}C_{pi}$ 表示不同绝缘材料的弛豫时间常数，简称为弛豫时间。它反映了绝缘介质极化响应的快慢情况[47,48]，若时间越大，则弛豫响应速度越慢。由此可见，小的支路反映绝缘油的绝缘状态，弛豫时间常数大的支路则反映绝缘纸的绝缘状态[49]。依据不同极化支路时间常数的大小，可反映不同绝缘介质的弛豫过程。

2. 弛豫谱线电量 Q_i

根据文献[48]和[50]对各弛豫机构的去极化电流分量积分得到对应的去极化电量，定义式(4-1)为第 i 条弛豫谱线电量 Q_i

$$Q_i = \int_0^\infty C_i \mathrm{e}^{-t/\tau_i} \mathrm{d}t \tag{4-1}$$

式中，C_i 为式(2-63)第 i 条去极化电流系数(弛豫贡献度)。

3. 弛豫贡献度 C_i

根据式(2-63)第 i 条极化支路的弛豫贡献度表达式为

$$C_i = \frac{U_0(1 - \mathrm{e}^{-t_c/\tau_i})}{R_{pi}} \tag{4-2}$$

式中，U_0 为充电电压；t_c 为测试过程中的充电极化时间；R_{pi} 和 τ_i 分别是第 i 条极化支路的电阻和弛豫时间常数。

随着油纸绝缘变压器运行年限的增加,油纸绝缘系统内部结构逐步发生变化。导致绝缘纸和绝缘油产生劣化。引起各弛豫机构的极化电阻 R_{pi} 减小、极化电容 C_{pi} 增大,弛豫时间常数 τ_i 将减小[51]。由式(4-2)可知,在充电时间 t_c 较长,充电电压 U_0 不变时,C_i 与 R_{pi} 近似成反比关系,因此随着老化程度的不断加深,极化电阻 R_{pi} 减小,弛豫贡献度 C_i 将增大。

为了更好地分析不同弛豫响应特征参数对油纸绝缘老化状态的反映灵敏度,可先测试出不同绝缘状况油纸绝缘变压器的去极化电流,并计算出对应的弛豫特征参数值,最后将计算结果与实测数据比较。结果表明,弛豫贡献度比弛豫谱线电量、弛豫时间等对绝缘状态反映较为敏感。随着绝缘老化程度加深,其值增大更明显。因此,借助弛豫贡献度能有效地定性诊断绝缘油和绝缘纸的老化状态。

4.4.1　换油处理前后变压器的弛豫参数分析

一台型号为 SFPS—180/220 的油浸式变压器 T_5,运行年限为 8 年。该变压器绝缘油已发生劣化,但绕组绝缘状态良好,需进行换油处理。在换油前后,变压器外加充电电压 U_0 为 2000V、充放电时间均设置为 5000s,测试温度在 28℃。分别在高压侧测试去极化电流曲线,如图 4-22 所示。

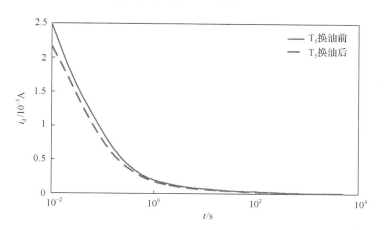

图 4-22　换油前后的去极化电流测试曲线

应用 3.7 节去极化电流三次微分的等效电路参数计算方法可以计算出换油前后各极化支路的弛豫响应参数值(C_i, τ_i),然后按式(4-1)计算出各条弛豫谱线的电量 Q_i,计算结果如表 4-16 所示。

表 4-16　弛豫参数与弛豫谱线电量计算结果

极化支路	τ_i/s		$C_i/10^{-7}A$		$Q_i/10^{-7}C$	
	换油前	换油后	换油前	换油后	换油前	换油后
1	301.1039	303.6159	3.7367	3.6919	1125.1480	1114.8472
2	12.8210	13.0045	6.8407	6.6690	87.7057	86.7270
3	1.3730	1.4104	18.3321	17.7141	25.1701	24.9839
4	0.2367	0.2539	63.5317	56.9435	15.0376	14.4579
5	0.0626	0.0685	113.1114	92.6192	7.0519	6.3444
6	0.0138	0.0168	184.0342	136.1611	2.5514	2.2875

　　根据弛豫时间 τ_i 的大小，可以体现各条极化支路中不同介质的极化响应。如由表 4-16 计算结果可知，极化支路 1 体现绝缘纸，极化支路 2 和 3 体现油纸界面，极化支路 4 至 6 则体现绝缘油。此外，由表 4-16 分析可见，换油处理后比换油前各极化支路的弛豫贡献度 C_i 和弛豫谱线电量 Q_i 均有一定的变化。对于小弛豫时间的极化支路 4 至 6 变化较为明显。换油处理后的贡献度 C_i 和电量 Q_i 值均有所减小，且弛豫时间 τ_i 则有所增大。

　　为了更直观地看出各弛豫响应参数在换油前后的变化情况，可进一步计算出各参数的变化率，结果见表 4-17。

表 4-17　换油前后各弛豫参数变化率

极化支路	特征参数变化率/%		
	弛豫贡献度 C_i	弛豫谱线电量 Q_i	弛豫时间 τ_i
1	−1.20	−0.91	0.83
2	−2.51	−1.11	1.43
3	−2.28	−2.88	2.72
4	−10.37	−3.85	7.26
5	−18.12	−10.03	9.42
6	−26.01	−10.34	21.74

　　由表 4-17 可以直观看出，各极化支路的贡献度 C_i 变化率均比其余特征参数大，其中表征绝缘油状态的极化支路 4 至 6 中的 C_i 变化率明显大于 Q_i 和 τ_i 等参数的变化率。通过分析弛豫时间常数小于 1s 的极化支路的贡献度大小，可间接反映变压器油的绝缘质量。

4.4.2　更换低压绕组前后变压器的弛豫参数分析

　　一台型号为 SFP9—240000/220 油浸式变压器 T_6，运行年限 5 年。变压器的油绝缘状态良好，但发现低压绕组存在缺陷，需更换组处理。在更换绕组前后，变压器外加充电电压 U_0 为 2000V、充放电时间均设置为 5000s，测试温度在 30℃，分别在低压侧测试去极化电流曲线，如图 4-23 所示。

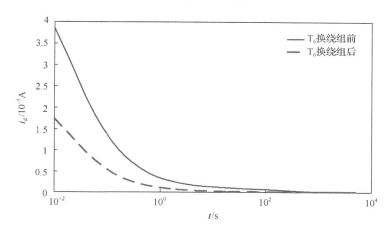

图 4-23　更换绕组前后测试的去极化电流曲线

同样采用上述方法求解出更换绕组前后的各极化支路的弛豫响应参数（C_i, τ_i）和弛豫谱线电量 Q_i，计算结果如表 4-18 所示。

表 4-18　各弛豫参数与弛豫谱线电量计算结果

极化支路	τ_i/s		C_i/10^{-7}A		Q_i/10^{-7}C	
	换绕组前	换绕组后	换绕组前	换绕组后	换绕组前	换绕组后
1	301.2041	394.1277	8.6479	0.9878	2604.7829	389.3193
2	15.5337	17.3633	7.9417	6.2302	123.3639	108.1768
3	1.5511	1.6198	30.3892	28.1129	47.1366	45.5371
4	0.2836	0.2868	81.3718	76.1189	23.077	21.8309
5	0.0663	0.0669	161.9394	150.4956	10.7365	9.9177
6	0.0204	0.0213	221.2904	214.5927	4.5143	4.5708

从表 4-18 中计算结果看出，更换绕组前后的弛豫贡献度 C_i、弛豫时间 τ_i 以及弛豫谱线电量 Q_i 均有一定的变化。这是由于更换低压绕组后绝缘纸的质量提升，弛豫时间常数大的（$\tau_i > 100s$）对应弛豫参数发生明显变化。为了便于对比换绕组前后各特征量对绝缘纸状态反映的灵敏度，需计算各参量的变化率，结果见表 4-19。

由表 4-19 计算结果看出，表征绝缘纸状态的极化支路 1 的弛豫贡献度 C_i 与弛豫谱线能量 Q_i 变化率远远大于 τ_i，故弛豫贡献度 C_i 与弛豫谱线电量 Q_i 对绝缘纸状态具有较高的反映灵敏度。

表 4-19 换绕组前后各弛豫参数变化率

极化支路	特征参数变化率/%		
	弛豫贡献度 C_i	弛豫谱线能量 Q_i	弛豫时间 τ_i
1	−88.58	−85.05	30.85
2	−21.55	−12.31	11.78
3	−7.49	−3.39	4.24
4	−6.45	−5.39	1.13
5	−7.06	−7.63	0.90
6	−3.02	1.25	4.41

4.4.3 不同绝缘状况变压器的弛豫参数分析

现选取 8 台不同运行年限、不同绝缘程度的油纸绝缘变压器（$T_7 \sim T_{14}$），基本信息见表 4-20。现场测试各台变压器高压侧或低压侧的去极化电流数据，如图 4-24 所示。测试时，外加充电电压和充放电时间的设置均与上例相同。

表 4-20 变压器基本信息

代号	变压器型号	运行年限/年	实际运行状况
T_7	SFP9	18	老化严重且受潮
T_8	SFSZ	0.5	刚投运，绝缘良好
T_9	SFPS	15	老化较严重且受潮
T_{10}	SFSZ	8	经检修后，绝缘良好
T_{11}	SFSE9	10	高压侧绕组老化
T_{12}	SFLP9	5	绝缘状态较好
T_{13}	SFSE9	1	新投运，绝缘良好
T_{14}	SFP9	7	低压侧老化较严重

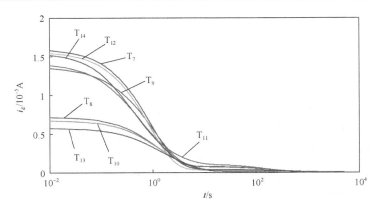

图 4-24 各台变压器测试的去极化电流

　　根据不同绝缘状态变压器测试的去极化电流曲线，同样采用上述参数计算方法可求解出 $T_7 \sim T_{14}$ 各台变压器极化支路的弛豫响应参数 (C_i，τ_i) 值，以及各弛豫谱线电量 Q_i，计算结果见表 4-21 和表 4-22。为了便于更直观地展现出各特征量对比情况，则需分别画出各弛豫参量的变化曲线如图 4-25～图 4-27 所示，并分别计算出各变压器弛豫响应参数的平均变化率（表 4-23）。

表 4-21　各变压器的弛豫参数计算结果

代号	弛豫参数 (C_i，τ_i)						
	($C_1/10^{-7}$A, τ_1/s)	($C_2/10^{-7}$A, τ_2/s)	($C_3/10^{-7}$A, τ_3/s)	($C_4/10^{-7}$A, τ_4/s)	($C_5/10^{-7}$A, τ_5/s)	($C_6/10^{-7}$A, τ_6/s)	($C_7/10^{-7}$A, τ_7/s)
T_7	(7.959, 376.950)	(9.945, 162.087)	(12.092, 16.920)	(24.420, 0.835)	(25.774, 0.659)	(79.681, 0.078)	(162.602, 0.003)
T_8	(1.234, 1556.200)	(1.618, 19.321)	(13.132, 1.142)	(19.881, 0.359)	—	—	—
T_9	(7.539, 318.360)	(9.461, 149.248)	(12.674, 14.565)	(22.173, 0.830)	(22.573, 0.665)	(61.538, 0.130)	(93.023, 0.009)
T_{10}	(1.929, 928.800)	(2.162, 11.683)	(2.336, 9.673)	(20.284, 0.769)	(22.497, 0.353)	—	—
T_{11}	(10.793, 259.420)	(15.22, 108.536)	(15.649, 10.518)	(33.233, 0.674)	(34.130, 0.439)	(32.001, 0.157)	—
T_{12}	(2.730, 695.400)	(3.200, 9.144)	(12.821, 1.716)	(25.7731, 0.559)	(88.496, 0.149)	—	—
T_{13}	(1.471, 1278.725)	(1.778, 16.908)	(22.422, 0.785)	(24.969, 0.366)	—	—	—
T_{14}	(3.7489, 851.200)	(6.1534, 271.700)	(7.813, 23.629)	(21.954, 1.221)	(61.350, 0.212)	(54.201, 0.122)	—

表 4-22　各变压器弛豫谱线电量计算结果

代号	弛豫谱线电量						
	$Q_1/10^{-7}$C	$Q_2/10^{-7}$C	$Q_3/10^{-7}$C	$Q_4/10^{-7}$C	$Q_5/10^{-7}$C	$Q_6/10^{-7}$C	$Q_7/10^{-7}$C
T_7	2999.9947	1612.0001	204.6000	20.4005	17.0021	6.2002	0.4602
T_8	1919.5249	31.2600	15.1024	7.1400	—	—	—
T_9	2399.9996	1412.0012	184.6003	18.4000	15.0013	8.0000	0.0540
T_{10}	1791.7331	25.2600	22.5900	15.6100	7.9400	—	—
T_{11}	2799.9989	1652.0021	164.5899	22.4001	15.0086	5.0202	—
T_{12}	1897.5674	29.2600	22.0074	14.4005	13.1400	—	—
T_{13}	1881.5284	30.6000	17.6014	9.1400	—	—	—
T_{14}	3191.0034	1671.9992	184.6000	26.8023	13.0022	6.6200	—

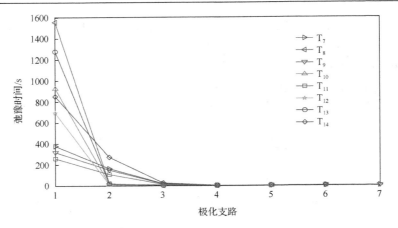

图 4-25　各台变压器极化支路弛豫时间

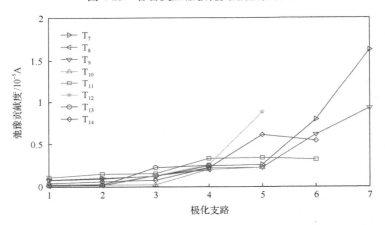

图 4-26　各台变压器极化支路贡献度

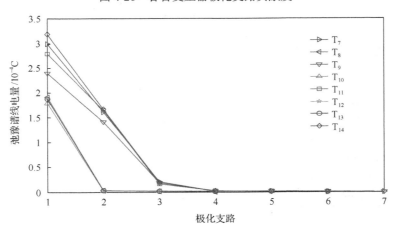

图 4-27　各台变压器极化支路谱线电量

表 4-23　各变压器弛豫响应参数平均变化率

代号	运行年限/实际绝缘状况	特征参数平均变化率/%		
		C_i	Q_i	τ_i
T_7	18 年/老化严重且受潮	413.80	40.78	79.79
T_8	0.5 年/绝缘良好	0	0	0
T_9	15 年/老化较严重且受潮	264.84	16.95	82.47
T_{10}	8 年/检修后，绝缘良好	9.76	−24.45	51.74
T_{11}	10 年/高压侧绕组老化	162.13	57.43	83.94
T_{12}	5 年/绝缘状态较好	196.72	−19.82	64.13
T_{13}	1 年/绝缘良好	41.19	−1.75	17.77
T_{14}	7 年/低压侧老化较严重	188.53	72.13	51.46

分析结果总结：

(1)由表 4-21 计算结果可以看出：不同绝缘状况的油纸绝缘变压器极化支路数有所差异，如新投运的 T_8 和 T_{13} 变压器的极化支路只有 4 条，而运行年限较长且老化严重的 T_7 和 T_9 变压器极化支路数达到了 7 条。这说明，绝缘老化程度越深的，极化支路数就越多。这与 4.3 节的研究结论是一致的。

(2)根据图 4-25～图 4-27 不同绝缘状况的油纸绝缘变压器的弛豫参数和弛豫谱线电量变化曲线，结合表 4-21～表 4-23 的计算结果分析可知，随着油纸绝缘老化程度的加深，各极化支路的弛豫贡献度 C_i 和弛豫谱线电量 Q_i 均有增大趋势，而弛豫时间 τ_i 则减小。小时间常数支路的弛豫贡献度 C_i 和大时间常数支路的弛豫电量 Q_i 变化都较为明显。

(3)根据表 4-23 计算结果可见，3 个弛豫特征量的平均变化率对油纸变压器绝缘状态的灵敏度各不相同：弛豫贡献度 C_i 的灵敏度大于弛豫时间 τ_i 的灵敏度，而 τ_i 的灵敏度则大于弛豫谱线电量 Q_i 的灵敏度。

此结论，可为今后应用弛豫贡献度、弛豫时间和弛豫谱线电量综合评估变压器油纸绝缘状况提供一种分别对各个特征量赋权值的理论参考。

第5章 基于回复电压特征量的油纸绝缘诊断

5.1 基于弛豫机构数的油纸绝缘诊断

油纸绝缘变压器的绝缘系统内部各种材料的介电常数、电导率及弛豫响应微观结构等在极化过程中各不相同，存在多种不同弛豫时间常数的弛豫响应。当油纸绝缘变压器发生老化时，绝缘系统内部各种物质组成的比例和结构等都发生变化，使得绝缘电介质中的介电弛豫行为也发生变化。最终集中体现在介电弛豫响应信息中。在这章中深入分析时域介电谱回复电压特征量，间接提出评估油纸绝缘变压器绝缘状况的诊断方法。

5.1.1 弛豫子谱线与绝缘老化的关系

以变压器油中糠醛含量作为判断油纸绝缘状况的依据[52]，根据现场测试多台不同绝缘状况获得的油纸绝缘变压器回复电压谱数据，经过微分解谱后得出不同绝缘状况变压器油中糠醛含量与回复电压微分子谱线存在如表 5-1 所示的对应关系[53]。

表 5-1 回复电压微分子谱线与糠醛含量的关系

绝缘状态	油中糠醛含量/(mg/L)	变压器数量/台	子谱线数/条
绝缘状态良好	≤0.5	26	≤6
有老化、老化严重	0.5~1.0	12	≥7

由表 5-1 分析可见，不同绝缘状态变压器的回复电压包含的弛豫数量不相同。若变压器的绝缘状态良好，其回复电压微分谱线数量较少；反之，绝缘老化程度严重的变压器回复电压微分谱线包含的子谱线数量就越多。根据以上分析，结合4.3 节油纸绝缘状态与弛豫机构的关系，综合分析可得到以下定性评估油纸绝缘变压器绝缘状况的诊断判据。

判据 1：如果油纸绝缘变压器的回复电压经微分解谱后含有 6 条及以下子谱线，其绝缘状况是良好的。

判据 2：如果油纸绝缘变压器的回复电压经微分解谱后含有 7 条子谱线，其绝缘状况已出现老化迹象。

判据 3：如果油纸绝缘变压器的回复电压经微分解谱后含有 8 条及以上子谱线，其绝缘严重老化。

5.1.2 油纸绝缘诊断分析

根据以上绝缘诊断判据，现分析 4 台不同规格型号、不同容量、不同绝缘程度的油纸变压器绝缘状况。表 5-2 所示是变压器的基本信息。首先分别从现场测量出各变压器的回复电压。测量时，充电电压、充电和放电时间分别设置为：2000V、1000s 和 500s，然后再分别对回复电压进行微分解谱。

表 5-2 油纸绝缘变压器基本信息表

代号	变压器型号	容量/MVA	服役年限	糠醛含量/(mg/L)
T_1	SFSE—220	180	新投运	0.01
T_2	SZG—110	31.5	9 年	0.21
T_3	SZG—110	31.5	8 年	0.95
T_4	SFP9—220	240	已退役	4.08

按照回复电压微分解谱方法和步骤对表 5-2 中变压器 T_1 测试出回复电压数据，如表 5-3 所示，并应用微分解谱法，得到变压器回复电压各微分子谱线的特征值及微分子谱线，如表 5-4 和图 5-1 所示。

表 5-3 表 5-2 中变压器 T_1 回复电压测试数据

t/s	1	2	3	4	5	6	7	8	9
U_r/V	0.00	3.52	6.86	10.06	13.13	16.10	18.95	21.69	24.34
t/s	10	20	30	40	50	60	70	80	90
U_r/V	26.88	47.75	62.29	72.62	80.13	85.73	90.03	93.45	96.24
t/s	100	200	300	400	500	600	700	800	900
U_r/V	98.58	111.47	116.09	116.27	113.74	109.62	104.63	99.20	93.65
t/s	1000	2000	3000	4000	5000	6000	7000	8000	9000
U_r/V	88.13	45.53	23.17	11.79	6.00	3.05	1.55	0.79	0.40

表 5-4 表 5-2 中 T_1 变压器各子谱线的特征值 （单位：无量纲）

微分子谱线编号	p_j	A_j
1	1479.9	175.9
2	234.4454	−99.1980
3	23.6387	−80.0774
4	14.2609	1.5699

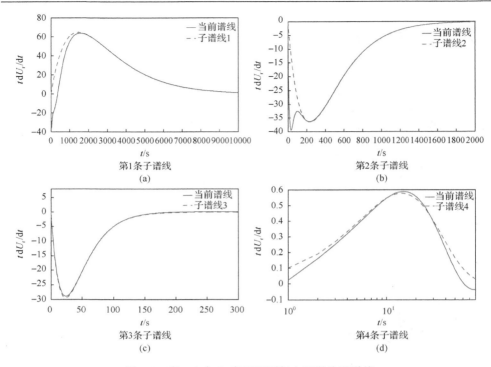

图 5-1   表 5-2 中 T_1 变压器回复电压微分子谱线

由图 5-1 和表 5-3 可见：

T_1 变压器的回复电压经微分后含有 4 条子谱线，根据油纸绝缘变压器绝缘诊断判据可以判断出 T_1 变压器的绝缘状态是良好的。其外，根据表 5-2 中提供的 T_1 变压器糠醛值为 0.01mg/L，应用文献[52]规定的糠醛值也可以判断出 T_1 变压器的绝缘状况是良好的。

应用同样的方法和步骤测试出代号为 T_2 变压器的回复电压数据，如表 5-5 所示。应用微分解谱法得到变压器回复电压各微分子谱线的特征值及其微分子谱线，如表 5-6 和图 5-2 所示。

表 5-5   表 5-2 中 T_2 变压器回复电压测试数据

t/s	1	2	3	4	5	6	7	8	9
U_r/V	0.22	5.72	11.02	15.68	19.07	24.91	28.71	32.20	37.21
t/s	10	20	30	40	50	60	70	80	90
U_r/V	40.46	74.23	99.07	210.04	133.82	147.87	159.25	166.02	174.04
t/s	100	200	300	400	500	600	700	800	900
U_r/V	182.71	212.01	243.04	257.79	269.31	273.08	279.29	281.18	279.89
t/s	1000	2000	3000	4000	5000	6000	7000	8000	10000
U_r/V	295.18	245.57	185.51	154.42	131.94	90.45	73.70	58.78	46.23

表 5-6　表 5-2 中 T₂ 变压器各子谱线的特征值　　（单位：无量纲）

微分子谱线编号	p_j	A_j
1	4046.7	390.2
2	425.2449	−278.9732
3	218.0149	97.1992
4	118.4133	−79.7523
5	27.9908	−179.5765
6	22.8008	52.5520

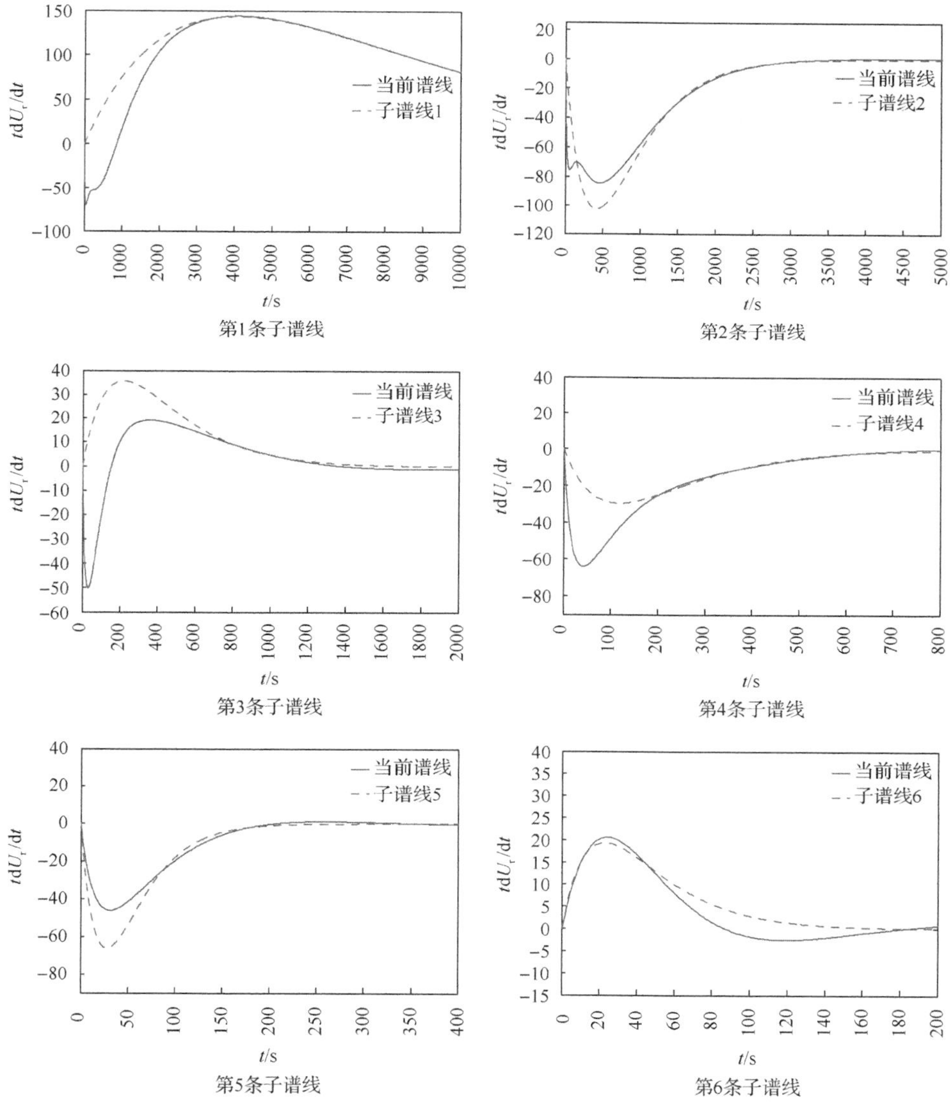

图 5-2　表 5-2 中 T₂ 变压器回复电压微分子谱线

由表 5-6 和图 5-2 分析可见，T_2 变压器的回复电压经微分后，含有 6 条子谱线。根据油纸绝缘变压器绝缘诊断判据可以判断出 T_3 变压器的绝缘状况是良好的。另外，根据表 5-2 中 T_2 变压器提供的糠醛值为 0.21mg/L，根据文献[52]规定的糠醛值也可以判断出 T_3 变压器的绝缘状况是良好的。这种诊断结果也是相吻合的。

应用同样的测试方法和步骤，测出 T_3 变压器的回复电压数据，如表 5-7 所示，并应用微分解谱法，得到变压器回复电压各微分子谱线的特征值及微分子谱线，如表 5-8 和图 5-3 所示。

表 5-7　表 5-2 中 T_3 变压器回复电压测试数据

t/s	1	2	3	4	5	6	7	8	9
U_r/V	0.00	3.39	6.47	9.33	12.02	14.55	16.95	19.23	21.39
t/s	10	20	30	40	50	60	70	80	90
U_r/V	23.45	39.79	51.14	59.65	66.41	71.96	76.64	80.65	84.12
t/s	100	200	300	400	500	600	700	800	900
U_r/V	87.16	104.47	110.89	112.32	110.80	107.50	103.15	98.25	93.11
t/s	1000	2000	3000	4000	5000	6000	7000	8000	9000
U_r/V	87.92	46.49	24.12	12.51	6.49	3.36	1.74	0.90	0.47

表 5-8　表 5-2 中 T_3 变压器各子谱线的特征值　（单位：无量纲）

微分子谱线编号	p_j	A_j
1	1522.8	172.9
2	243.5961	−107.7656
3	34.6426	−68.8092
4	23.8751	24.8544
5	8.5488	−41.4486
6	4.8246	33.5633
7	3.4274	−15.9321

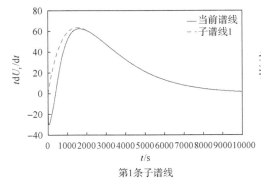

第1条子谱线

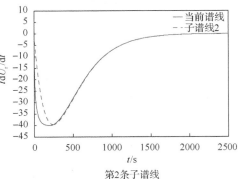

第2条子谱线

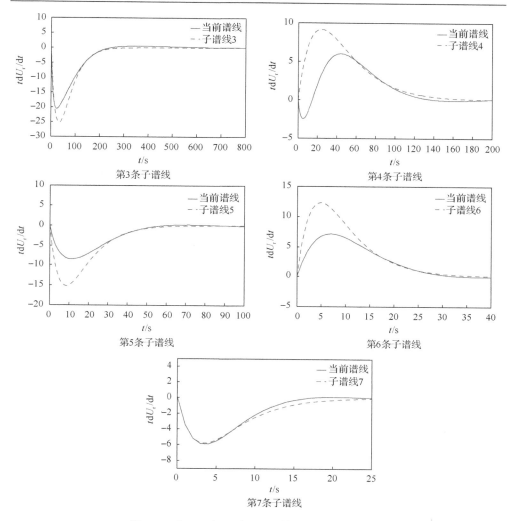

图 5-3　表 5-2 中 T$_3$ 变压器回复电压微分子谱线

　　由表 5-8 和图 5-3 分别可见，T$_3$ 变压器的回复电压微分后含有 7 条子谱线，根据油纸绝缘变压器绝缘诊断判据，T$_3$ 变压器的绝缘出现老化迹象。若根据表 5-2 中 T$_3$ 变压器提供的糠醛含量值为 0.95mg/L 也可以判断 T$_3$ 变压器的绝缘状况已有老化。两种诊断结果也是相同的。

　　同样的方法测出 T$_4$ 变压器的回复电压数据，如表 5-9 所示。应用微分解谱法得到变压器回复电压各微分子谱线的特征值及微分子谱线，如表 5-9 和图 5-4 所示。

表 5-9　表 5-2 中 T_4 变压器回复电压测试数据

t/s	1	2	3	4	5	6	7	8	9
U_r/V	6.85	13.71	19.52	24.87	31.41	37.05	39.17	46.37	48.87
t/s	10	20	30	40	50	60	70	80	90
U_r/V	58.02	81.79	102.24	115.72	126.05	133.18	141.62	146.48	150.88
t/s	100	200	300	400	500	600	700	800	900
U_r/V	156.19	176.98	184.09	185.13	183.51	178.46	171.88	166.07	158.12
t/s	1000	2000	3000	4000	5000	6000	7000	8000	10000
U_r/V	155.34	107.21	66.52	43.45	26.73	19.15	15.38	8.29	5.64

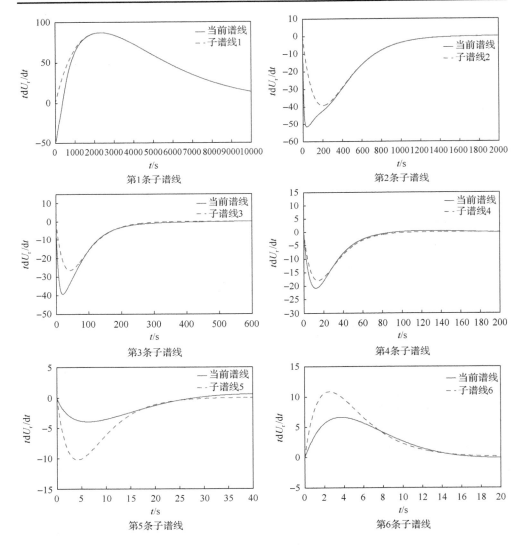

第1条子谱线　　　　　　　　　第2条子谱线

第3条子谱线　　　　　　　　　第4条子谱线

第5条子谱线　　　　　　　　　第6条子谱线

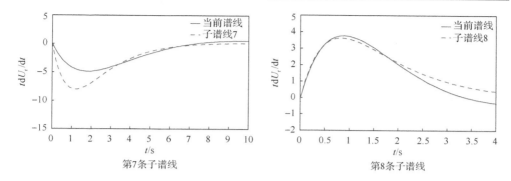

图 5-4　表 5-2 中 T$_4$ 变压器回复电压微分子谱线

由图 5-4 和表 5-10 分析可见，T$_4$ 变压器的回复电压谱线含有 8 条微分子谱线，根据油纸绝缘变压器绝缘诊断判据，其子谱线线数大于 7，则 T$_4$ 变压器的绝缘老化较严重。如果根据表 5-2 中 T$_4$ 变压器提供的糠醛含量值为 4.08mg/L，依据文献 [52] 规定的糠醛值，也可判断出 T$_4$ 变压器的绝缘系统出现严重老化，两者判断结果也是一致的。

表 5-10　表 5-2 中 T$_4$ 变压器各子谱线的特征值　　　　（单位：无量纲）

微分子谱线编号	p_j	A_j
1	2325.3	237.1
2	202.8641	−106.1861
3	42.4081	−71.6972
4	14.4513	−48.7076
5	4.2352	−27.9036
6	2.5319	29.5249
7	1.2131	−22.2348
8	0.9855	0.8308

5.2　等值弛豫极化强度老化评估法

5.2.1　电介质极化强度

根据电介质物理学理论，油纸绝缘设备在恒定电场作用下的电介质极化强度为[8]

$$P = P_\infty(t) + P_r(t) \tag{5-1}$$

式中，$P_\infty(t)$ 是瞬时极化强度；$P_r(t)$ 是弛豫极化强度。由于瞬时极化强度达到稳定所需要的时间极短(一般为 $10^{-16} \sim 10^{-12}$s),则其可忽略不计;而弛豫极化包含电介质转向极化、热离子极化和界面极化等,在电场作用下要经过相当长的时间才能达到稳定状态,即弛豫极化强度;$P_r(t)$ 可近似用下式表示:

$$P_r(t) = \varepsilon_0 \int_0^t f(t)E(t)\mathrm{d}t \qquad (5-2)$$

式中,$f(t)$ 是介质响应函数,它描述在外加电场作用下绝缘介质的极化行为[47];$E(t)$ 是介质中平均电场强度,它为恒定值。若将介质响应函数 $f(t)$ 用式(2-25)回复电压响应函数表示,经整理后为

$$P_r(t) = \varepsilon_0 \int_0^t \sum_{j=1}^{N+1} \left| A_j \exp(-p_j t) \right| E(t)\mathrm{d}t \qquad (5-3)$$

倘若将介质中平均电场强度 $E = C_0 U_0 / (\varepsilon_0 S)$ 代入式(5-3)后,即可得

$$P_r(t) = C_0 \frac{U_0}{S} \int_0^t \sum_{j=1}^{N+1} \left| A_j \exp(-p_j t) \right| \mathrm{d}t \qquad (5-4)$$

式中,C_0、U_0 和 S 分别为真空中的等效电容、外加直流脉冲电压和介质弛豫极化截面积,它们均与绝缘老化程度无关且为常数。

由式(5-4)可见,弛豫极化强度 $P_r(t)$ 的大小与 $\int_0^t \sum_{j=1}^{N+1} \left| A_j \exp(-p_j t) \right| \mathrm{d}t$ 成正比,为了便于用式(5-4)来评估绝缘老化状况,可将式(5-4)简化,并经过积分后得到等值弛豫极化强度

$$P_r'(\infty) = \int_0^\infty \sum_{j=1}^{N+1} \left| A_j \exp(-p_j t) \right| \mathrm{d}t = \sum_{j=1}^{N+1} \left| A_j \frac{1}{p_j} \right| \qquad (5-5)$$

根据式(5-5),并结合电介质物理学理论分析可见,随着油纸绝缘系统老化程度的不断加深,隐含在绝缘介质内部产生的老化产物也不断增多,它们在外加电场作用下,内部电荷发生偶极子转向和弹性位移等响应,这些极性分子内部释放出的能量使得偶极矩变大,介质极化强度随之增强,导致回复电压极化谱微分子谱线数量及其特征值增大,使得等值弛豫极化强度 $P_r'(\infty)$ 值变大。由此可得定性评估油纸绝缘变压器绝缘状况的结论:若油纸绝缘老化程度越严重,等值弛豫极化强度 $P_r'(\infty)$ 值就越大;反之油纸绝缘老化程度越轻时,则等值弛豫极化强度 $P_r'(\infty)$ 值就较小。

5.2.2 油纸绝缘诊断分析

应用式(5-5)等值弛豫极化强度老化评估方法对表 5-11 中 T_{10} 和 T_{11} 两台油纸绝缘变压器的绝缘状况进行定性评估。

表 5-11 变压器 T_{10} 和 T_{11} 基本信息

代号	变压器型号	运行年限/年	绝缘状况
T_{10}	SFLP9—180000/220	8	轻度老化
T_{11}	SFSE9—240000/220	1	绝缘良好

首先按照 1.3.1 节中回复电压的测量方法和步骤，分别在两台变压器的绝缘高压绕组两端施加 2000V 直流充电电压，充电时间均为 1000s，充放电时间比为 2∶1。测量出两台变压器的回复电压曲线如图 5-5 所示。

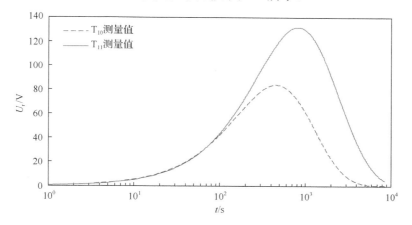

图 5-5 变压器 T_{10} 和 T_{11} 回复电压测量曲线

然后应用回复电压曲线微分解谱法，从 T_{10} 变压器的回复电压微分谱函数谱线的末端开始，逐次分解出隐含在回复电压曲线中的各条子谱线。若当前剩余谱线中最大峰值点的绝对值小于预先设定的微分谱线中最大峰值点绝对值的 5%时，则终止解谱。故从 T_{10} 变压器的回复电压曲线中分解出 7 条子谱线的参数值见表 5-12，各子谱线解谱图和当前剩余谱线如图 5-6 所示。

表 5-12 T_{10} 变压器子谱线的参数值　　　　　（单位：无量纲）

子谱线参数	子谱线序号						
	1	2	3	4	5	6	7
p_j	3540.5	334.9	192.1	110.4	56.5	32.5	12.4
A_j	586.7	−359.7	298.0	−279.1	188.2	−121.6	63.3

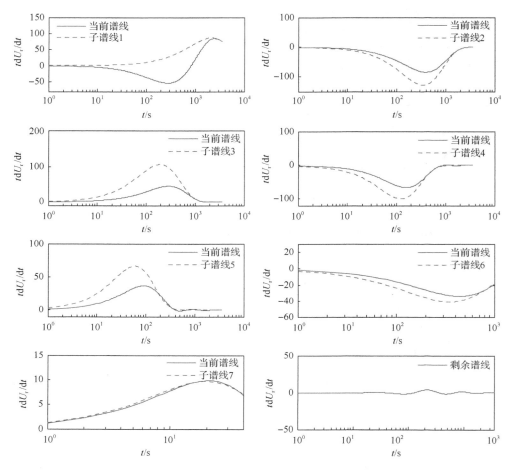

图 5-6　T_{10} 变压器解谱出的子谱线和当前剩余谱线

　　按照同样的方法也可以分解出隐含在 T_{11} 变压器的回复电压曲线中的 5 条子谱线的参数值见表 5-13，各子谱线解谱图和当前剩余谱线如图 5-7 所示。

表 5-13　T_{11} 变压器子谱线的系数　　　　　　　（单位：无量纲）

子谱线参数	子谱线序号				
	1	2	3	4	5
p_i	3951.3	666.7	158.7	96.2	69.0
A_j	208.1	−132.6	−98.0	37.3	−14.8

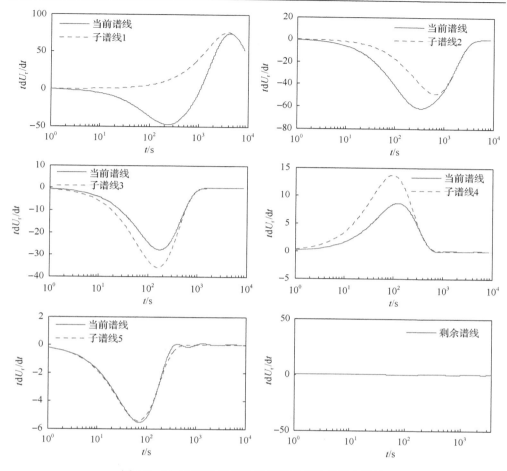

图 5-7　T_{11} 变压器解谱出的子谱线和当前剩余谱线

现将表 5-12 和表 5-13 中各子谱线的参数值分别代入式 (5-5) 中，可计算出两台变压器的等值弛豫极化强度 $P'_r(\infty)$ 值，并评估出它们的绝缘状况，如表 5-14 所示。

表 5-14　油纸变压器绝缘状况评估结果　　　　（单位：无量纲）

代号	变压器型号	$P'_r(\infty)$ 值	绝缘评估结果
T_{10}	SFLP9—180000/220	8.768	轻度老化
T_{11}	SFSE9—240000/220	1.468	绝缘良好

根据油纸绝缘变压器绝缘状况定性评估结论，T_{10} 变压器的等值弛豫极化强度 $P'_r(\infty)$ 大于 T_{11}，所以 T_{11} 的绝缘状况比 T_{10} 好。诊断结果与变压器油纸绝缘的实际状况是一致的。

　　此外，应用上述评估方法和步骤，分别对 50 多台不同型号、不同电压等级、不同容量的油纸绝缘变压器的不同绝缘程度的高压或低压绕组测试的回复电压极化谱进行分析评估和验证。因篇幅限制，现仅列出其中部分变压器的分析诊断结果，如表 5-15 所示。

表 5-15　油纸变压器分析诊断结果

代号	变压器型号	实际运行状况		分析诊断结果		
		运行年限	绝缘状况（糠醛）	极化支路数/(N)	$P'_r(\infty)$ 值/(C/m^2)	诊断结果
1	S11—5000/220/110/10	4 年	良好	5	2.082	绝缘良好
2	SFP9—240000/220	18 年(检修前)	老化严重且受潮	7	24.823	老化严重
3	SFP9—240000/220	18 年(检修后)	良好	6	2.181	绝缘良好
4	SFL—50000/110	22 年	老化较严重	6	19.372	老化较严重
5	SFSZ—240000/220	刚投运	良好	4	2.313	绝缘良好
6	SZG—180000/220	8 年	低压侧轻度老化 （0.86mg/L）	6	3.968	轻度老化
7	SF08—31500/110	14 年	老化较严重 （2.43mg/L）	6	15.332	老化较严重
8	SFPS—240000/220	15 年	老化较严重且受潮	6	12.266	老化较严重
9	SFSE10—180000/220	1 年	良好（0.001mg/L）	5	3.068	绝缘良好
10	SZ10—50000/110	5 年	低压侧绝缘良好	4	3.571	绝缘良好
⋮	⋮	⋮	⋮	⋮	⋮	⋮
13	SZG—31500/11	8 年	绝缘良好	5	4.950	轻微老化*
14	S9—630/10	已退役	老化严重（18.3mg/L）	7	29.719	老化严重
15	SFSZ10—180000/220	9 年	良好（0.029mg/L）	5	3.179	绝缘良好
16	SZ10—50000/110	2006 年投运	良好	5	2.531	绝缘良好
17	S9—630/10	5 年	良好	5	3.575	绝缘良好
18	SF08—31500/110	已退役	高、低压侧老化严重	7	27.618	老化严重
19	SFP9—240000/220	2003 年投运	低压侧已有老化	6	10.763	绝缘较差
20	SZG—31500/110	22 年	低压侧明显老化 （19.5mg/L）	6	18.935	老化较严重
21	SFPS10—50000/220	不详	低压绕组老化 （2.437mg/L）	6	15.726	绝缘较差
22	SFPS10—50000/220	23 年	低压侧老化严重	7	20.154	老化较严重
23	SFZ7—31500/110	20 年	低压绕组老化严重 （24.7mg/L）	7	22.736	老化较严重
24	SFZ—31500/110	已退役	高、低压侧老化严重 （27.7mg/L）	7	26.357	老化严重

续表

| 代号 | 变压器型号 | 实际运行状况 | | 分析诊断结果 | | |
		运行年限	绝缘状况(糠醛)	极化支路数(N)	$P'_r(\infty)$ 值/(C/m²)	诊断结果
25	SFSE9—240000/220	1 年	良好(0.037mg/L)	5	1.468	绝缘良好
⋮	⋮	⋮		⋮	⋮	⋮
30	SF08—31500/110	已退役	高、低压侧严重老化 (37.72mg/L)	7	28.526	老化严重
31	SFSZ—240000/220	检修后投运	良好	5	2.513	绝缘良好
32	S9—5000/10	15 年	低压侧老化 (3.73mg/L)	6	9.632	老化明显
32	SZ7—3150/35	15 年	低压绕组老化严重	7	32.326	老化较严重
33	S7—800/10	检修后投运	良好	5	3.751	绝缘良好
34	CUB-MRM— 120000/220	18 年	低压侧绕组老化严重 (2.57mg/L)	6	26.268	老化较严重
35	SFSE9—240000/220	10 年(检修前)	高压侧绕组老化	7	28.864	老化严重
36	SFSE9—240000/220	10 年(检修后)	绕组检修后良好	5	3.081	绝缘良好
37	S9—630/10	12 年(检修后)	良好(0.025mg/L)	4	2.768	绝缘良好
38	SFL—20000/110	已退役	高、低压侧严重老化 且受潮	7	28.462	老化严重
39	SFLP9—240000/220	5 年	良好	5	2.620	绝缘良好
40	SFSE9—240000/220	新投运	良好	5	1.735	绝缘良好
41	SFZ7—31500/110	不详	绝缘良好	6	4.860	轻微老化*
42	SFL—50000/110	检修后投运	绝缘较好	5	1.880	绝缘良好
43	SFSE9—240000/220	5 年	绝缘良好	4	1.850	绝缘良好
44	SFL—50000/110	不详	绝缘良好	5	2.103	绝缘良好
45	SF08—31500/110	检修后投运	绝缘良好	5	2.171	绝缘良好
46	SFP9—240000/220	7 年	低压侧老化较严重	6	26.900	老化较严重
⋮	⋮	⋮		⋮	⋮	⋮

* 绝缘诊断结果有误。

　　由表 5-15 诊断结果可见，油纸绝缘老化程度越严重的变压器 $P'_r(\infty)$ 的计算值越大；油纸绝缘良好的变压器，$P'_r(\infty)$ 计算值较小。在表 5-15 中有 21 台油纸绝缘良好的变压器，其中 19 台变压器的 $P'_r(\infty)$ 计算值均在 4 以下，约占总台数的 90.48%。这为我们今后定性评估油纸绝缘变压器的老化状况提供了一个重要的判断依据。

　　例如，按照上述解谱方法和判断结论，可以分解出 T_6 变压器(表 5-15 中序号为 6 的变压器)的回复电压曲线中隐含 7 条子谱线，各子谱线的参数值，如表 5-16 所示。

表 5-16　T₆ 变压器子谱线的系数　　　　　（单位：无量纲）

子谱线参数	子谱线序号						
	1	2	3	4	5	6	7
p_j	1101.4	180.8	74.8	11.4	6.8	8.4	2.3
A_j	685.3	−178.6	−154.1	−87.1	−53.4	34.6	6.5

现将表 5-16 微分解谱后得到的子谱线参数值分别代入式(5-5)中算出 T₆ 变压器等值弛豫极化强度 $P'_r(\infty)$ 值为 3.968。由于 T₆ 变压器的等值弛豫极化强度 $P'_r(\infty)$ 值接近于 4，则可以判断出 T₆ 变压器的绝缘非良好状态属于轻度老化，诊断结果与变压器绝缘实际状况是一致的。

现对一台型号为 SSZ10—120000/110 运行 15 年的变压器进行回复电压测试（按照第 1 章介绍的回复电压测量方法和步骤，测试时所加直流电压为 2000V，充放电时间比 t_c/t_d 为 2）。现场测出变压器的回复电压特征量，如表 5-17 所示。

表 5-17　变压器回复电压测量特征量

t_c/s	U_{rmax}/V	t_{peak}/s	S_r/(V/s)
0.02	9.56	225.0	79.8
0.05	14.5	1003	74.8
0.1	14.9	244.0	58.1
0.2	16.4	293.0	41.6
0.5	17.2	156.0	24.7
1	18.6	127.0	15.3
2	22.2	108.0	9.75
5	27.8	134.0	4.85
10	36.1	152.0	3.31
20	48.3	187.0	2.31
50	75.5	217.0	1.72
100	108	265.0	1.78
200	137	271.8	1.81
500	178	368.5	1.55
1000	174	407.6	1.36

按照同样的分析方法可以分解出在变压器的回复电压曲线中隐含 8 条微分子谱线，每一条子谱线的参数值，如表 5-18 所示。

表 5-18　变压器回复电压子谱线的参数值　　（单位：无量纲）

子谱线参数	子谱线序号							
	1	2	3	4	5	6	7	8
p_j	1022.1	87.2	65.3	36.8	22.5	13.3	6.5	4.2
A_j	254.2	−357.0	362.5	−307.3	245.3	−275.0	137.5	−65.5

现将表 5-18 中各条子谱线的参数值分别代入式(5-5)可以算出变压器的等值弛豫极化强度 $P'_r(\infty)$ 值为 86.531，为老化严重等级，与实际变压器绝缘状态相符。

5.3　基于回复电压极化谱特征量的绝缘诊断

5.3.1　采用回复电压极化谱特征值的油纸绝缘诊断

1. 初始斜率绝缘诊断

回复电压的初始斜率是评估油纸绝缘老化状态的重要特征量之一，经大量试验与分析研究表明，它是油纸绝缘系统内部老化的一个指示器。这是因为，油纸绝缘系统的极化电导率主要受热老化的影响，所以测试回复电压曲线的初始斜率与油纸绝缘系统发生热老化存在着不可分割的内在联系。因此，回复电压曲线的初始斜率与绝缘材料的极化电导率之间存在如下的关系式：

$$S_r = \left. \frac{dU_r}{dt} \right|_{t=0} = \beta E / \varepsilon_0 \tag{5-6}$$

式中，β 表示材料的极化电导率；E 是指施加在绝缘材料上的直流电场；ε_0 表示真空介电常数。

由式(5-6)可以看出，回复电压的初始斜率 S_r 与绝缘材料极化电导率成正比例关系。当施加在绝缘材料上的电场 E 一定时，绝缘材料极化电导率 β 值越大，则测试曲线上的初始斜率 S_r 越大[5]。此外，根据初始斜率的定义($t=0$ 时刻回复电压的变化率)，将初始斜率乘以油纸绝缘系统的等值电容就等于流经整个系统的等效电流。因此，对于等值电容量接近的电力变压器，随着绝缘劣化程度的不断加剧，绝缘系统的极化电导率增大，等效电流也就变大，回复电压曲线上的初始斜率值就越大。考虑到测试的回复电压数据是经过 m 次改变充电时间测量得到的，则有 m 个不同的回复电压初始斜率值。从 m 个初始斜率中选取初始斜率峰值 S_{max}，其最能体现油纸绝缘系统的劣化情况。由此得到应用初始斜率峰值 S_{max} 评估油纸绝缘劣化情况的判据。

油纸绝缘诊断判据 1　电力变压器的油纸绝缘老化越严重时，其回复电压初始斜率峰值就越大。尤其对于等值电容量相接近的电力变压器，其变化显得更加明显。

2. 极化谱峰值电压绝缘诊断

油纸绝缘发生老化后将会生成一些强极性的老化产物，在介质极化过程中除了绝缘油和绝缘纸的松弛极化，还包含这些强极性杂质的转向极化和它们之间的界面极化，使得介质响应更为剧烈，残余极化电荷随之增多。不同绝缘程度的变压器，测量获得的回复电压极化谱的最大值 U_{Mf} 也不同。油纸绝缘状态良好的电力变压器，介电极化响应主要是油、纸以及油纸之间界面的松弛极化，它们均为弱极性分子，在介质松弛过程已基本完全放电结束，残留的剩余电压值较小[53,54]，故其回复电压极化谱的最大值 U_{Mf} 值较小；如果变压器的油纸绝缘老化程度越趋严重，产生的老化产物就越多，在介质松弛过程中剩余的残留电压值就大。因此，测试获得的回复电极化谱线上的 U_{Mf} 值变大。此外，回复电极化谱的峰值 U_{Mf} 易受充电时间和外加充电电压的影响，当增加充电时间，加大外加充电电压时，介质极化过程越充分，每次松弛后积累的残余电荷越多，使得回复电压极化谱的峰值电压值越大。根据以上分析可得到应用极化谱峰值 U_{Mf} 评估油纸绝缘劣化情况的判据。

油纸绝缘诊断判据 2　在充电时间和外加电压相同的前提下，回复电压极化谱线的峰值 U_{Mf} 值越大，则变压器油纸绝缘老化越严重。

3. 主时间常数的绝缘诊断

主时间常数 t_{cdom} 是回复电压极化谱峰值电压对应的时间。它与油纸绝缘介电响应的弛豫时间有关，与回复电压极化谱峰值电压具有类似性质。当油纸绝缘劣化程度不断加深时，其数值随之发生变化。当变压器的油纸绝缘状况是良好的，绝缘介质为慢极化分子，则弛豫极化速度缓慢，需要经过较长时间才能完全极化，故其回复电压极化谱的主时间常数值较大；当油纸绝缘出现老化，它破坏了油纸绝缘材料的稳定结构，部分绝缘材料分解出一些强极性的老化产物，介质弛豫响应变得更加剧烈，则弛豫极化速率加快。使得回复电压极化谱主时间常数值变小。相比于回复电压极化谱线峰值电压，t_{cdom} 值不因充电时间和充电电压的改变而发生变化，其只与油纸绝缘材料的性能有关。正是因为回复电压极化谱主时间常数不易受试验条件的影响，所以它在评估变压器油纸绝缘状态时更加灵敏。由此可得，应用极化谱主时间常数 t_{cdom} 诊断油纸绝缘油纸绝缘劣化情况的判据。

油纸绝缘诊断判据 3　回复电压极化谱主时间常数值 t_{cdom} 越小，则其油纸绝缘状态越好；反之，其绝缘老化越严重。

5.3.2　油纸绝缘诊断分析

现选取两台绝缘老化程度不同的电力变压器代号为 T_2 和 T_3。按照第 1 章介绍的回复电压测量方法和步骤，分别在两台变压器的绝缘绕组两端施加 2000V 直流脉冲电压，充电时间均为 2000s，充放电时间比为 2。测量出两台变压器的回复电压数据，如表 5-19 所示。

表 5-19 回复电压测试结果

T₂ 变压器				T₃ 变压器			
t_c/s	U_{rmax}/V	t_{peak}/s	dU_r/dt/(V/s)	t_c/s	U_{rmax}/V	t_{peak}/s	dU_r/dt/(V/s)
0.02	1.71	2.190	19.70	0.02	3.53	2.790	41.80
0.05	1.72	3.890	17.10	0.05	4.14	5.090	37.40
0.10	1.80	7.200	12.60	0.10	4.90	8.600	29.00
0.20	1.96	17.700	8.10	0.20	6.09	11.700	20.20
0.50	2.31	50.600	3.20	0.50	8.89	14.500	12.30
1.00	2.91	154.000	2.10	1.00	11.80	17.100	8.75
2.00	4.02	95.500	1.30	2.00	15.00	19.100	6.50
5.00	8.00	331.000	0.70	5.00	17.80	29.500	4.15
10.00	14.40	295.000	0.50	10.00	19.90	43.500	2.79
20.00	25.50	303.000	0.40	20.00	23.10	65.100	1.76
50.00	52.90	470.000	0.50	50.00	30.80	100.000	1.23
100.00	90.90	518.000	0.60	100.00	44.50	147.000	1.12
200.00	139.00	447.000	0.90	200.00	70.60	246.000	1.15
500.00	201.00	526.000	1.10	500.00	91.00	288.000	1.12
1000.00	239.00	690.000	1.00	1000.00	78.90	342.000	0.80
2000.00	223.00	511.000	1.00	—			

由表 5-19 回复电压测量数据，依次给出两变压器的回复电压极化谱峰值、主时间常数和回复电压初始斜率等曲线，如图 5-8 和图 5-9 所示。

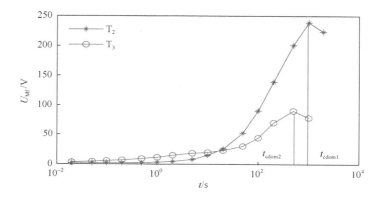

图 5-8 变压器 T₂ 和 T₃ 极化谱峰值和主时间常数

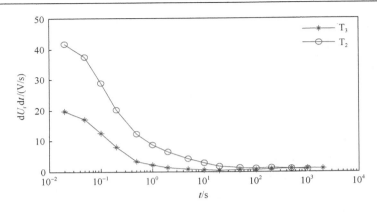

图 5-9　变压器 T_2 和 T_3 的回复电压初始斜率曲线

由图 5-8 和图 5-9 分别可以得到两台变压器的回复电压极化谱的峰值电压、主时间常数和初始斜率峰值等 3 个特征值，如表 5-20 所示。

表 5-20　两台变压器的回复电压极化谱特征值

代号	峰值电压/V	主时间常数/s	初始斜率峰值/(V/s)
T_2	239	1000	41.80
T_3	91	528	19.70

从表 5-20 中分析可以看到，T_3 变压器的回复电压极化谱峰值和主时间常数明显小于 T_2 变压器，且初始斜率峰值小于 T_2 变压器。根据回复电压极化谱特征值的绝缘诊断判据 1 至 3，可以判断出 T_3 变压器绝缘状况是良好的；而变压器 T_2 的绝缘状况存在严重的老化现象。诊断结果与两变压器的绝缘实际情况是一致的。

5.3.3　含有弛豫因子的油纸绝缘诊断

1. 含有自由弛豫因子的回复电压求解

通常介质弛豫过程可分为随机弛豫和自由弛豫两种情况[55]，在不同的弛豫条件显示不同的弛豫过程。若介质在随机弛豫过程中偶极子松弛介质之间不产生相互作用[8,12]，弛豫响应遵循 $\exp(-t/\tau_i)$ 的指数响应函数，回复电压弛豫响应函数采用 2.3 节中的式 (2-25) 表示。若介质在自由弛豫过程中，则弛豫响应遵循 $\exp(-t/\tau_i)^{1/2}$ 的方均根指数衰减规律。油纸绝缘变压器在极化过程中偶极子的弛豫扩散受到了制约，衰减规律既包含一部分随机弛豫过程，同时也包含一部分自由弛豫过程，故其衰减速度应该处于指数衰减与方均根指数衰减之间。因此，为了更准确描述变压器油纸绝缘弛豫过程引入自由弛豫响应因子，此时回复电压弛豫响应函数遵循式 (5-7) 所示的方程更为确切

$$U_r(t) = \sum_{i=1}^{n} C_j e^{(-t/\tau_i)\beta_i} \tag{5-7}$$

式中，$C_j = \sum_{i=1}^{N} B_{j,i} U_{cpi}$，$B_{j,i}$ 和 U_{cpi} 的定义与 2.3 节相同；β_i 定义为回复电压第 i 条弛豫支路的自由弛豫因子。当 β_i 都等于 1 时，即只考虑随机弛豫过程的传统弛豫响应函数，即为 2.3 节中提到方程式 (2-25)。当弛豫响应受部分扩散作用制约时，各弛豫支路的自由弛豫响应因子 β_i 取值范围为 $1/2 \leqslant \beta_i \leqslant 1$。

求解含有自由弛豫因子的回复电压函数式 (5-7)，首先应用微分法对式 (5-7) 进行一次微分，然后乘以时间 t，得时域微分谱线表达式 $L(t, 1/\tau_j, C_j)$：

$$L\left(t, \frac{1}{\tau_j}, C_j\right) = -t\frac{dU_r}{dt} = \sum_{j=1}^{N+1} C_j\left(\frac{t}{\tau_j}\right)\exp\left(-\frac{t}{\tau_j}\right) = \sum_{j=1}^{N+1} C_j \theta_j\left(\frac{1}{\tau_j}, t\right) \tag{5-8}$$

式中，$\theta_j(1/\tau_j, t) = (t/\tau_j)\exp(-t/\tau_j)$，$j=1, 2, \cdots, N+1$，将其定义为第 j 条子谱线函数。$\theta_j(1/\tau_j, t)$ 函数特性与 3.2.1 节中微分子谱线 $\phi_j(t)$ 具有相同性质。求解式 (5-7) 的运算步骤按如下进行：

(1) 从微分谱线 $L(t, 1/\tau_j, C_j)$ 的末端开始，任意取三点 t_1、t_2 和 $t_3 (t_3 > t_2 > t_1)$，建立下列方程组：

$$\begin{cases} t_1 \dfrac{dU_r}{dt}\bigg|_{t=t_1} + C_j\beta_j(t_1/\tau_j)^{\beta_j}\exp(-(t_1/\tau_j)^{\beta_j}) = 0 \\[2mm] t_2 \dfrac{dU_r}{dt}\bigg|_{t=t_2} + C_j\beta_j(t_2/\tau_j)^{\beta_j}\exp(-(t_2/\tau_j)^{\beta_j}) = 0 \\[2mm] t_3 \dfrac{dU_r}{dt}\bigg\|_{t=t_3} + C_j\beta_j(t_3/\tau_j)^{\beta_j}\exp(-(t_3/\tau_j)^{\beta_j}) = 0 \end{cases} \tag{5-9}$$

联立式 (5-9) 求出 C_j、τ_j 和 β_j，然后将计算结果代入 $L(t, 1/\tau_j, C_j)$，即可求出第 1 条子函数谱线 L_1。

(2) 将回复电压微分谱线 $L(t, 1/\tau_j, C_j)$ 减去第 1 条子函数谱线 L_1，得到剩余谱线 $F_j(*)$。再从当前剩余谱线 $F_j(*)$ 的末端开始，任意取三点 t_4、t_5 和 $t_6 (t_4 > t_5 > t_6)$，按式 (5-7) 求出 C_{j+1}、τ_{j+1} 和 β_{j+1}，然后再分别代入 $L(t, 1/\tau_j, C_j)$ 中，求出第 2 条子函数谱线 L_2。

(3) 应用上述步骤逐次求出第 3 条，第 4 条……直到第 $N+1$ 条子谱线。当且仅当若某一次解谱的当前剩余谱线 $F_j(*)$ 中最大峰值的绝对值小于预先设定的阈值时，则终止分解。

2. 含有自由弛豫因子的油纸绝缘分析

现应用上述解谱方法和步骤(1)到(3)分析多台不同绝缘状况变压器现场测试获得的回复电压极化支路的自由弛豫因子,因篇幅所限只列出部分变压器极化响应支路的自由弛豫因子及其大时间和小时间常数相应的自由弛豫因子的平均值 $\beta_{纸}$($\beta_{纸}$表示大时间常数支路对应的自由弛豫因子的平均值),见表 5-21。

表 5-21　油纸绝缘状况与自由弛豫因子关系　　　　　　　(单位: 无量纲)

代号	绝缘状况(糠醛/(mg/L))	绝缘纸弛豫因子平均值 $\beta_{纸}$	回复电压子谱线自由弛豫因子(按时间常数大小排列)							
			β_1	β_2	β_3	β_4	β_5	β_6	β_7	β_8
T_1	绝缘老化(0.821)	0.857	0.857	0.649	0.876	0.997	0.896	0.896		
T_2	绝缘油劣化(0.082)	0.657	0.627	0.570	0.610	0.780	0.697	0.900	0.821	0.895
T_3	绝缘老(1.073)	0.940	0.976	0.873	0.970	0.998	0.988	0.871	0.768	
T_4	绝缘良好(0.352)	0.791	0.731	0.683	0.765	0.837	0.936	0.898	0.798	
T_5	绝缘良好(0.41)	0.740	0.822	0.658	0.692	0.587	0.513	0.682	0.737	0.795
T_6	绝缘老化(1.063)	0.948	0.869	0.970	0.981	0.971	0.900	0.901	0.991	
T_7	绝缘纸老化(0.541)	0.793	0.873	0.713	0.794	0.756	0.717	0.776		
T_8	绝缘良好(0.187)	0.731	0.784	0.679	0.748	0.720	0.647	0.614	0.783	
T_9	绝缘纸老化(0.447)	0.841	0.638	0.904	0.959	0.863	0.747	0.832	0.958	
T_{10}	绝缘良好(0.4)	0.792	0.823	0.648	0.904	0.900	0.697	0.653	0.705	
T_{11}	绝缘良好(0.033)	0.561	0.619	0.502	0.736	0.741	0.800	0.871	0.931	
T_{12}	绝缘老化(0.439)	0.842	0.870	0.760	0.897	0.747	0.970	0.933	0.912	
T_{13}	绝缘油劣化(0.4)	0.792	0.700	0.884	0.752	0.848	0.979	0.998	0.995	0.993
T_{14}	绝缘油劣化(0.526)	0.820	0.820	0.941	0.799	0.848	0.808	0.935	0.962	
T_{15}	绝缘油劣化(0.615)	0.839	0.839	0.747	0.727	0.826	0.943	0.828	0.889	
T_{16}	绝缘老化(0.651)	0.875	0.875	0.882	0.980	0.770	0.799	0.809	0.913	0.878
T_{17}	绝缘纸老化(0872)	0.921	0.931	0.911	0.837	0.826	0.786	0.691	0.769	0.849
T_{18}	绝缘油劣化(0.166)	0.679	0.679	0.839	0.840	0.947	0.837	0.985		
⋮	⋮	⋮	⋮	⋮	⋮	⋮	⋮	⋮	⋮	⋮

注: "绝缘老化"是指绝缘油劣化同时绝缘纸也老化; "绝缘纸老化"仅仅指绝缘纸老化; "绝缘油劣化"仅仅指绝缘油老化。表中阴影的数据表示大时间常数支路对应的自由弛豫因子值。

研究已表明[13,53]大时间常数支路反映绝缘纸的弛豫结构,为此根据表 5-21 中大时间常数支路对应的弛豫因子平均值 $\beta_{纸}$ 绘制出不同绝缘变压器油中糠醛含量

与弛豫因子平均值 $\beta_{纸}$ 的关联曲线，如图 5-10 所示。

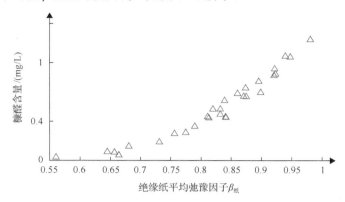

图 5-10　自由弛豫因子平均值 $\beta_{纸}$ 与糠醛含量关系

由图 5-10 可见，自由弛豫因子平均值 $\beta_{纸}$ 与油中糠醛含量呈现正相关性。若自由弛豫因子平均值 $\beta_{纸}$ 越小，糠醛含量也越小，则绝缘纸的绝缘性能就越好。反之，$\beta_{纸}$ 值越大，则绝缘纸的绝缘性能就越趋近于老化。由此可见，应用自由弛豫因子平均值 $\beta_{纸}$ 能间接评估油纸绝缘变压器绝缘纸的性能好坏。

5.4　非标准回复电压极化谱的绝缘诊断

5.4.1　非标准极化谱的绝缘诊断方法

在回复电压测量时，由于受到两种因素影响：其一，绝缘系统老化产物特性效应的影响；其二，温度、外界环境干扰和残余电荷等影响，造成测量时出现非标准回复电压极化谱。在极化谱中出现多个峰值点，导致回复电压测量结果不能反映绝缘的真实状态。

因此，在测量前首先要尽量降低第二种影响因素。例如，充分释放残余电荷，在干界环境干扰小、空气湿度小时进行测试。对于这类因素造成的非标准极化谱，首先要分析现场的干扰因素，如被测试品是否存在残余电荷、油纸绝缘介质是否稳定等。根据极化谱中局部峰值点的位置，排除虚假峰值，确定可信的峰值点，以此峰值点确定主时间常数，按标准极化谱的诊断方法计算其绝缘的等值含水量。如果不能确定可信峰值点，需要在排除干扰因素后，再次进行测量。同时也可以改变仪器的参数设置，例如改变极化电压、充放电时间比和试验接线方式等，以期得到符合标准极化谱的曲线。

在测量时，遇到被测变压器的绝缘油劣化程度不同、绝缘局部受潮和聚合度不均匀等情况，虽然测量的回复电压极化谱是非标准的，但它仍然可以反映绝缘系统内部的真实状态。因此，根据测试获得的极化谱，同样可以诊断出变压器绝缘系统局部的绝缘状态。

通过仿真和试验分析研究，得出应用回复电压非标准极化谱判断油纸变压器绝缘状态的诊断流程图，如图 5-11 所示。

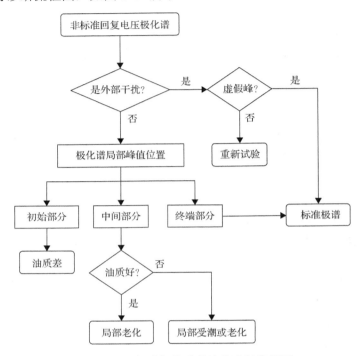

图 5-11　非标准极谱的绝缘诊断流程图

由图 5-11 可见，应用非标准极化谱诊断变压器的绝缘状态时，首先判断极化谱的类型。如果是非标准极化谱，那么要分析造成非标准极化谱的主要原因，如果是受干扰造成的，要慎重分析排除虚假峰值，确定合理的主时间常数；或在排除干扰后，重新测试。若非干扰因素造成，则表明非标准极化谱仍然能反映油纸绝缘系统内部的状态。根据仿真和试验研究可知，峰值点的位置反映了不同的极化机制，如绝缘油是快速极化，它影响极化谱的初始部分；而界面极化影响了极化谱中间部分；绝缘纸的极化反映在极化谱终端部分。因此，不同极化谱的峰值位置可分别诊断出绝缘油和绝缘纸的绝缘状态。

5.4.2　油纸绝缘诊断分析

现有一台 110kV 的三相油纸绝缘变压器，额定容量为 31.5MVA。这台变压器在变电站已运行了 9 年，由于发生故障现已退出运行状态。应用回复电压测试仪对变压器进行回复电压极化谱测量，现场测试温度为 38℃。试验获得变压器高压绕组的回复电压极化谱曲线如图 5-12 所示。

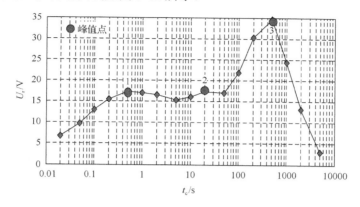

图 5-12　变压器回复电压极化谱

由图 5-12 分析可见，油纸绝缘变压器的回复电压极化谱的主时间常数相对较小，而且出现了三个局部峰值点是一条非标准极化谱。拟合后的非标准极化谱获得的回复电压极化谱峰值电压、峰值初始斜率和将温度折算在 20℃时的主时间常数如表 5-22 所示。

表 5-22　回复电压非标准极化谱特征值

峰值点编号		主时间常数/s	峰值电压/V	峰值初始斜率/(V/s)
变压器	峰值点 1	4.23	17.4	3.00
	峰值点 2	110.33	17.4	1.38
	峰值点 3	1572.95	35.3	0.30

按照回复电压非标准极化谱的诊断流程对变压器的绝缘情况按如下过程进行诊断：测试前对变压器测进行充分的放电，测试过程中保持绝缘介质温度稳定，测试现场没有受到周围电磁环境的干扰。因此，可以排除非标准极化谱是受外界干扰因素造成的。由此可见，它属于第一类因素造成该极化谱成为非标准极化谱的形式。

由非标准极化谱峰值点出现的位置分析可知：

第一个峰值点出现在极化谱初始部分，它反映绝缘油中的微水分含量。温度在 20℃时的主时间常数为 4.23s，根据微水含量的计算公式，可获得该变压器微水含量为 3.6263%，表明绝缘油中微水含量较多。

第二个峰值点的位置出现在极化谱的中间部分，由于绝缘油质量较差，表明绝缘系统发生局部老化或受潮。温度在 20℃时的主时间常数为 110.33s，根据微水含量的计算公式，可获得微水含量为 2.0237%。

　　第三个峰值点出现在极化谱的终端部分，反映变压器绕组绝缘纸的湿度情况，温度在20℃时的主时间常数为1572.95s，可计算获得微水含量为0.7179%。

　　根据以上三个峰值点所对应的微水含量值，表明该变压器绝缘系统已局部出现受潮或轻微老化现象，但其绝缘系统的微水含量尚未超标，应及时采取相应的措施进行停电检修。检修后的变压器仍然可以继续投入运行。

第 6 章   基于去极化电流特征量的油纸绝缘诊断

6.1   去极化电流微分峰谷点的绝缘诊断

应用去极化电流微分解谱方法和步骤，把去极化电流谱线进行一次或二次微分解谱后，将隐含在油纸绝缘内部的所有老化特征量在一次微分谱函数 $\zeta(t, \tau_i, C_i)$ 或二次微分谱函数 $\varsigma(t, \tau_i)$ 中以峰谷点的形式展现出来。由于去极化电流谱线实质上是由油纸绝缘中多种介质，如绝缘油、绝缘纸的纤维素、油与纸界面及与绝缘老化的各种产物(如微水、酸、醛等)混合体在介质极化响应过程中产生的多种弛豫机构叠加而成。经过微分解谱后，将这些不同特征信息从去极化电流谱线中分离出来，使得油纸绝缘老化特征凸显在一次微分谱函数或二次微分谱函数的峰谷点上，从而实现对油纸绝缘设备老化状况的评估[13,50]。

6.1.1   基于峰谷点数的绝缘劣化程度判据

与回复电压极化谱相类似，在去极化电流谱线中，包含了各种绝缘介质及绝缘老化等产物的弛豫响应信息总和。随着绝缘设备劣化程度的加重，相关的老化产物就增多，表征绝缘状况的特征量也增加，介质弛豫响应项数也增多。若油纸绝缘设备老化程度较轻，则去极化电流谱线中包含的老化特征信息就较少。由此可见，去极化电流谱线经微分解谱后，隐含在极化电流谱线内的所有老化特征信息都将以峰谷点的形式呈现在一次微分谱函数 $\zeta(t, \tau_i, C_i)$ 或二次微分谱函数 $\varsigma(t, \tau_i)$ 的图中。随着油纸绝缘程度的变化，峰谷点数也将伴随着增大的趋势。由此，我们可以推断出定性评估油纸绝缘设备老化状况的判据。

诊断判据   油纸绝缘设备老化状况可采用去极化电流一次或二次微分谱函数的峰谷点个数来判别。如果油纸绝缘设备去极化电流一次或二次微分谱函数的峰谷点个数较少，则表明其绝缘状况相对较好；反之，微分谱函数的峰谷点个数越多，则表明其绝缘状况相对较差。

应用去极化电流微分解谱的峰谷点数诊断油纸绝缘状况(图 6-1)的步骤如下：

步骤 1：将测试获得油纸绝缘设备的去极化电流谱线按照式(3-13)进行微分解谱，得到一次微分谱函数 $\zeta(t, \tau_i, C_i)$ 的谱线，然后观察其峰谷点个数。倘若微分谱函数 $\zeta(t, \tau_i, C_i)$ 的峰谷点个数凸显，则执行步骤 3。否则，执行步骤 2。

步骤 2：按照式(3-15)对一次微分谱函数 $\zeta(t, \tau_i, C_i)$ 再次进行微分，得到去极化电流的二次微分谱函数 $\varsigma(t, \tau_i)$ ，则可观察出其峰谷点个数。

步骤 3：根据步骤 1 或步骤 2 分析得出的结果，按照油纸绝缘设备老化诊断判据，则可判断出油纸绝缘设备的老化状态。

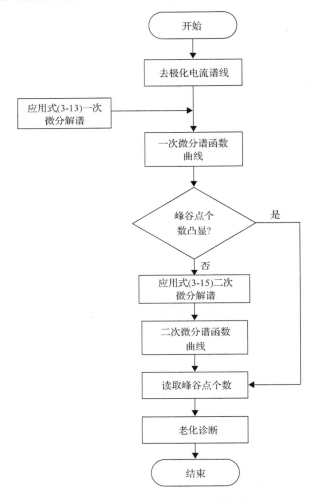

图 6-1　基于峰谷点绝缘诊断流程

6.1.2　油纸绝缘诊断分析

应用去极化电流微分解谱法的油纸绝缘老化诊断判别方法和步骤，对表 6-1 中三台不同型号、不同绝缘状况的油纸绝缘变压器进行绝缘状况分析。

按照去极化电流的测试方法，分别在 3 台变压器的绝缘机构两端施加 2000V 直流脉冲电压、放电时间均为 5000s 时，测量得到它们的去极化电流曲线如图 6-2 所示。

表 6-1　变压器基本信息

代号	变压器型号	运行年限/年	绝缘状况
T_1	SFSZ10—180000/220	1	良好
T_2	SFP9—24000/220	14	轻微老化
T_3	SFL—50000/110	22	老化严重

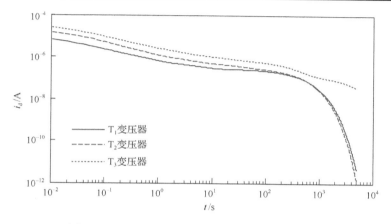

图 6-2　T_1、T_2 和 T_3 变压器去极化电流测试曲线

　　根据油纸绝缘设备去极化电流解谱方法和操作步骤，分别对 T_1、T_2 和 T_3 变压器的去极化电流进行微分解谱，即可获得一次微分谱函数 $\zeta(t, \tau_i, C_i)$ 或二次微分谱函数 $\varsigma(t, \tau_i)$ 的曲线，如图 6-3～图 6-5 所示。

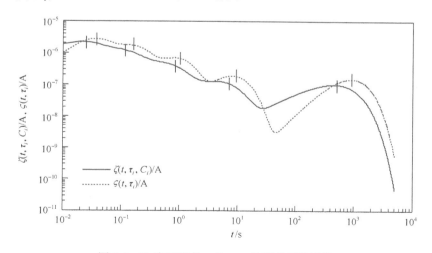

图 6-3　T_1 变压器的一次、二次微分函数谱线

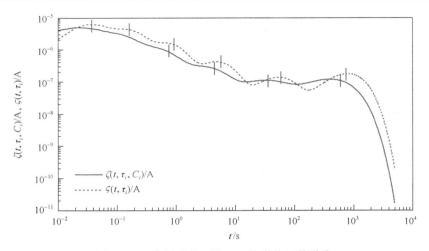

图 6-4　T$_2$ 变压器的一次、二次微分函数谱线

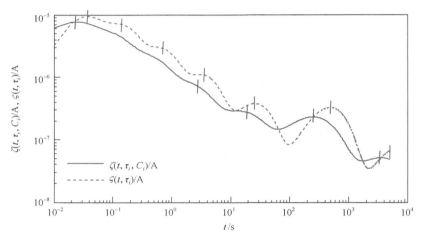

图 6-5　T$_3$ 变压器的一次、二次微分函数谱线

由图 6-3～图 6-5 统计可得出 3 台不同绝缘状况变压器的峰谷点数如表 6-2 所示。

表 6-2　三台变压器的峰谷点数统计表

代号	峰点个数	谷点个数	峰谷点数
T$_1$	5	4	9
T$_2$	6	5	11
T$_3$	≥7	≥6	≥13

从表 6-2 可见，T$_1$ 变压器的二次微分函数 $\varsigma(t,\tau_i)$ 的峰谷点数共有 9 个；T$_2$ 变

压器的二次微分函数 $\varsigma(t,\tau_i)$ 的峰谷点数共有 11 个；T_3 变压器的二次微分函数 $\varsigma(t,\tau_i)$ 的峰谷点数至少有 13 个(因在第 7 个峰点后的谱线是继续上扬的)。此外也可见，3 台变压器采用一次微分解谱时峰谷点模糊不清，则需采用二次微分解谱。

　　根据这 3 台变压器的峰谷点数，应用去极化电流微分峰谷诊断判据，分别可以判断出 3 台变压器的绝缘状况：T_1 变压器的峰谷点数较少，其绝缘状况较好；T_2 变压器的峰谷点数比 T_1 的多，但比 T_3 的少，则可判断其绝缘状况有些老化；而 T_3 变压器的峰谷点数在三者中最多，则可判断其绝缘状况在三者中老化较严重。诊断结果与 3 台变压器的实际绝缘状况是相吻合的。

6.2　基于弛豫损耗与去极化能量的油纸绝缘诊断

6.2.1　弛豫损耗

　　根据电介质理论，介质损耗有电导损耗、共振损耗和弛豫损耗三种形式[56]。电导损耗由变压器绝缘电阻引起，而共振损耗由共振极化引起，当电场频率远高于或远低于振子频率时，能量亏损微少。仅当电场频率与振子固有频率相同时，能量亏损达到峰值[12,16]。本节测试时假设极化和去极化时间均为 5000s，故电介质共振产生的共振损耗可忽略不计。而弛豫损耗 W_g 则由变压器内部弛豫机构引起[56]。

　　如图 6-6 所示，是绝缘介质弛豫机构的等效电路图。

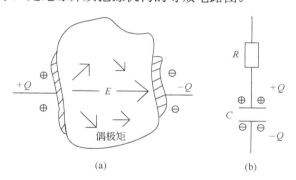

图 6-6　弛豫机构的等效电路

　　对于单个弛豫机构，其内部偶极子与束缚电荷在外施电压 U_0 的作用下做转向极化与位移极化，将电能转化为动能做热运动。由于转向和位移极化都需一定的弛豫响应时间，故电介质极化就与电场产生了相位差，并生成弛豫损耗，极性分子将部分动能以热能的形式消耗[57]。

　　根据等效电路法，单个弛豫机构的弛豫过程可用 RC 串联弛豫支路等效[50]，如图 6-6(b)中所示。对于油纸绝缘介质，其整体的弛豫机构组成则可用扩展德拜等效电路进行等效。那么在极化时间 t_p 内变压器弛豫过程中生成的弛豫损耗有[58]

$$W_{\mathrm{g}} = \frac{1}{t_{\mathrm{p}}} \sum_{i=1}^{N} \int_0^{t_{\mathrm{p}}} i_{\mathrm{p}i}^2 R_{\mathrm{p}i} \mathrm{d}t \tag{6-1}$$

式中，$i_{\mathrm{p}i}$ 为第 i 条弛豫支路贡献的极化电流；$R_{\mathrm{p}i}$ 为第 i 条极化支路的电阻；U_0 为外施电压。

将极化电流 $i_{\mathrm{p}i} = U_0 \exp(-t/\tau_i)/R_{\mathrm{p}i}$ 代入式 (6-1) 中，经过积分运算可得到弛豫损耗为[13,58]

$$W_{\mathrm{g}} = \sum_{i=1}^{N} \frac{U_0^2 C_{\mathrm{p}i}}{2t_{\mathrm{p}}} (1 - \mathrm{e}^{-2t_{\mathrm{p}}/\tau_i}) \tag{6-2}$$

式中，$C_{\mathrm{p}i}$ 表示第 i 条极化支路的弛豫电容。

当油纸绝缘劣化越严重，生成的强极性分子就越多，而这些强极性分子在极化过程中产生的弛豫损耗也就越大。因此，弛豫损耗 W_{g} 与油纸绝缘劣化状况的关系为，随着油纸绝缘劣化程度加重，其极化过程生成的弛豫损耗就越多。

6.2.2 去极化弛豫能量

极性分子在热平衡态下其固有偶极矩转向 μ_0 是不确定的，但在极化过程中，外施电压 U_0 使得它们转向电场方向，感应生成与外施电场同向的宏观偶极矩。偶极子在外施电场中的势能 U 为[59]

$$U = -\mu_0 E_{\mathrm{eff}} \cos\theta \tag{6-3}$$

式中，E_{eff} 表示作用分子上的有效电场；θ 指偶极子的偶极矩与外施电场的夹角。极化过程中弛豫机构将电能转化为电势能，随着绝缘介质劣化，其内部偶极子数增多，弛豫机构所存储的电势能增加。

在去极化过程中，介质弛豫机构表面束缚电荷被释放，形成去极化电流。弛豫机构存储的电势能减少等于弛豫机构去极化过程的热能损失[60]。变压器弛豫机构中存储的电势能转化为去极化过程的弛豫能量 W_{c}

$$W_{\mathrm{c}} = \sum_{i=1}^{N} \int_0^{\infty} i_{\mathrm{d}i}^2 R_{\mathrm{p}i} \mathrm{d}t \tag{6-4}$$

式中，$i_{\mathrm{d}i}$ 为第 i 条弛豫支路贡献的去极化电流。

将 $i_{\mathrm{d}i} = U_0(1 - \mathrm{e}^{-t_{\mathrm{p}}/\tau_i})\mathrm{e}^{-t/\tau_i}/R_{\mathrm{p}i}$ 代入式 (6-4)，经过积分运算得到去极化弛豫能量式[58]

$$W_c = \sum_{i=1}^{N} \frac{U_0^2 C_{pi}}{2} (1 - e^{-t_p/\tau_i})^2 \tag{6-5}$$

式中，U_0、t_p、C_{pi} 分别表示外施电压、极化时间和第 i 条极化支路弛豫电容。去极化弛豫能量反映了极化过程中油纸绝缘弛豫机构所储存的电势能与去极化过程中弛豫机构所提供的弛豫能量。随着变压器绝缘劣化的加重，弛豫机构的偶极子数量增加，储存的电势能随之增加，提供给弛豫机构的弛豫能量也就随之增大。因此，去极化弛豫能量 W_c 大小随油纸绝缘劣化状况的变化而发生变化。当油纸绝缘劣化程度加重时，弛豫机构的去极化弛豫能量就越大。

通过对极化过程中的弛豫损耗、去极化弛豫能量与油纸绝缘劣化关系的研究，提出诊断油纸变压器绝缘劣化状况的判据。

诊断判据　若油纸绝缘在极化过程的弛豫损耗值越大，则油纸绝缘劣化越严重；若去极化过程的弛豫能量值越小，则油纸绝缘的性能就越好。

6.2.3　油纸绝缘诊断分析

现以表 6-3 中 4 台油纸绝缘变压器为例，应用弛豫损耗和去极化弛豫能量分别评估油纸绝缘变压器的绝缘状况。

表 6-3　油纸绝缘变压器的基本信息

代号	变压器型号	运行年限/年	糠醛含量/(mg/L)	绝缘状态
T_4	SFLP9—240000/220	17	1.8067	绝缘老化
T_5	SFSZ10—180000/220	12	0.1236	绝缘一般
T_6	SFP9—240000/220	14(检修前)	0.437	老化严重
T_7	SFP9—240000/220	14(检修后)	0.0074	良好

通过测试 4 台变压器的极化、去极化电流，并利用扩展德拜等效电路参数的求解方法分别求得各台变压器弛豫支路参数值，如表 6-4 所示。

表 6-4　变压器弛豫支路参数辨识值

弛豫支路	变压器 T_4			变压器 T_5		
	$R_{pi}/G\Omega$	C_{pi}/nF	τ_i/s	$R_{pi}/G\Omega$	C_{pi}/nF	τ_i/s
1	0.164	0.096	0.015	0.244	0.218	0.053
2	0.195	0.343	0.067	0.725	0.413	0.299
3	0.502	0.658	0.330	2.273	1.161	2.639
4	2.843	1.275	3.625	10.861	6.096	46.486
5	8.528	12.231	106.306	16.808	36.447	539.707
6	7.442	90.219	671.41	75.757	11.916	902.72
7	—	—	—	—	—	—

弛豫 支路	变压器 T_6			变压器 T_7		
	$R_{pi}/G\Omega$	C_{pi}/nF	τ_i/s	$R_{pi}/G\Omega$	C_{pi}/nF	τ_i/s
1	0.086	0.421	0.036	0.218	0.255	0.056
2	0.115	0.957	0.110	2.088	0.167	0.349
3	0.492	0.554	0.273	8.540	0.611	5.218
4	0.170	1.879	0.319	67.975	1.247	86.765
5	1.163	6.035	6.693	89.582	12.029	1077.582
6	9.387	7.503	70.431	—	—	—
7	3.638	70.02	256.732	—	—	—

将表 6-4 的弛豫支路参数值代入式(6-2)弛豫损耗和式(6-5)去极化弛豫能量模型中,分别算出 4 台油纸绝缘变压器的介质弛豫损耗 W_g 和去极化能量 W_c 的值,如表 6-5 所示。

表 6-5　变压器评估结果

代号	糠醛含量/(mg/L)	$W_g/10^{-6}W$	$W_c/10^{-3}J$	诊断结果
T_4	1.8067	41.929	209.43	绝缘差
T_5	0.1236	21.70	108.3	绝缘一般
T_6	0.437	36.15	170.74	绝缘差
T_7	0.0074	5.723	28.156	绝缘良好

从表 6-5 中 4 台变压器提供的数据可以看出,T_4 变压器运行年限 17 年,运行环境较潮湿,变压器受潮严重,绝缘状态差,弛豫损耗 W_g 为 $41.929\times10^{-6}W$、去极化弛豫能量 W_c 为 $209.43\times10^{-3}J$。T_5 变压器运行年限 12 年,运行期间无换油历史,绝缘状态一般,其弛豫损耗 W_g 和去极化弛豫能量 W_c 与 T_4 变压器比较有明显的减少。从 T_6、T_7 变压器提供的数据也可以看出,它们的糠醛含量分别是 0.437mg/L 和 0.0074mg/L。根据糠醛含量与绝缘状况关系,T_7 变压器的绝缘状态比 T_6 变压器的绝缘状态好。所以 T_7 变压器的弛豫损耗 W_g 和去极化弛豫能量 W_c 都比 T_6 变压器的值有大幅度的减少。这是因为 T_7 变压器已经过检修处理,滤掉了油中大量强极性劣化产物,使得弛豫损耗 W_g 和去极化弛豫能量 W_c 值都大幅减少了。从这 4 台不同绝缘状态变压器计算的弛豫损耗 W_g 和去极化弛豫能量 W_c 值可看出,随着变压器绝缘状态的变差,弛豫损耗和去极化弛豫能量都呈现出增大的趋势。如果油纸绝缘老化越严重,弛豫损耗和去极化弛豫能量值就越大;反之,它们的弛豫损耗和去极化弛豫能量值就越小。

6.3　基于陷阱密度谱特征量的油纸绝缘诊断

在介电响应和陷阱理论基础上，提出一种去极化电流陷阱密度谱的油纸绝缘诊断方法[13,61]。从去极化电流陷阱密度谱线中提取峰值 S_{gmax} 及其对应的峰值时间常数 t_{gmax} 两个特征量用以评估油纸绝缘老化状态。首先，分析不同测试电压与去极化电流陷阱密度特征量的相互关系。其次，探讨变压器油中糠醛含量与去极化电流陷阱密度特征量的相关性。研究表明，陷阱密度谱线的峰值 S_{gmax} 与油中糠醛含量呈正相关，峰值时间常数 t_{gmax} 与油中含量呈负相关。最后，通过实例诊断分析，证明这种诊断方法可以用于油纸绝缘变压器的绝缘状态诊断。

6.3.1　去极化电流陷阱密度及其特征量

油纸绝缘变压器在长期运行中，绝缘系统的油和纸板逐渐出现老化，造成油和纸板夹层产生大量老化产物。在各种聚合物的禁带中，某些杂质和缺陷聚集形成不同的陷阱能级。Simmons 和 Tam 在[62]提出陷阱分布在整个能级的大范围内，呈现不同的特点。故而，研究陷阱分布与绝缘状态的关系。

在温度不变的条件下，电子的发射对于电流密度曲线的贡献波形，是"钟"形曲线[13,63]，且具有不对称性。曲线峰值所对应的陷阱能级被定义为 E_h，从该陷阱中释放出来的电子的能级范围为 E_h 以及与其相近的陷阱能级。随着时间的增加，比 E_h 更高的陷阱能级中的电子几乎全部被释放殆尽，曲线的峰值位置从导带向费米能级的方向缓慢移动。而此时，比 E_h 更低的陷阱能级则保留着初始状态的电子密度。根据陷阱理论，上述电子释放过程随着陷阱能级的推移而变化。变压器油纸绝缘系统中的陷阱深度 E_T 可以用时间 t 来表示[61,64]

$$E_T(t) = E_d - E_h = kT \ln ft \tag{6-6}$$

式中，$E_T(t)$ 代表 t 时刻的陷阱深度；E_d 代表导带能级；E_h 为上述曲线峰值对应的陷阱能级；k 为玻尔兹曼常量；T 为绝对温度；f 表示某电子试图从陷阱中逃离出来的频率。

根据介质响应理论，变压器的油纸绝缘系统可以看成一种复杂的复合电介质材料。应用陷阱理论，电介质材料的去极化电流曲线随时间的变化可以用式(6-7a)表示[64]。

$$i_d(t) = \frac{qlkT}{2t} f_0(E) G(E_h, t) \tag{6-7a}$$

对式(6-7a)进行变换可得

$$G(E_{\mathrm{h}},t) = \frac{2t}{qlkTf_0(E)}i_{\mathrm{d}}(t) = tM_{\mathrm{s}} \cdot i_{\mathrm{d}}(t) \qquad (6\text{-}7\mathrm{b})$$

式中，q 为电子的电荷量；l 表示绝缘层的厚度；$f_0(E)$ 表示为对应陷阱能级的初始密度；M_{s} 是去极化电流陷阱密度常数；而 $G(E_{\mathrm{h}},t)$ 表示随时间变化的陷阱密度值。

由式(6-7)可知，去极化电流与时间乘积再乘以一个常数，即可以表示去极化电流对应 E_{h} 能级的陷阱密度。结合式(6-6)，可通过 $i_{\mathrm{d}}t$ 与 $\lg t$ 的图谱，来确定电子陷阱密度分布情况。定义 $S(E_{\mathrm{h}},t)$ 为去极化电流陷阱密度谱[62]

$$S(E_{\mathrm{h}},t) = i_{\mathrm{d}}(X_t)X_t，\qquad 令 X_t = \lg t \qquad (6\text{-}8)$$

该谱线可以直观地反映去极化电流对应的 E_{h} 能级深度的陷阱密度状态，如图 6-7 所示。

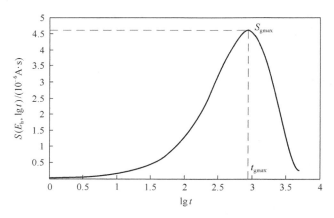

图 6-7　去极化电流陷阱密度谱

为了方便应用去极化陷阱密度谱线定性分析和定量评估水分含量，本书定义了如下两个特征量[61,62]：

(1)峰值大小 S_{gmax}，表示去极化陷阱密度谱线的峰值，用以表征陷阱密度大小。

(2)峰值时间常数 t_{gmax}，表示去极化陷阱密度谱线峰值时间 X_t 的位置，用以表征陷阱深度大小。

6.3.2　S_{gmax} 和 t_{gmax} 在油纸绝缘评估中应用

1. 极化电压对陷阱密度谱特征量的影响

在变压器的绝缘测试中，若施加不同的极化电压，通常可以获得不同的效果，因此有必要研究不同极化电压下去极化陷阱密度谱的变化情况。选取同一台变压器，施加四组不同的极化电压，分别为 1000V、1300V、1600V、2000V 的直流高压，如图 6-8 所示。

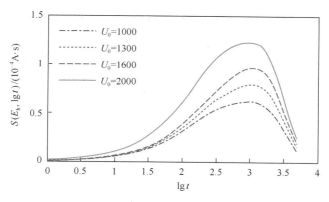

图 6-8   不同极化电压下的陷阱密度谱

由图 6-8 可知，对于外加极化电压的变化，去极化陷阱密度谱峰值大小 S_{gmax} 有较高的灵敏度，峰值时间常数 t_{gmax} 则没有明显的影响。对于不同的极化电压，极化电压越大，则对应极化去极化速度增加，可以产生更多的界面陷阱，使得陷阱密度谱局部峰值增大，表现在特征量上为：峰值大小 S_{gmax} 随极化电压增加有增大的趋势。因此，对于实验施加于变压器的不同极化电压，并不会影响去极化陷阱密度谱对变压器油纸绝缘老化诊断。

2. 油纸绝缘变压器老化状态分析

现对表 6-6 所示的 5 台油纸绝缘变压器进行分析，首先对变压器施加 2000V 直流高压，测量去极化电流，然后根据式(6-8)的函数关系，绘制出去极化陷阱密度谱，如图 6-9 所示。

由图 6-9 可知，随着变压器糠醛含量的增加，陷阱密度谱整体表现为：上移、左移。其中上移表征为特征量峰值 S_{gmax} 的增大；左移表征为特征量峰值时间常数 t_{gmax} 的减小。S_{gmax} 的增大代表着变压器绝缘系统的陷阱密度增大；而峰值时间常数 t_{gmax} 的减小，代表着变压器绝缘系统的陷阱深度的增加。为进一步研究 S_{gmax}

表 6-6   各变压器的基本信息

代号	变压器型号	容量/kVA	糠醛含量/(mg/L)	绝缘情况
T_1	SZG—31500/110	240000	8.341	老化严重
T_2	SFZ—31500/110	31500	5.167	老化严重
T_3	SFPS—50000/220	50000	2.105	老化较严重
T_4	SFP9—240000/220(检修前)	240000	1.261	绝缘较差
T_5	SFP9—240000/220(检修后)	240000	0.075	绝缘良好

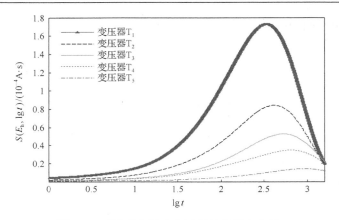

图 6-9　不同老化程度变压器的陷阱密度谱

与 t_{gmax} 的关系,如图 6-10 所示,图中由下往上分别为施加极化电压 1000V、1300V、1600V、2000V 的情况,随着极化电压的改变,变化趋势稳定,峰值大小 S_{gmax} 与峰值时间常数 t_{gmax} 表现为负相关。

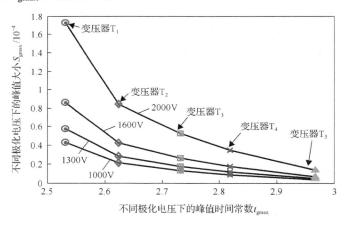

图 6-10　不同极化电压下 S_{gmax} 与 t_{gmax} 的相关性

3. 陷阱密度特征量与糠醛含量的关系

为了进一步研究新特征量与糠醛含量的关系,在谱线的参数测试时,对 4 组不同极化电压(1000V、1300V、1600V、2000V)下的特征量实测数据与糠醛含量进行参数拟合,如图 6-11 所示。

峰值大小 S_{gmax} 随变压器油中糠醛含量增大而线性增大,拟合函数如表 6-7 所示。拟合函数的 R^2 均大于 0.90,说明吻合度较高。变压器油中糠醛含量的增大,意味着老化程度的加深,故峰值大小 S_{gmax} 可以用于评估变压器油纸绝缘系统的老化状态。

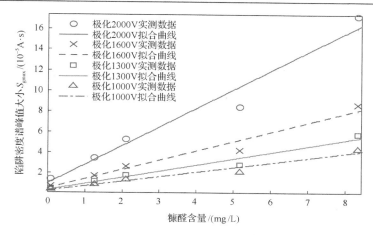

图 6-11　不同极化电压下 S_{gmax} 与糠醛含量的相关性

表 6-7　峰值大小 S_{gmax} 与糠醛含量 X_{p} 的拟合关系式

极化电压	拟合关系式	R^2
2000V	$S_{\text{gmax}} = 1.823 \times 10^{-5} X_{\text{p}} + 9.782 \times 10^{-6}$	0.952
1600V	$S_{\text{gmax}} = 9.116 \times 10^{-6} X_{\text{p}} + 4.891 \times 10^{-6}$	0.963
1300V	$S_{\text{gmax}} = 6.077 \times 10^{-6} X_{\text{p}} + 3.261 \times 10^{-6}$	0.941
1000V	$S_{\text{gmax}} = 4.558 \times 10^{-6} X_{\text{p}} + 2.445 \times 10^{-6}$	0.924

　　同理，为了研究峰值时间常数 t_{gmax} 与变压器油纸绝缘系统老化状态的关系，对 4 种不同极化电压(1000V、1300V、1600V、2000V)下的实测数据进行拟合，如图 6-12 所示。特征量 t_{gmax} 与糠醛含量呈负相关，即随着糠醛含量增加，t_{gmax}

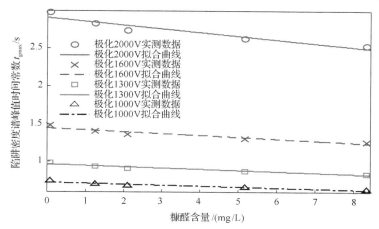

图 6-12　不同极化电压下 t_{gmax} 与糠醛含量的相关性

减小，实质为变压器绝缘系统中陷阱深度加深，具体拟合函数如表 6-8 所示。拟合函数的 R^2 接近 0.90，说明吻合度较高。

表 6-8 峰值时间常数 t_{gmax} 与糠醛含量 X_p 的拟合关系式

极化电压	拟合关系式	R^2
2000V	$t_{gmax} = -0.04797X_p + 2.897$	0.904
1600V	$t_{gmax} = -0.02399X_p + 1.448$	0.912
1300V	$t_{gmax} = -0.01599X_p + 0.9656$	0.895
1000V	$t_{gmax} = -0.01199X_p + 0.7242$	0.913

峰值 S_{gmax} 与峰值时间常数 t_{gmax} 均对油纸绝缘变压器老化状态反应敏感，且对照实测变压器糠醛含量可知，两个特征量峰值 S_{gmax} 与峰值时间常数 t_{gmax} 均对不同老化程度变压器的绝缘状态诊断与其糠醛含量的诊断结果相吻合。油中糠醛含量检测已被证实可以有效评估变压器油纸绝缘系统的老化状态[65,66]，但其基于吊芯等操作，对变压器绝缘系统会造成一定程度的破坏且检测烦琐，而应用陷阱密度谱特征量评估变压器油纸绝缘老化状态，是基于时域电气量的测量，可以有效地避免对变压器绝缘系统的破坏且操作简单方便。

6.3.3 油纸绝缘诊断分析

应用本节提出的陷阱密度谱对不同型号、电压等级和不同容量的油纸变压器近 120 个绝缘程度不同的绕组，施加 2000V 直流电压测试，分析和验证本节所提出两个特征量的准确度。因篇幅有限，仅列出部分变压器的测试数据以供分析参考，如表 6-9 所示。

表 6-9 油纸变压器绝缘老化诊断结果

代号	变压器型号	实际运行状况		诊断结果		
		运行年限	绝缘状况（糠醛）	S_{gmax} /($\mu A \cdot s$)	t_{gmax} /($\lg t$)	评估结果
D1	SFPS—240000/220	15 年	老化较严重且受潮	24.306	2.744	老化较严重
D2	S9—630/10	已退役	老化严重(18.3mg/L)	34.891	1.996	老化严重
D3	SZG—31500/110	12 年	低压侧明显老化(1.85mg/L)	23.574	2.598	老化较严重
D4	SZ10—50000/110	2006 年投运	良好	12.385	4.113	绝缘良好
D5	S9—630/10	5 年	良好	11.068	3.986	绝缘良好
D6	SF08—31500/110	已退役	高、低压侧老化严重	35.428	2.041	老化严重
D7	SFP9—240000/220	2003 年投运	低压侧已有老化	16.175	2.853	绝缘较差
D8	SZG—31500/110	22 年	低压侧明显老化(1.95mg/L)	22.869	2.573	老化较严重

续表

代号	变压器型号	实际运行状况		诊断结果		
		运行年限	绝缘状况(糠醛)	S_{gmax}/$(\mu A \cdot s)$	t_{gmax}/$(\lg t)$	评估结果
D9	SFPS10—50000/220	不详	低压绕组老化(2.437mg/L)	15.683	2.941	绝缘较差
D10	SF08—31500/110	14 年	老化较严重(2.43mg/L)	21.149	2.612	老化较严重
D11	SZG—31500/110	8 年	高压绕组老化(1.73mg/L)	40.832	2.698	老化严重
D12	SFSE9—240000/220	10 年投运(检修前)	高压侧绕组老化	51.746	2.711	老化严重
D13	S9—630/10	12 年投运(检修后)	良好(0.025mg/L)	5.986	3.109	绝缘良好
D14	SFSE9—240000/220	新投运	良好	11.385	7.816	绝缘良好
D15	SFL—50000/110	检修后投运	绝缘一般	39.105	2.903	绝缘较差
⋮	⋮	⋮	⋮	⋮	⋮	⋮
D23	S9—5000/10	15 年	低压侧老化(3.73mg/L)	119.423	2.418	老化严重
D24	S7—800/10	检修后投运	良好	9.857	6.897	绝缘良好
D25	SZ7—1600/10	23 年	高、低压侧严重老化	89.761	1.681	老化严重
D26	SFP9—240000/220	7 年	低压侧老化较严重	47.149	2.870	绝缘较差
⋮	⋮	⋮	⋮	⋮	⋮	⋮
D30	CUB-MRM-120000/220	18 年	老化严重(2.57mg/L)	76.854	1.961	老化严重
D31	SFLP9—240000/220	5 年	良好	11.583	8.532	绝缘良好
D32	SFL—50000/110	不详	绝缘良好	18.973	3.044	绝缘良好
D33	S11—5000/220/110/10	4 年	良好	28.765	5.713	绝缘良好
D34	SFL—50000/110	22 年	老化较严重	48.663	2.406	老化较严重
D35	SZG—31500/11	8 年	绝缘良好	13.652	2.997	绝缘良好
D36	SFZ7—31500/110	20 年	低压绕组老化严重(24.7mg/L)	66.897	1.872	老化严重
D37	SFSE9—240000/220	1 年	良好(0.037mg/L)	10.104	6.781	绝缘良好
D38	SFZ7—31500/110	不详	绝缘良好	3.876	3.894	绝缘良好
D39	SZ10—50000/110	2006 年投运	良好	29.671	3.762	绝缘良好
D40	S9—630/10	已退役	老化严重(18.3mg/L)	135.716	2.501	老化严重
D41	SFL—50000/110	检修后投运	绝缘较好	29.717	3.881	绝缘良好
D42	SZG—31500/110	8 年	高压绕组老化(1.73mg/L)	59.411	2.221	老化严重
⋮	⋮	⋮	⋮	⋮	⋮	⋮

　　经过对大量的油纸绝缘变压器现场测试陷阱密度征量数据进行评估和理论分析可得出如下油纸绝缘**诊断判据**[61]：

（1）若变压器的油纸绝缘状况良好，那么峰值 S_{gmax} 较小；若施加直流测试高压为 2000V，则约在 $18\mu A \cdot s$ 及其以下；若油纸绝缘状况越差，则峰值 S_{gmax} 就越大，约在 $33\mu A \cdot s$ 及其以上。

（2）若变压器的油纸绝缘状况良好，那么峰值时间常数 t_{gmax} 较大；若施加直流测试高压为 2000V，则约在 $3 \lg t$ 及其以上；若油纸绝缘状况越差，则峰值时间常数 t_{gmax} 就越小，约在 $2.7 \lg t$ 及其以下。

经过理论分析和统计，应用陷阱密度特征量评估变压器油纸绝缘老化状态具有较高的准确度，如表 6-10 所示。

表 6-10　陷阱密度特征量评估变压器的准确度

特征量	准确度	特征量	准确度
S_{gmax}	98.4%	t_{gmax}	97.5%

因篇幅限制，现仅具体分析 T_6 和 T_7 两台待测变压器的评估结果及其诊断步骤。在评估前它们所含的糠醛含量未知，通过应用陷阱密度特征量评估后再与其抽油检测糠醛含量结果进行对比，来验证应用陷阱密度特征量评估油纸绝缘老化状况的准确性。

根据上述测量方法和步骤，分别在两台变压器 T_6 与 T_7 的绝缘绕组两端施加 2000V 直流脉冲电压，测量出两台变压器的陷阱密度谱线，如图 6-13 所示。由图 6-13 分析可知，变压器 T_6 的陷阱密度谱线峰值比 T_7 高，峰值位置比 T_7 小，故可以根据谱线初步可以判断出变压器 T_6 的油纸绝缘状态比 T_7 的绝缘状态差。

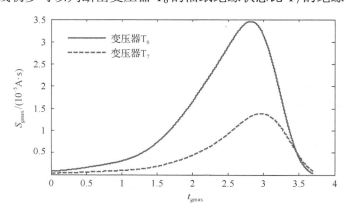

图 6-13　两台待测变压器的陷阱密度谱

根据测试电压 2000V，可分别计算出 T_6 和 T_7 两台变压器的陷阱密度特征值，以及实际抽油检测得到的糠醛含量值，如表 6-11 所示。

表 6-11　两台变压器的陷阱密度特征值和糠醛含量检测值

代号	变压器型号	运行年限/年	分析诊断结果					
			S_{gmax} /($\mu A \cdot s$)	测量油中糠醛含量评估结果	诊断结果及吻合情况	t_{gmax} /($\lg t$)	测量油中糠醛含量评估结果	诊断结果及吻合情况
T_6	S11—5000/220/110/10	13	34.596	老化严重 (11.541mg/L)	老化严重,吻合	2.576	老化严重 (11.541mg/L)	老化严重,吻合
T_7	S9—630/10	2	14.385	绝缘良好 (0.271mg/L)	绝缘良好,吻合	2.989	绝缘良好 (0.271mg/L)	绝缘良好,吻合

由表 6-11 可见，T_6 变压器的峰值 S_{gmax} 为 34.596$\mu A \cdot s$，它大于 33$\mu A \cdot s$，且峰值时间常数 t_{gmax} 值为 2.576 $\lg t$，小于 2.7 $\lg t$。根据油纸绝缘诊断判据，T_6 变压器的绝缘状况老化严重。同理，T_7 变压器的峰值 S_{gmax} 为 14.385$\mu A \cdot s$，它小于 18$\mu A \cdot s$，且峰值时间常数 t_{gmax} 值为 2.989 $\lg t$，它约等于 3 $\lg t$。根据油纸绝缘诊断判据，T_7 变压器的绝缘是良好的。由此可见，陷阱密度法诊断结果与两台变压器的实际绝缘状况是一致。

6.4　含有弛豫线型因子的油纸绝缘诊断

在去极化电流函数表达式中引入微观动力学的弛豫线型因子时，去极化电流响应函数式为[67]

$$i_d(t) = \sum_{i=1}^{N} \frac{U_0}{R_{pi}} e^{-(t/\tau_i)^{\alpha_i}} = \sum_{i=1}^{n} C_i e^{-(t/\tau_i)^{\alpha_i}}$$

式中，C_i 是第 i 个机构的弛豫贡献系数；α_i 是微观动力学的弛豫线型因子，它是一个随机数，取值范围在[0, 1]。当 α_i 的值取 1 时，即为随机弛豫的扩展德拜模型。

为了将含有弛豫线型因子的去极化电流转化为单峰值函数，现对去极化电流函数进行二次微分，即

$$\varpi(C_i, t/\tau_i, \alpha_i) = t^2 \frac{d^2 i_d}{dt^2} = \sum_{i=1}^{n} C_i \alpha_i \left[1 - \alpha_i + \alpha_i (t/\tau_i)^{\alpha_i} \right] (t/\tau_i)^{\alpha_i} \exp(-(t/\tau_i)^{\alpha_i})$$

$$= \sum_{i=1}^{n} C_i \gamma_i \left(\alpha_i, \frac{t}{\tau_i} \right)$$

(6-9)

定义 $\varpi(C_i, t/\tau_i, \alpha_i)$ 为二次时域微分谱函数，$\gamma_i(\alpha_i, t/\tau_i)$ 为二次型子谱线。在 $\alpha_i > 0$ 且 $\tau_i > 0$ 的前提下，其函数性质和一次型子谱线类似，但二次型子谱线半高线更窄[67,68]。

当 $\alpha_i=1$ 时，半高线仅为 0.737，远远小于一次型子谱线，因此邻近子谱线叠加就不易发生峰值覆盖。由此可见，n 条不同峰值、不同时间常数的时域子谱线经叠加后在二次时域微分谱线上会出现 n 个波峰点，这与实际的子谱线个数是相同的。由此可见，通过二次时域微分谱线上呈现出的峰值点数，就能直观地判断出其所含的极化支路数。

通过对含有弛豫线型因子的去极化电流函数进行二次微分解谱后，不仅能准确判断出等效电路的极化支路数，还能够唯一求解出弛豫线型因子值。现对多台不同型号、不同电压等级和不同容量的变压器测试获得的时域微分谱线进行分析，分别研究弛豫机构数、弛豫线型因子与不同绝缘介质老化之间的内在联系，为准确判断绝缘油和绝缘纸的老化状况提供一种新的诊断方法。

6.4.1　极化支路数与绝缘老化的联系

通过对 50 多台不同绝缘状态的油纸绝缘变压器测试的去极化电流二次微分解谱后，得出不同绝缘程度变压器与极化支路数的关系如表 6-12 所示。

表 6-12　不同绝缘程度变压器与极化支路数的关系

绝缘状态	糠醛含量/(mg/L)	台数	极化支路数
新投，绝缘良好	≤0.01	13	5
绝缘水平一般	0.2～0.4	26	6
绝缘严重劣化或退役	≥0.75	17	≥7

由于篇幅有限，现以表 6-13 中 10 台具有代表性的变压器为例，应用二次微分解谱法逐次分析每台变压器的绝缘状况与极化支路数的关系。

表 6-13　变压器的基本信息

代号	变压器型号	容量/kVA	运行年限	糠醛含量/(mg/L)
T_1	SFSE10—220	180000	新投入	0.001
T_2	SZ10—110	50000	5 年	0.002
T_3	SFSE9—220	240000	5 年	0.001
T_4	SFPS—220	180000	8 年(换油后)	0.004
T_5	SFPS—220	180000	8 年(换油前)	0.026
T_6	SFL—110	50000	13 年	0.043
T_7	SFP9—220	240000	18 年(检修后)	0.086
T_8	SFP9—220	240000	18 年(检修前)	0.892
T_9	SF08—110	31500	已退役	1.057
T_{10}	SFZ—110	31500	已退役	1.261

　　首先根据二次微分谱函数的特性，对式(6-9)方程两侧同取对数，从谱线末端开始，读取末端局部峰值的初始斜率即可解出 α_1，并将局部峰值点($t_{1\max}$，$\varpi_{1\max}$)代入式(6-10)[67]

$$\begin{cases} \tau_i = \dfrac{t_{\max}}{\left(\dfrac{3\alpha_i - 1 + \sqrt{5\alpha_i^2 - 2\alpha_i + 1}}{2\alpha_i}\right)^{\frac{1}{\alpha_i}}} \\[4mm] C_i = \dfrac{\varpi_{\max}}{\alpha_i (t_{\max} / \tau_i)^{\alpha_i} \exp(-(t_{\max} / \tau_i)^{\alpha_i})} \end{cases} \tag{6-10}$$

　　然后由式(6-10)解出 τ_1 和 C_1，确定第 1 条子谱线，并将子谱线 $C_1\gamma_1$ (t/τ_1, α_1) 从当前的二次微分谱线中扣除，继续按上述方法操作，即可将剩余的各条子谱线逐次分解出来。

　　根据这种解析算法，分别对表 6-13 中每一台变压器进行微分谱解，得到各台变压器去极化电流二次微分子谱线，如图 6-14～图 6-16 所示。根据二次微分谱线中峰值点数与弛豫响应极化支路数的关系[68]，可以分别求出每一台变压器的极化支路数。

　　由图 6-14 的二次微分谱线分别辨识出 T_1 至 T_4 变压器有 5 个峰值点，根据峰值点数与极化支路数的关系可以判断这 4 台变压器的极化支路有 5 条。根据表 6-12 可以诊断出这 4 台变压器的绝缘状况是良好的。由表 6-13 T_1 至 T_4 各台变压器提供的糠醛含量同样也能判断出这 4 台变压器的绝缘也是良好的。两者的诊断结果是相同的。

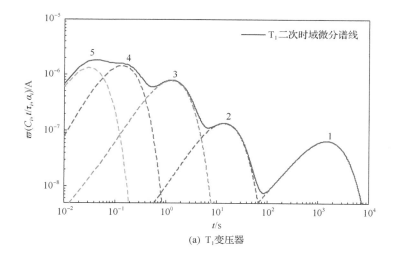

(a) T_1 变压器

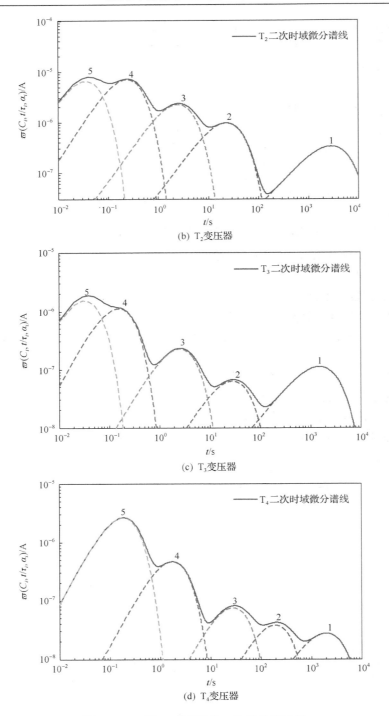

(b) T_2变压器

(c) T_3变压器

(d) T_4变压器

图 6-14　T_1 至 T_4 变压器的二次微分谱线图

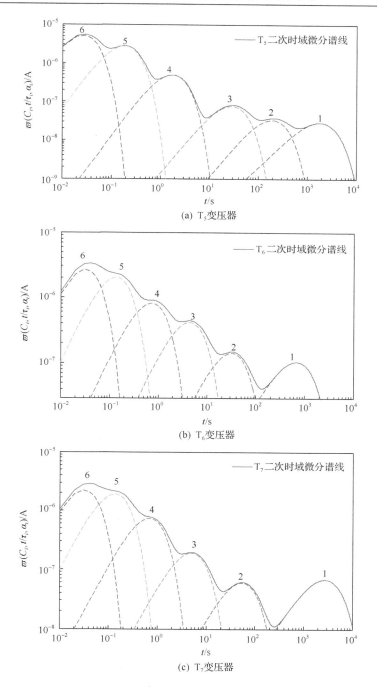

图 6-15 T₅ 至 T₇ 变压器的二次微分谱线图

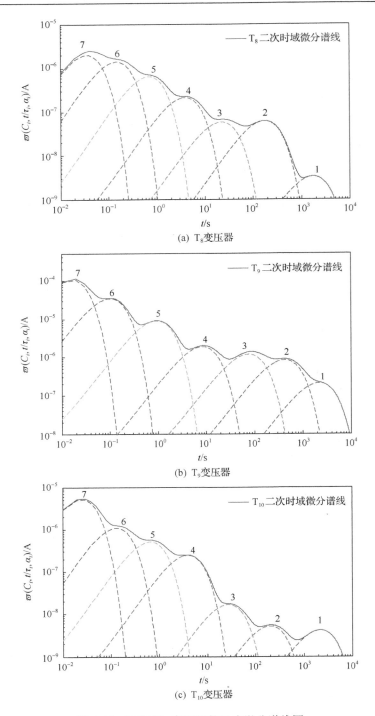

(a) T_8变压器

(b) T_9变压器

(c) T_{10}变压器

图 6-16　T_8 至 T_{10} 变压器的二次微分谱线图

　　由图 6-15 二次微分谱线分别看出 T_5 至 T_7 变压器有 6 个峰值点，根据峰值点数与极化支路数的关系可以判断每台变压器的极化支路有 6 条。根据表 6-12 可以诊断出这 3 台变压器的绝缘水平一般。由表 6-13 提供的这 3 台变压器的糠醛含量同样可以判断出这 3 台变压器的绝缘水平一般。

　　由图 6-16 的二次微分谱线分别辨识 T_8 至 T_{10} 变压器有 7 个峰值点，即这 3 台变压器的极化支路数均有 7 条。根据表 6-12 可以诊断出这 3 台变压器绝缘老化严重。此外，由这 3 台变压器的糠醛含量的诊断结果也是绝缘老化严重。

　　综合以上分析可得，应用扩展德拜等效电路去极化支路数能间接诊断变压器的油纸绝缘状况。若绝缘状况良好的变压器，其等效电路的去极化支路有 5 条；绝缘水平一般的变压器，其极化支路有 6 条；而绝缘老化严重的变压器，其等效电路的去极化支路数等于 7 条或大于 7 条。故等效电路去极化支路数增多了，则绝缘程度就越差。这是因为，若绝缘老化越严重时，隐含在去极化电流谱线中的老化特征信息就越多。它们在极化过程中就呈现出更多的弛豫项数。反之，绝缘质量越好，去极化支路数就较少。

6.4.2　弛豫线型因子与绝缘老化的联系

　　同样对 50 多台不同绝缘程度的油纸绝缘变压器测试的去极化电流应用式 (6-9) 和用式 (6-10) 解谱，并分别得出各台变压器弛豫线型因子。经统计分析，不同绝缘程度变压器与弛豫线型因子的关系如表 6-14 所示。

表 6-14　不同绝缘程度变压器与弛豫线型因子的关系

绝缘状态	台数	线型因子 α_i
绝缘良好	13	绝缘油：[0.5, 0.96]；绝缘纸：[0.5, 0.85]
绝缘油严重劣化	18	[0.97, 1]
绝缘纸严重老化	11	[0.9, 1]

　　从表 6-14 可以看出，油纸绝缘状态良好的变压器，绝缘油的弛豫线型因子小于 0.96，而绝缘纸的弛豫线型因子小于 0.85；随着介质老化程度加剧，绝缘介质的弛豫线型因子逐渐增大。当绝缘油出现严重老化时，其弛豫线型因子接近 1，而绝缘纸老化严重时，其弛豫线型因子一般超过 0.9。

　　应用上述微分解谱和计算方法，分别对表 6-13 中的 10 台不同绝缘程度的油纸绝缘变压器进行计算，依次可获得各台变压器的弛豫机构数和弛豫线型因子，并根据表 6-14 划分出绝缘油、绝缘纸和油纸界面等的弛豫线型因子值，如表 6-15 所示。

表 6-15 $T_1 \sim T_{10}$ 油纸绝缘变压器的分析诊断结果

代号	实际运行情况		极化支路的弛豫线型因子 α_i							诊断结果
	运行年限	绝缘状态	绝缘纸极化支路		油纸界面极化支路		绝缘油极化支路			
T_1	新投入	最优	0.8201	—	0.9063	0.9127	0.9495	0.9504	—	良好
T_2	5年	良好	0.8107	—	0.8996	0.9204	09452	0.9503	—	良好
T_3	1年	良好	0.7993	—	0.8865	0.9161	0.9468	0.9452	—	良好
T_4	8年(换油后)	良好	0.8467	—	0.9413	0.9458	0.9504	0.9526	—	较好
T_5	8年(换油前)	一般	0.8649	—	0.9468	0.9493	0.9836	0.9854	0.9879	绝缘油老化
T_6	13年	尚可	0.8559	—	0.9364	0.9489	0.9537	0.9588	0.9588	一般
T_7	18年(检修后)	一般	0.8586	—	0.9381	0.9400	0.9550	0.9612	0.9620	一般
T_8	18年(检修前)	低压绕组设计缺陷	0.9440	0.9514	0.9356	0.9425	0.9470	0.9500	0.9511	绝缘纸劣化
T_9	已退役	高、低压绕组老化严重	0.9567	0.9581	0.9538	0.9601	0.9875	0.9943	0.9983	绝缘油、纸劣化
T_{10}	已退役	高、低压绕组老化严重	0.9536	0.9654	0.9681	0.9703	0.9864	0.9901	0.9952	绝缘油、纸劣化

由 6-15 的诊断结果表明：对于新投入和运行不久的 $T_1 \sim T_4$ 变压器，表征绝缘纸的极化支路数有 1 条，其弛豫线型因子低于 0.85；表征绝缘油的极化支路小于 3 条，其弛豫线型因子低于 0.96。随着绝缘介质劣化加剧，相应的极化支路增加，对应的弛豫线型因子也逐渐增大。通过比较弛豫线型因子的大小可间接反映绝缘油和绝缘纸的老化情况。

T_4 和 T_5 是同一台变压器换油前后的不同状态。换油前油中微水水含量为 6.6mg/L 高于换油后的 0.01 mg/L。从诊断结果可知，换油前表征绝缘油的极化支路有 3 条，其弛豫线型因子接近于 1；换油后绝缘油的极化支路减少了，弛豫线型因子也减小。由此可以推断，换油前绝缘油状态劣于换油后。诊断结果与实测结果是一致的。

T_7 和 T_8 也是同一台变压器在检修前后的不同状态，检修前表征绝缘纸的极化支路有 2 条，其弛豫线型因子都超过 0.9，而检修后绝缘纸的极化支路只有 1 条，其弛豫线型因子小于 0.9。这是因为检修前变压器绝缘纸老化生成的混合物较多，在极化过程需要有更多的弛豫机构来表征这些信息，且弛豫线型因子也增大。

T_9 和 T_{10} 两台变压器的绝缘油弛豫线型因子都接近于 1，且绝缘纸的弛豫线型因子皆大于 0.9 以上；弛豫机构数有多。可以推断这两台变压器的绝缘油和绝缘纸都是严重老化，不能再运行。诊断结果与两台变压器的实际绝缘情况是相吻合的。

第7章 基于时域介电谱特征量的油纸绝缘综合诊断

7.1 基于模糊粗糙集理论的油纸绝缘诊断

7.1.1 油纸绝缘特征量的模糊划分

应用模糊粗糙集评估油纸绝缘程度，可选取回复电压极化谱峰值电压 U_{Mf}、主时间常数 t_{cdom}、初始斜率峰最大值 S_{rmax}、绝缘电阻 R_g、几何电容 C_g、弛豫损耗 W_g 等 6 个特征量作为评估变压器油纸绝缘状态的指标。假设 $X = \{x_1, x_2, \cdots, x_n\}$ 为变压器特征量测试数据集，n 是变压器测试的样本个数。模糊条件属性 P 可划分为高(H)、中(M)和低(L)三个等级的模糊语言项；模糊条件属性的聚类中心向量为 $V = \{v_1, v_2, v_3\}$。应用模糊聚类算法计算出变压器各特征数据相对于各模糊划分的隶属度矩阵 $\boldsymbol{\mu}$[69]

$$\boldsymbol{\mu} = \begin{bmatrix} \mu_{11} & \cdots & \mu_{1j} & \cdots & \mu_{1n} \\ \mu_{21} & \cdots & \mu_{2j} & \cdots & \mu_{2n} \\ \mu_{31} & \cdots & \mu_{3j} & \cdots & \mu_{3n} \end{bmatrix} \tag{7-1}$$

式中，μ_{ij} 表示变压器的第 j 个测试样本对第 i 项模糊划分的隶属度。应用模糊聚类算法的目标函数为[69]

$$J(\mu_{ij}, v_i) = \sum_{i=1}^{3} \sum_{j=1}^{n} (\mu_{ij})^m \left\| x_j - v_i \right\|^2 \tag{7-2}$$

若将回复电压初始斜率最大值和绝缘电阻代入目标函数 J 内，然后经过迭代求目标函数 J 的最小值，即可计算出相应的模糊隶属度和条件属性聚类中心值。

现以主时间常数(t_{cdom})为例，通过应用模糊聚类算法对主时间常数样本数据进行模糊划分，分别算出主时间常数的低语言项聚类中心 v_1 为 542.1517s；主时间常数的中语言项聚类中心 v_2 为 1296.1s；主时间常数的高语言项聚类中心 v_3 为 3010.4s。主时间常数 t_{cdom} 的测试数据$[x_1, x_2, x_3, x_4, x_5]$对模糊划分聚类中心的隶属度[58]如表 7-1 所示。

表 7-1　　主时间常数 t_{cdom} 样本的模糊划分隶属度

测试数据/聚类中心	x_1	x_2	x_3	x_4	x_5
$v_1 = 542.1517$	0.0508	1.0000	0.0146	0.9592	0.0728
$v_2 = 1296.1$	0.1328	0.0000	0.9833	0.0380	0.2038
$v_3 = 3010.4$	0.8164	0.0000	0.0020	0.0027	0.7234

以隶属度值 0.5 作为断点对隶属度函数离散化。当测试数据与模糊语言项的隶属度 μ_{ij} 在 $(0, 0.5)$ 区间时，表示该测试数据不属于该模糊语言项。当测试数据与模糊语言项的隶属度 μ_{ij} 在 $(0.5, 1)$ 区间时，表示测试数据属于该模糊语言项。以表 7-1 中 x_1 为例，其隶属度 μ_{11} 与 μ_{12} 均在 $(0, 0.5)$ 区间，μ_{13} 则在 $(0.5, 1)$ 区间，表明 x_1 数据在 v_3 的聚类范围内，不在 v_1、v_2 的聚类范围内，属于高语言项，划分为 H。

7.1.2　可辨识矩阵的属性约简

油纸绝缘评估系统中并非所有的特征量都是必要的，去除这些冗余的特征量并不影响原有的油纸绝缘诊断效果。油纸绝缘评估系统 $(U, R \cup Q)$，U 为评估系统的集合，R 是由特征量条件属性得到的一族相似关系。Q 是由决策属性得到的相似关系。对于油纸绝缘评估系统的约简采用由特征量属性构建的可辨识矩阵 $M(U, R)$。

定义可辨识矩阵 $M(U, R) = [m_{ij}]_{n \times n}$，其第 i 行第 j 列的元素为[70,71]

$$m_{ij} = \begin{cases} P_k \in P, & P_k(x_i) \neq P_k(x_j) \wedge Q(x_i) \neq Q(x_j) \\ \varnothing, & Q(x_i) = Q(x_j) \quad\quad i, j = 1, 2, \cdots, n \end{cases} \tag{7-3}$$

式中，$P_k(x_i)$ 为样本 x 在条件属性上的模糊分类；"$\wedge$" 符号表示析取逻辑运算；m_{ij} 能够辨识研究对象 x_i 和 x_j 中全部属性的集合。如若研究对象 x_i 和 x_j 隶属有相同的决策属性，则 m_{ij} 为空集，即 $\varnothing$。

定义可辨识矩阵 $M_{\mathrm{D}}(U, R)$ 的合析取函数 $f_{\mathrm{D}}(U, R)$[71]

$$f_{\mathrm{D}}(U, R) = \wedge \left\{ \vee (m_{ij}) : c_{ij} \neq \varnothing \right\} \tag{7-4}$$

式中，"$\vee$" 符号表示合取逻辑运算；合析取函数为一个具有 m 元变量的布尔函数。将合析取函数 $f_{\mathrm{D}}(U, R)$ 转换为析合取函数 $g_{\mathrm{D}}(U, R) = (\wedge R_1) \vee \cdots \vee (\wedge R_l)$，定义析合取函数中的元素 R_l 为最小析取范式，表示条件属性相对于决策属性的最小约简子集，定义约简集合 $\mathrm{Red}_{\mathrm{D}}(R) = \{R_1, \cdots, R_l\}$ 为全体条件属性对应决策属性的约简集合。

决策属性的约简步骤如下[70]：

步骤 1：构建决策表，并删除决策表重复的数据样本。

步骤 2：计算可辨识矩阵 $M(U, R) = [m_{ij}]_{n \times n}$。

步骤 3：读取矩阵 $\boldsymbol{M}_{\mathrm{D}}(U, R)$ 内的全部非空集合元 m_{ij}，构建合析取函数 $f_{\mathrm{D}}(U, R) = \wedge \{\vee (m_{ij}) : c_{ij} \neq \varnothing\}$。

步骤 4：通过集合计算的分配律与吸收律将合析取函数 $f_{\mathrm{D}}(U, R)$ 转换为析合取函数 $g_{\mathrm{D}}(U, R)$ 形式。

步骤 5：输出决策表的所有属性约简集合 $\mathrm{Red}_{\mathrm{D}}(R) = \{R_1, \cdots, R_l\}$。

步骤 6：对属性约简后的样本数据进行分析并构建绝缘状态评估规则表，提取油纸绝缘状态评估规则。

通过上述约简运算步骤可获得变压器油纸绝缘状态的评估规则，删减冗余特征量，使得评估规则更直观、简便。

综合上述评估过程，可得基于模糊粗糙集理论的变压器绝缘状况评估方法的诊断流程图，如图 7-1 所示，图中 Θ 为匹配度，ψ 为设定的匹配度阈值。

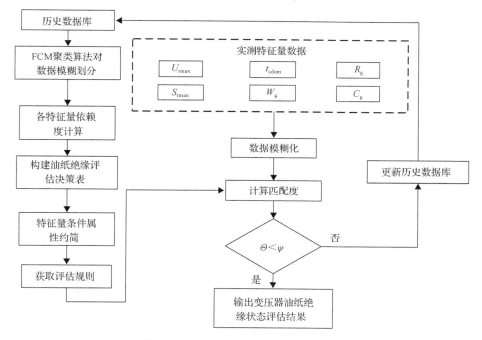

图 7-1　变压器油纸绝缘状态评估流程

用匹配度 Θ 来表征实测特征量数据与油纸绝缘状态评估规则的匹配程度，匹配度小于设定阈值 Ψ 时即视为实测特征量数据与油纸绝缘状态评估规则相匹配，该阈值据专家经验给出，匹配度定义为[72-74]

$$\Theta = \frac{1}{m}\left[\sum_{i=1}^{m}\left(1 - \frac{x_i}{\omega_i \beta_i}\right)^2\right]^{1/2} \tag{7-5}$$

式中，$x_i(i=1, 2, \cdots, m)$ 为经隶属关系分析后的数据信息；$\beta_i(i=1, 2, \cdots, m)$ 为油纸绝缘状态评估规则中数据信息；$\omega_i(i=1, 2, \cdots, m)$ 为评估规则可信度；m 为参与计算的信息总数。若匹配度小于设定阈值，则实测特征量数据与油纸绝缘状态评估规则相匹配，输出油纸绝缘状态评估结果。若匹配度大于或等于设定阈值，则把实测特征量数据及其评估结果更新至历史数据库中。

7.1.3　基于模糊粗糙集的油纸绝缘诊断

应用时域介电谱测试方法，测量 20 台不同绝缘状态的油纸绝缘变压器的回复电压数据，并计算出相应的特征值，如表 7-2 所示。

根据变压器油纸绝缘状态可划分为两个语言项：绝缘性能良好无需要检测维修，用 G 表示；绝缘性能差需要检测维修，用 B 表示[73]。

表 7-2　油纸绝缘变压器测试样本数据

变压器代号	t_{cdom}/s	U_{Mf}/V	S_{rmax}/(V/s)	R_g/GΩ	C_g/nF	W_g/10^{-6}W	绝缘状态 Q
x_1	2517.62	183.59	31.20	102.26	92.17	2.80	G
x_2	546.60	353.37	257.12	9.62	186.93	36.49	B
x_3	1214.13	256.00	96.46	58.97	109.39	24.82	G
x_4	667.37	387.39	293.24	14.46	190.17	31.49	B
x_5	2417.98	177.07	32.11	117.36	70.37	16.07	G
x_6	1226.87	248.25	87.66	40.26	106.80	23.03	G
x_7	649.54	363.43	179.27	17.34	169.91	19.82	B
x_8	3613.15	269.38	80.10	90.06	37.75	7.72	G
x_9	333.72	32.605	74.02	21.31	64.39	16.15	B
x_{10}	3540.26	223.37	19.71	56.82	99.52	28.03	B
x_{11}	1267.22	236.13	44.49	17.36	237.37	27.41	B
x_{12}	2657.38	218.52	67.72	97.75	80.40	8.32	G
x_{13}	503.78	257.63	120.57	18.85	149.88	47.19	B
x_{14}	1524.36	320.34	79.24	8.32	183.02	21.48	G
x_{15}	3289.51	239.71	23.80	90.51	47.88	9.943	G
x_{16}	700.64	83.45	46.42	3.905	97.62	21.70	G
x_{17}	189.15	313.79	54.50	6.18	192.19	41.93	B
x_{18}	2164.36	113.81	32.43	104.01	127.11	8.77	G
x_{19}	788.56	187.20	78.71	11.54	106.15	34.15	B
x_{20}	347.37	53.915	78.80	2.726	254.46	32.46	B

在油纸绝缘模糊粗糙集评估系统中，条件属性 P_1 表示主时间常数 t_{cdom}；条件属性 P_2 表示回复电压极化谱峰值 U_{Mf}；条件属性 P_3 表示最大初始斜率 S_{rmax}；条件属性 P_4 表示变压器绝缘电阻 R_g，条件属性 P_5 表示变压器几何电容 C_g；条件属性 P_6 表示弛豫损耗 W_g；评估决策属性 Q 表示变压器的油纸绝缘状况。

首先，计算测试样本数据特征条件属性的模糊隶属度，将条件属性按高、中、低(H、M、L)3 个语言项进行模糊划分。应用模糊算法得到测试数据对于条件属性模糊语言项的隶属度函数，如表 7-3 和表 7-4 所示。

表 7-3 部分特征量属性的隶属度函数

变压器代号	P_1			P_2			P_3		
	L	M	H	L	M	H	L	M	H
x_1	0.0508	0.1328	0.8164	0.0855	0.8731	0.0414	0.9937	0.0060	0.0003
x_2	1.0000	0.0000	0.0000	0.0007	0.0029	0.9964	0.0014	0.0024	0.9962
x_3	0.0146	0.9833	0.0020	0.0329	0.8274	0.1396	0.0287	0.9676	0.0037
x_4	0.9592	0.0380	0.0027	0.0146	0.0522	0.9332	0.0113	0.0175	0.9712
x_5	0.0728	0.2038	0.7234	0.1419	0.8050	0.0531	0.9960	0.0038	0.0002
x_6	0.0101	0.9884	0.0015	0.0243	0.8956	0.0801	0.0011	0.9988	0.0001
x_7	0.9712	0.0268	0.0020	0.0034	0.0141	0.9824	0.1623	0.3855	0.5522
x_8	0.0348	0.0612	0.9040	0.0429	0.6684	0.2887	0.0169	0.9822	0.0010
x_9	0.9497	0.0445	0.0058	0.9471	0.0391	0.0138	0.0870	0.9094	0.0035
x_{10}	0.0287	0.0513	0.9200	0.0008	0.9979	0.0013	0.9634	0.0343	0.0023
x_{11}	0.0018	0.9979	0.0003	0.0103	0.9663	0.0234	0.9529	0.0455	0.0016
x_{12}	0.0257	0.0622	0.9121	0.0000	1.0000	0.0000	0.2404	0.7532	0.0064
x_{13}	0.5500	0.4345	0.0155	0.1859	0.7553	0.0589	0.1353	0.8180	0.0467
x_{14}	0.0501	0.9280	0.0219	0.0099	0.0601	0.9300	0.0229	0.9758	0.0013
x_{15}	0.0100	0.0190	0.9709	0.0142	0.9498	0.0360	0.9429	0.0532	0.0039
x_{16}	0.9298	0.0659	0.0044	0.9885	0.0091	0.0024	0.9266	0.0711	0.0023
x_{17}	0.8950	0.0910	0.0140	0.0156	0.1024	0.8820	0.7272	0.2669	0.0059
x_{18}	0.0185	0.0435	0.9380	0.8568	0.1182	0.0250	0.9967	0.0032	0.0002
x_{19}	0.8013	0.1888	0.0099	0.0767	0.8843	0.0390	0.0273	0.9712	0.0015
x_{20}	0.9539	0.0409	0.0052	0.9869	0.0100	0.0032	0.0265	0.9721	0.0014

表 7-4　部分特征量属性与决策属性的隶属度函数

变压器代号	P_4			P_5			P_6			Q	
	L	M	H	L	M	H	L	M	H	G	B
x_1	0.0000	0.0001	0.9999	0.3749	0.5974	0.0276	0.9867	0.0132	0.0002	1	0
x_2	0.9814	0.0178	0.0008	0.0063	0.0184	0.9753	0.0081	0.0098	0.9821	0	1
x_3	0.0817	0.9079	0.0104	0.0132	0.9832	0.0036	0.2317	0.7672	0.0010	1	0
x_4	0.9110	0.0840	0.0050	0.0028	0.0077	0.9895	00081	0.0101	0.9819	0	1
x_5	0.0085	0.0122	0.9794	0.9756	0.0217	0.0027	0.1745	0.8246	0.0009	1	0
x_6	0.0019	0.9980	0.0001	0.0322	0.9604	0.0074	0.0109	0.9890	0.0001	1	0
x_7	0.8815	0.1162	0.0023	0.0494	0.1826	0.7679	0.0016	0.9984	0.0000	0	1
x_8	0.0214	0.0344	0.9442	0.9208	0.0655	0.0137	0.9487	0.0510	0.0003	1	0
x_9	0.8254	0.1715	0.0031	0.9998	0.0002	0.0000	0.1307	0.8648	0.0046	0	1
x_{10}	0.0798	0.9181	0.0022	0.1494	0.8304	0.0202	0.1030	0.8964	0.0006	0	1
x_{11}	0.9246	0.0714	0.0040	0.0437	0.0884	0.8678	0.0010	0.9990	0.0000	0	1
x_{12}	0.0033	0.0051	0.9916	0.7961	0.1877	0.0163	0.9897	0.0102	0.0001	1	0
x_{13}	0.7835	0.2130	0.0036	0.0966	0.5785	0.3249	0.0870	0.9107	0.0023	0	1
x_{14}	0.8246	0.1723	0.0031	0.0127	0.0388	0.9485	0.7234	0.2756	0.0011	1	0
x_{15}	0.0045	0.0065	0.9890	0.9365	0.0529	0.0106	0.9859	0.0139	0.0002	1	0
x_{16}	0.9973	0.0026	0.0001	0.0302	0.9468	0.0230	0.0005	0.9995	0.0000	1	0
x_{17}	0.8848	0.1080	0.0072	0.0532	0.2003	0.7465	0.0128	0.0153	0.9718	0	1
x_{18}	0.0001	0.0001	0.9999	0.0359	0.9344	0.0296	0.9894	0.0105	0.0001	1	0
x_{19}	0.9651	0.0341	0.0009	0.4006	0.5716	0.0277	0.0001	0.0002	0.9997	0	1
x_{20}	0.8916	0.1062	0.0022	0.0724	0.1347	0.7929	0.0270	0.0343	0.9388	0	1

注："1"表示绝缘状态良好（G）；"0"表示绝缘状态差（B）。

其次，计算各条件属性$(P_1, P_2, \cdots, P_6)$与变压器绝缘状态的决策属性关联度[73]。以条件属性P_1为例，先计算P_1的下近似，决策属性划分有 $G = \{1, 3, 5, 6, 8, 12, 14, 15, 16, 18\}$，$B = \{2, 4, 7, 9, 10, 11, 13, 17, 18, 20\}$。按下式计算决策属性$G$的下近似：

$$\mu_{P_1\_\{1,3,5,6,8,12,14,15,16,18\}}(F) = \inf_{x \in U} \max\{1 - \mu_F(x), \mu_{\{1,3,5,6,8,12,14,15,16,18\}}(x)\}$$

式中，F 是指属于 U/P_1 的模糊等价类，它包含 L_{P_1}、M_{P_1}、H_{P_1}。对于模糊等价类 L_P 按下式计算：

$$L_{P_1} : \inf_{x \in U} \max\{1 - \mu_{L_{P_1}}(x), \mu_{\{1,3,5,6,8,12,14,15,16,18\}}(x)\}$$

对于 $x_1 = 1$ 时，有 $\mu_{L_{P_1}}(x_1) = 0.0508$，$\mu_{\{1,3,5,6,8,12,14,15,16,18\}}(x_1) = 1$，则

$$\max\{1-\mu_{L_{P_1}}(x),\mu_{\{1,3,5,6,8,12,14,15,16,18\}}(x)\}=\max\{1-0.0508,1\}=1$$

按照同理依次可计算得到 $x_2=0$, $x_3=1$, $x_4=0.0408$, $\cdots$, $x_{19}=0.1987$, $x_{20}=0.0461$，则

$$\mu_{P_{1\_\{1,3,5,6,8,12,14,15,16,18\}}}(L_{P_1})=\inf\{1,0,1,0.0408,1,1,0.0288,1,0.0503,0.9713,0.9982,$$
$$1,0.45,1,1,1,0.105,1,0.1987,0.0461\}=0$$

同理可计算得到

$$\mu_{P_{1\_\{1,3,5,6,8,12,14,15,16,18\}}}(M_{P_1})=\inf\{1,1,1,0.962,1,1,0.9732,1,0.9555,0.9487,0.0021,$$
$$1,0.5655,1,1,1,0.909,1,0.8112,0.9591\}=0.0021$$

$$\mu_{P_{1\_\{1,3,5,6,8,12,14,15,16,18\}}}(H_{P_1})=\inf\{1,1,1,0.9973,1,1,0.998,1,0.9942,0.08,0.9997,$$
$$1,0.9845,1,1,1,0.986,1,0.9901,0.9948\}=0.08$$

同理，对于集合 $B=\{2,4,7,9,10,11,13,17,18,20\}$ 有

$$\mu_{P_{1\_\{2,4,7,9,10,11,13,17,18,20\}}}(L_{P_1})=\inf\{0.9492,1,0.9854,1,0.9272,0.9899,1,0.9652,1,$$
$$1,1,0.9743,1,0.9499,0.99,0.0702,1,0.9815,1,1\}=0.0702$$

$$\mu_{P_{1\_\{2,4,7,9,10,11,13,17,18,20\}}}(M_{P_1})=\inf\{0.8672,1,0.0167,1,0.7962,0.0116,1,0.9388,1,1,$$
$$1,0.9378,1,0.072,0.981,0.9341,1,0.9565,1,1\}=0.0116$$

$$\mu_{P_{1\_\{2,4,7,9,10,11,13,17,18,20\}}}(H_{P_1})=\inf\{0.1836,1,0.998,1,0.2766,0.9985,1,0.096,1,1,$$
$$1,0.0879,1,0.9781,0.0291,0.9956,1,0.062,1,1\}=0.0291$$

模糊正域按下式计算：

$$\mu_{POS_{P_1}}(L_{P_1})=\sup_{F_l\in U/Q}\mu_{P_{1\bullet}F_l}(L_{P_1})=\max\{\mu_{P_{1\bullet\{1,3,5,6,8,12,14,15,16,18\}}}(L_{P_1})$$

$$\mu_{P_{1\bullet\{2,4,7,9,10,11,13,17,18,20\}}}(L_{P_1})\}=\max\{0,0.0702\}=0.0702$$

$$\mu_{POS_{P_1}}(M_{P_1})=0.0116，\quad \mu_{POS_{P_1}}(H_{P_1})=0.08$$

模糊正域的隶属度按下式计算：

$$\mu_{POS_{P_1}}(x_1)=\max(\min(0.0291,0.0508),\min(0.0116,0.1328),\min(0.08,0.8164))=0.08$$

$\mu_{POS_{P_1}}(x_2)=0.0702$，　$\mu_{POS_{P_1}}(x_3)=0.0146$，　$\mu_{POS_{P_1}}(x_4)=0.0702$，　$\mu_{POS_{P_1}}(x_5)=0.08$，

$\mu_{POS_{P_1}}(x_6)=0.0116$，　$\mu_{POS_{P_1}}(x_7)=0.0702$，　$\mu_{POS_{P_1}}(x_8)=0.08$，　$\mu_{POS_{P_1}}(x_9)=0.0702$，

$\mu_{POS_{P_1}}(x_{10})=0.08$，　$\mu_{POS_{P_1}}(x_{11})=0.0116$，　$\mu_{POS_{P_1}}(x_{12})=0.08$，　$\mu_{POS_{P_1}}(x_{13})=0.0702$，

$\mu_{POS_{P_1}}(x_{14})=0.05$，　$\mu_{POS_{P_1}}(x_{15})=0.08$，　$\mu_{POS_{P_1}}(x_{16})=0.0702$，　$\mu_{POS_{P_1}}(x_{17})=0.0702$，

$\mu_{POS_{P_1}}(x_{18})=0.08$，　$\mu_{POS_{P_1}}(x_{19})=0.0702$，　$\mu_{POS_{P_1}}(x_{20})=0.0702$。

模糊依赖度函数 $\gamma_{P_i}(Q)$ 按下式计算[69]:

$$\gamma_{P_i}(Q) = \frac{\left|\mu_{POS_{P_i}}(x)\right|}{|U|} = \frac{\sum\limits_{x \in U} \mu_{POS_{P_i}}(x)}{|U|}, \quad i = 1, 2, \cdots, 6 \tag{7-6}$$

可分别计算出决策属性对于各特征量的依赖度 $\gamma_{P_i}(Q)$ 的值:

$$\gamma_{P_1}(Q) = 1.2791/20, \quad \gamma_{P_2}(Q) = 0.8810/20, \quad \gamma_{P_3}(Q) = 3.0979/20, \quad \gamma_{P_4}(Q) = 6.8515/20,$$
$$\gamma_{P_5}(Q) = 2.4104/20, \quad \gamma_{P_6}(Q) = 7.0007/20$$

从依赖度的大小可见,各评估特征量与变压器油纸绝缘状态依赖度的关系为: $P_6 > P_4 > P_3 > P_5 > P_1 > P_2$。

再对表 7-3、表 7-4 的特征量属性的隶属度函数进行离散化处理,得到各样本对象所属的条件属性语言项类别,删除重复数据并构建油纸绝缘老化评估决策表,如表 7-5 所示。

表 7-5　油纸绝缘老化评估决策表

变压器代号	P_1	P_2	P_3	P_4	P_5	P_6	Q
x_1	H	M	L	H	M	L	G
x_2	L	H	H	L	H	H	B
x_3	M	M	M	M	M	M	G
x_4	L	H	H	L	L	H	B
x_5	H	M	L	H	L	M	G
x_7	L	H	H	L	H	H	B
x_9	L	L	H	L	L	M	B
x_{10}	H	M	L	M	M	M	B
x_{11}	M	M	L	L	H	M	B
x_{12}	H	M	L	H	L	L	G
x_{13}	L	M	M	L	M	M	B
x_{14}	M	M	M	L	L	L	G
x_{15}	H	L	L	H	L	L	G
x_{16}	L	L	L	L	M	M	G
x_{17}	L	H	L	L	H	H	B
x_{18}	H	L	L	H	M	L	G
x_{19}	L	M	L	L	H	H	B
x_{20}	L	L	M	L	H	H	B

再根据油纸绝缘评估决策表构建可辨识矩阵 $\boldsymbol{M}(U, R) = [m_{ij}]_{n \times n}$,应用式 (7-3) 计算得到可辨识矩阵如表 7-6 中所示。可辨识矩阵中的元素 1, 2, 3, $\cdots$, 6 分别表

示条件属性 $P_1, P_2, P_3, \cdots, P_6$；$\varnothing$ 表示空集。

表 7-6　油纸绝缘老化评估的可辨识矩阵

代号	x_1	x_2	x_3	x_4	x_5	x_7	x_9	x_{10}
x_1								
x_2	{1,2,3,4,5,6}							
x_3	$\varnothing$	{1,2,3,4,5,6}						
x_4	{1,2,3,4,5,6}	$\varnothing$	{1,2,3,4,5,6}					
x_5	$\varnothing$	{1,2,3,4,5,6}	$\varnothing$	{1,2,3,4,6}				
x_7	{1,2,3,4,5,6}	$\varnothing$	{1,2,3,4,5}	$\varnothing$	{1,2,3,4,5}			
x_9	{1,2,3,4,5,6}	$\varnothing$	{1,2,4,5}	$\varnothing$	{1,2,3,4}	$\varnothing$		
x_{10}	{4,6}	$\varnothing$	{1,3}	$\varnothing$	{4,5}	$\varnothing$	$\varnothing$	
x_{11}	{1,4,5,6}	$\varnothing$	{3,4,5}	$\varnothing$	{1,4,5}	$\varnothing$	$\varnothing$	$\varnothing$
x_{12}	$\varnothing$	{1,2,3,4,5,6}	$\varnothing$	{1,2,3,4,6}	$\varnothing$	{1,2,3,6}	{1,2,4,6}	{3,4,5,6}
x_{13}	{1,3,4,6}	$\varnothing$	{1,4}	$\varnothing$	{1,3,4,5}			
x_{14}	$\varnothing$	{1,2,3,6}	$\varnothing$	{1,2,3,5,6}	$\varnothing$	{1,2,3,6}	{1,2,5,6}	{1,3,4,5,6}
x_{15}	$\varnothing$	{1,2,3,4,5,6}	$\varnothing$	{1,2,3,4,6}	$\varnothing$	{1,2,3,4,5,6}	{1,3,4,6}	{2,4,5,6}
x_{16}	$\varnothing$	{2,3,5,6}	$\varnothing$	{2,3,5,6}	$\varnothing$	{2,3,5}	{3,5}	{1,2,4}
x_{17}	{1,2,4,5,6}	$\varnothing$	{1,2,3,4,5,6}	$\varnothing$	{1,2,4,6}			
x_{18}	$\varnothing$	{1,2,3,4,5,6}	$\varnothing$	{1,2,3,4,5,6}	$\varnothing$	{1,2,3,4,5,6}	{1,3,4,5,6}	{2,4,6}
x_{19}	{1,3,4,6}	$\varnothing$	{1,4,6}	$\varnothing$	{1,3,4,5,6}	$\varnothing$	$\varnothing$	$\varnothing$
x_{20}	{1,2,3,4,5,6}	$\varnothing$	{1,2,4,5,6}	$\varnothing$	{1,2,3,4,5,6}	$\varnothing$	$\varnothing$	$\varnothing$

代号	x_{11}	x_{12}	x_{13}	x_{14}	x_{15}	x_{16}	x_{17}	x_{18}	x_{19}	x_{20}
x_1										
x_2										
x_3										
x_4										
x_5										
x_7										
x_9										
x_{10}										
x_{11}										
x_{12}	{1,3,4,5,6}									
x_{13}	$\varnothing$	{1,4,5,6}								
x_{14}	{3,4,6}	$\varnothing$	{1,5,6}							
x_{15}	{1,2,4,5,6}	$\varnothing$	{1,2,3,4,5,6}	$\varnothing$						
x_{16}	{1,2,4}	$\varnothing$	{2,3}	$\varnothing$	$\varnothing$					
x_{17}	$\varnothing$	{1,2,3,4,5,6}	$\varnothing$	{1,2,3,6}	{1,2,4,5,6}	{2,5,6}				
x_{18}	{2,4,5,6}	$\varnothing$	{1,2,3,4,6}	$\varnothing$	$\varnothing$	$\varnothing$	{1,2,4,5,6}	$\varnothing$		
x_{19}	$\varnothing$	{1,4,5,6}	$\varnothing$	{1,5,6}	{1,2,3,4,5,6}	{2,3,6}	$\varnothing$	{1,2,3,4,6}		
x_{20}	$\varnothing$	{1,2,4,5,6}	$\varnothing$	{1,2,6}	{1,3,4,5,6}	{3,5,6}	$\varnothing$	{2,3}	$\varnothing$	

最后，构建可辨识函数 $f_D(U, R)$ 并得到属性约简集合。将可辨识矩阵中的全部非空取值集合元构建 $f_D(U, R)$，并依据析合取运算转换成析合取函数，并应用式 (7-4) 进行析合取运算得到下式：

$$f_D(U, R) = (1 \wedge 2 \wedge 3 \wedge 4 \wedge 5) \vee (1 \wedge 2 \wedge 3 \wedge 4 \wedge 6) \vee (1 \wedge 2 \wedge 3 \wedge 5 \wedge 6)$$

通过析合取运算求取油纸绝缘状态评估的特征量属性约简集合，获得属性约简集合为 $\{P_1, P_2, P_3, P_4, P_5\}$ 或 $\{P_1, P_2, P_3, P_4, P_6\}$ 或 $\{P_1, P_2, P_3, P_5, P_6\}$。根据依赖度计算可知，$P_4$ 和 P_6 特征量对于决策属性最为重要，故选取属性约简集合 $\{P_1, P_2, P_3, P_4, P_6\}$ 来构建油纸绝缘状态评估规则表，如表 7-7 所示。

表 7-7　油纸绝缘评估规则表

规则序号	P_1	P_2	P_3	P_4	P_6	Q
1	H	M	L、M	H	L、M	G
2	M	M	M	M	M	G
3	M	M	M	L	L	G
4	H	L	L	H	L	G
5	L	L	L	L	L	G
6	L	H	L	L	M	B
7	L	L、M	L	L	L	B
8	H	L	L	M	L	B
9	M	M	L	L	M	B
10	L	*	*	L	H	B

注："*"表示模糊语言项可以任意，与3个等级无关。

现在选择 3 台不同绝缘状态、尚未加入历史数据库的变压器，其基本信息如表 7-8 所示。

表 7-8　3 台电力变压器绝缘基本信息

代号	变压器型号	运行年限/年	糠醛含量/(mg/L)	实际绝缘状态
T_1	SZ10—50000/110	1	0.063	绝缘状态良好
T_2	OSFPSZ9—180000/220	14	0.738	绝缘受潮较严重
T_3	SFL—20000/110	22	0.984	绝缘老化严重

应用回复电压测试法获得 3 台变压器的回复电压极化谱，运用等效电路参数辨识计算出电路参数值。然后分别求出 3 台变压器的回复电压极化谱峰值 U_{Mf}、主时间常数 t_{cdom} 等 6 个特征量值，如表 7-9 所示。利用模糊算法对测试数据特征量模糊划分，得 3 台变压器特征量的模糊划分语言项和诊断结果，如表 7-10 所示。

表 7-9　3 台电力变压器测试数据

代号	t_{cdom}/s	U_{Mf} / V	S_{rmax} /(V/s)	R_g / GΩ	C_g / nF	$W_g/10^{-6}$W
T_1	2314.82	230.30	27.8	117.74	90.35	7.43
T_2	1449.8	243.1	47.3	17.95	364.2	16.89
T_3	3328.12	289.3	23.90	42.76	97.38	22.45

表 7-10　3 台电力变压器的模糊划分与评估结果

代号	P_1	P_2	P_3	P_4	P_6	匹配规则	诊断结果
T_1	H	M	L	H	L	1	G（绝缘良好）
T_2	M	M	L	L	M	9	B（绝缘劣化）
T_3	H	M	L	M	M	8	B（绝缘劣化）

根据表 7-10 评估结果分析如下：

（1）T_1 变压器的模糊划分与油纸绝缘评估规则表 7-7 中规则 1 的模糊语言值相匹配，根据评估规则 1 判定 T_1 变压器绝缘性能是良好的，无须进行检测维修；评估结果与实际检测结果是一致的。

（2）T_2 变压器的模糊划分与油纸绝缘评估规则表 7-7 中规则 9 的模糊语言值相匹配，根据评估规则 9 判定 T_2 变压器绝缘性能劣化，需要检测维修。评估结果与 T_2 变压器绝缘的实际情况也是相同的。

（3）T_3 变压器模糊划分与评估规则 8 相匹配，判定 T_3 变压器绝缘绝缘劣化，需要检测维修；T_3 变压器运行年限超过 20 年，绝缘老化严重，评估结果与实测检测结果一致。

7.2　基于多元回归法的油纸绝缘诊断

7.2.1　回复电压时域特征量分析

根据文献[75]提出的方法，由复电压测试数据计算出油纸绝缘扩展德拜等效电路的参数值 R_i、C_i($i=1, \cdots, n, n$ 为极化支路数)。由式 (7-7) 即可计算出极化支路中最大时间常数 τ_{max}

$$\tau_{max} = \max(R_i C_i), \qquad i=1, \cdots, n \tag{7-7}$$

根据文献[47]提出的方法，对单次测试的回复电压谱线进行解谱，可求取子谱线参数 A_j 和 p_j($j=1, \cdots, n, n$ 为极化支路数)，由式 (7-8) 即可计算出对应的等值弛豫极化强度 P_r

$$P_r = \sum_{j=1}^{n} \left| A_j \frac{1}{p_j} \right| \tag{7-8}$$

研究表明，随着变压器油纸绝缘老化程度的越深，等值弛豫极化强度 P_r 就越大[47]。

　　为进一步研究变压器油纸绝缘时域特征量与油中糠醛含量关系，现采用回复电压测试仪 RVM5461 对 40 多台不同绝缘程度的变压器进行现场测试，并通过计算获得回复电压极化谱主时间常数 t_{cdom}、最大时间常数 τ_{max}、极化谱峰值 U_{Mf}、最大初始斜率 S_{rmax} 和极化强度 P_r 等 5 个特征量。由于篇幅限制，文中仅列举出其中 10 台变压器的特征量数据，如表 7-11 所示。

表 7-11　变压器现场测试特征量参数及实际运行状况

代号	变压器型号	t_{cdom}/s	τ_{max}/s	U_{Mf}/V	S_{rmax}/(V/s)	P_r/C	实际运行状态	
							运行年限/年	绝缘状况（糠醛含量）
T_1	LB7—252W2	307.19	677.19	396.41	186.73	19.43	8	老化严重（9.574mg/L）
T_2	LCWB—220 BW	264.80	367.23	670.8	277.92	28.34	11	老化严重（11.587mg/L）
T_3	SFZ7—31500/110	904.35	223.26	394.25	191.57	22.736	20	低压绕组老化严重（24.7mg/L）
T_4	SFP9—24000/220	2488.34	1956.45	108.34	23.78	1.46	5	绝缘状态良好（0.001mg/L）
T_5	LB7—252W2	663.77	824.540	261.18	89.77	7.19	7	低压侧老化严重（5.652mg/L）
T_6	SP—400/10	2100.52	1745.97	115.41	37.69	1.59	9	高压绕组老化（0.741mg/L）
T_7	SFZ7—31500/110	2005.43	1585.67	131.52	38.45	1.99	3	高压侧轻微老化（1.082mg/L）
T_8	SF08—31500/110	2438.09	1597.61	154.37	84.37	1.81	4	绝缘状态良好（0.671mg/L）
T_9	OSFPSZ9—180000/220	1207.31	942.38	201.69	59.48	4.18	6	老化严重且受潮（3.698mg/L）
T_{10}	SFPS—180000/220	642.83	799.45	264.13	92.81	8.45	4	绝缘老化严重（6.259mg/L）

　　然后应用多元回归法，分别研究各个特征量与油纸绝缘变压器油中糠醛含量之间的变化关系，如图 7-2～图 7-6 所示。

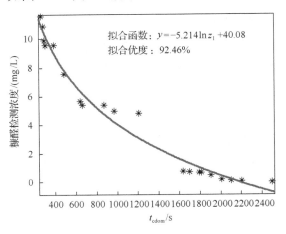

拟合函数：$y=-5.214\ln z_1 +40.08$
拟合优度：92.46%

图 7-2　主时间常数与糠醛含量的关系

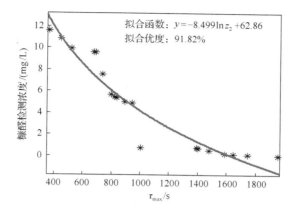

图 7-3　最大时间常数与糠醛含量的关系

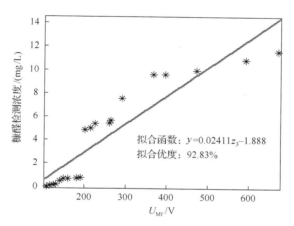

图 7-4　峰值大小与糠醛含量的关系图

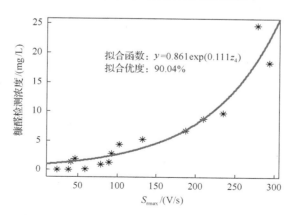

图 7-5　最大初始斜率与糠醛含量的关系

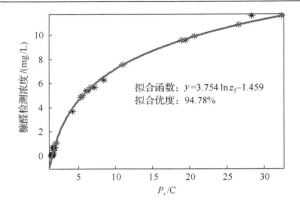

拟合函数：$y = 3.754 \ln z_5 - 1.459$
拟合优度：94.78%

图 7-6　极化强度与糠醛含量的关系

由图 7-2～图 7-6 可见，随着变压器绝缘劣化程度的不断变化，主时间常数、最大时间常数等都与糠醛浓度呈自然对数负相关变化，极化强度与油中糠醛浓度呈自然对数正相关变化；极化谱峰值 U_{Mf} 与糠醛浓度变化呈线性关系；最大初始斜率 S_{rmax} 与糠醛浓度呈指数函数增大的形式变化。

7.2.2　融合多特征量的油纸绝缘诊断

根据 7.2.1 节阐述的回复电压极化谱主时间常数等 5 个特征量与变压器油中糠醛浓度之间的变化关系，综合考虑融合多个特征量，应用多元线性回归法建立油纸绝缘变压器绝缘评估方程式[76,77]：

$$y = \beta_0 + \beta_1 x_1 + \beta_2 x_2 + \beta_3 x_3 + \beta_4 x_4 + \beta_5 x_5 \tag{7-9}$$

式中，y 是油中糠醛含量计算值；$x_1, x_2, \cdots, x_5$ 分别表示 $\ln z_1, \ln z_2, z_3/100, \exp(z_4/100)$ 和 $\ln z_5$。它们分别是极化谱特征量 t_{cdom}、τ_{max}、U_{Mf}、S_{rmax} 和 P_r 等测度变换后的数值；$\beta_0, \beta_1, \cdots, \beta_5$ 分别是 $x_1, x_2, \cdots, x_5$ 的系数，它们都是未知量。由于各个特征量对油中糠醛含量计算值的贡献度各不相同，因此，根据图 7-2～图 7-6 单指标拟合结果函数，应用多元线性回归法得到各测度变换的系数

$$[\beta_0, \beta_1, \beta_2, \beta_4, \beta_5] = [14.653, -1.556, -0.462, 0.231, 0.034, 1.902]$$

若将各个特征量的测度变换后的回归系数 β_0、β_1、β_3、β_4 和 β_5 等数值代入式(7-9)，得到融合 5 个特征量的油中糠醛含量计算公式

$$\begin{aligned} y = {} & 14.653 - 1.556 \ln z_1 - 0.462 \ln z_2 + 0.231(z_3/100) \\ & + 0.034 \exp(z_4/100) + 1.902 \ln z_5 \end{aligned} \tag{7-10}$$

式中，$z_1 \sim z_5$ 分别表示回复电压极化谱主时间常数 t_{cdom}、最大时间常数 τ_{max}、极化

谱峰值 U_{Mf}、最大初始斜率 S_{rmax} 等测试数据及极化强度 P_{r} 的计算值。

1. 油纸绝缘状态等级划分

依据油浸式变压器绝缘纸寿命的聚合度判断方法[78]，当聚合度平均值在 1200～1800 时，变压器整体绝缘状态是良好的；当聚合度平均值下降到 500 时，变压器整体绝缘寿命处于中期；当聚合度平均值下降到 250 及以下，可认为变压器绝缘寿命已终止；当聚合度平均值下降到 150 时，绝缘纸的机械强度几乎为零。测定变压器聚合度需要停机取样和吊芯等存在诸多不便。根据糠醛含量与聚合度的经验公式[76,78,79]，若已知聚合度值，则可计算出糠醛浓度值

$$\lg K = 1.51 - 35 \times 10^{-4} \text{DP} \tag{7-11}$$

式中，K 为油中糠醛含量(mg/L)；DP 为变压器绝缘纸的聚合度值。依据聚合度或糠醛浓度值可定义变压器的油纸绝缘状态，划分为 5 个等级。1 级：油纸绝缘状态良好，其聚合度 DP∈[1200, 1800]，或糠醛浓度计算值 K∈[0, 0.0002]；2 级：油纸绝缘状态一般，其聚合度 DP∈[500, 1200]，或糠醛浓度计算值 K∈[0.0002, 0.5754]；3 级：油纸绝缘老化较严重，其聚合度 DP∈[250, 500]，或糠醛浓度计算值 K∈[0.5754, 4.3152]；4 级：油纸绝缘老化严重，其聚合度 DP∈[150, 250]，或糠醛浓度计算值 K∈[4.3152, 9.6605]；5 级：油纸绝缘设备寿命终止，其聚合度 DP∈[0, 150]，或糠醛浓度计算值 K∈[9.6605, 32.3594]。按照 5 个绝缘等级定义，画出油纸绝缘状态评估环形分级图[17]，如图 7-7 所示。

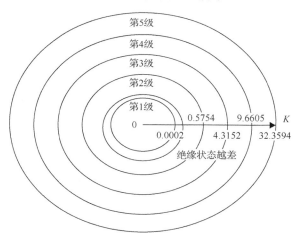

图 7-7　绝缘状态 5 级划分示意图

融合多指标的油纸绝缘综合诊断流程如图 7-8 所示。

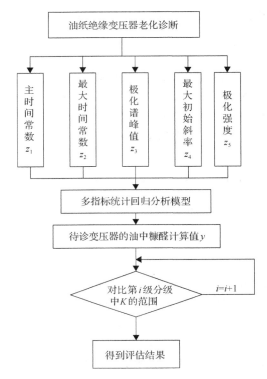

图 7-8　融合多指标的油纸绝缘诊断流程图

2. 油纸绝缘诊断分析

应用融合多指标的油纸绝缘分级诊断方法,对未加入回归分析的另外 12 台不同绝缘状况变压器分级诊断。

(1)应用 RVM5461 测试仪对待诊变压器进行回复电压数据测试,具体操作步骤按多指标油纸绝缘综合诊断流程图 7-8 执行。

(2)将测试结果进一步分析与计算,提取 t_{cdom}、τ_{max}、U_{Mf}、S_{rmax} 和 P_r 等 5 个特征值, 如表 7-12 所示。

(3)将表 7-12 中的特征参数值 x_i($i=1, 2, \cdots, 5$)经测度变换后的数据,如表 7-13 所示。

(4)将表 7-13 数据代入式(7-10),得到 12 台待诊变压器的油中糠醛含量计算值 y_j($j=1, 2, \cdots, 12$),然后将糠醛含量计算值与油纸绝缘 5 级划分图的 K_i 对比,即可诊断出变压器油纸绝缘状态,如表 7-14 所示。

表 7-12 12 台待诊变压器的时域特征参量

代号	$t_{cdom}(z_1)/s$	$\tau_{max}(z_2)/s$	$U_{Mf}(z_3)/V$	$S_{rmax}(z_4)/(V/s)$	$P_r(z_5)/C$
D_1	183.67	403.81	498.43	286.91	11.36
D_2	1307.44	938.73	189.46	88.37	8.41
D_3	2201.73	1867.39	109.73	24.14	1.43
D_4	2107.85	1534.96	127.35	32.09	1.69
D_5	2200.6	1807.6	108.66	22.56	1.299
D_6	1220.01	961.7	113.33	61.66	2.986
D_7	2356.38	1903.72	96.39	19.2	1.419
D_8	167.33	486.06	502.36	97.86	26.268
D_9	286.03	403.95	356.22	123.28	10.763
D_{10}	256.35	702.7	396.36	256.3	15.432
D_{11}	2363.68	1716.74	87.62	11.6	1.768
D_{12}	178.96	497.38	521.3	301.2	18.935

表 7-13 12 台待诊变压器测度变换后的时域指标序列

代号	x_1	x_2	x_3	x_4	x_5
D_1	5.213 1	6.000 9	4.984 3	17.621 2	2.430 1
D_2	7.175 9	6.844 5	1.894 6	2.419 8	2.129 4
D_3	7.697 0	7.432 4	1.097 3	1.273 0	0.357 7
D_4	7.653 4	7.336 3	1.274 5	1.378 4	0.524 7
D_5	7.696 5	7.399 8	1.086 6	1.253 1	0.261 6
D_6	7.106 6	6.868 7	1.133 3	1.852 6	1.093 9
D_7	7.764 9	7.451 6	0.963 9	1.211 7	0.350 0
D_8	5.120 0	6.186 5	5.023 6	2.660 7	3.268 4
D_9	5.656 1	6.001 3	3.562 2	3.430 8	2.376 1
D_{10}	5.546 5	6.554 9	3.963 6	12.974 7	2.736 4
D_{11}	7.768 0	7.348 2	0.876 2	1.123 0	0.569 8
D_{12}	5.187 2	6.209 6	5.213 0	20.328 0	2.941 0

表 7-14　12 台待诊变压器的诊断结果

| 代号 | 糠醛含量/(mg/L) | | 误差/% | 实际运行状态 | 诊断结果(吻合情况) |
	计算值	实测值			
D_1	10.137 5	9.973	1.64	已退役	寿命终止(吻合)
D_2	4.898 8	4.716	3.87	低压侧非正常老化	绝缘老化严重(吻合)
D_3	0.178 2	0.171	4.21	绝缘一般	绝缘状态一般(吻合)
D_4	0.698 7	0.684	2.15	高压侧有一定老化	绝缘老化较严重(吻合)
D_5	0.008 1	0.009	10.00	新投运	绝缘状态一般(较吻合)
D_6	2.830 9	2.793	1.43	老化较严重	绝缘老化较严重(吻合)
D_7	0.016 1	0.014	15.00	新投运	绝缘状态一般(较吻合)
D_8	11.298 9	11.79	4.16	老化严重已退役	寿命终止(吻合)
D_9	8.541 2	8.58	0.45	纸老化严重	绝缘老化较严重(吻合)
D_{10}	9.553 8	9.753	2.04	绕组老化较严重	绝缘老化较严重(吻合)
D_{11}	0.454 0	0.387	17.31	油处理后	绝缘状态一般(吻合)
D_{12}	11.196 8	11.36	1.44	油纸老化严重	寿命终止(吻合)

由表 7-14 诊断结果分析：

(1)变压器油中糠醛浓度实测值与计算值比较，大部分误差小于 5%，只有少数变压器的糠醛含量较少时，误差出现大于 10%。

(2)绝缘诊断结果绝大部分与变压器的实际绝缘状况相符合，只有新投运的 D_5 和 D_7 变压器由于油中糠醛含量值较小，导致诊断结果出现小偏差。

由此说明，应用融合多评估指标的线性回归方程计算油中糠醛含量，能间接用于油纸绝缘变压器的绝缘状况评估。它比采用高效液相色谱等检测方法操作更为简单和方便。

7.3　融合多特征量的油纸绝缘定量诊断

目前在油纸绝缘诊断领域中，采用时域响应特征量诊断油纸绝缘状态已得到专家的关注和应用。但迄今为止，还仅停留在定性分析中，无法对单台变压器的绝缘状态作出确切的诊断。在本节提出一种应用时域特征量的定量评估油纸绝缘状态的方法。

首先根据现场实测多台不同绝缘状态油纸绝缘变压器的时域特征值，建立油纸绝缘变压器特征量属性矩阵 A_{JZ}，并从属性矩阵中获取每一列特征量的最大值和最小值。其次应用同阶评估指标将变压器的属性矩阵 A_{JZ} 转换为无量纲矩阵 T_D。构造求解评估绝缘状况特征量的权重系数 $w_{(i)}$ 的目标函数，优化求解各特征量的权重值。再次根据待评估变压器实测分析获取的 p 个特征值，通过同阶无量纲变换，计算待评估变压器的油中糠醛含量。最后根据糠醛含量计算值定量判断油纸变压器绝缘状况的优劣程度。

7.3.1　油纸绝缘定量诊断方法和判据

首先根据回复电压测试方法对 k 台油纸变压器现场测试时域介电谱，应用极化等效电路参数辨识算法和弛豫电量计算公式获取评估绝缘状况特征值，如弛豫数量（极化支路数）、线型因子、弛豫电量、最大时间常数和极化指数等 5 个特征量，然后建立属性矩阵 A_{JZ}，如式（7-12）所示：

$$A_{JZ} = \begin{matrix} x_1 & x_2 & x_3 & \cdots & x_{p-1} & x_p & x_{p+1} \\ \begin{bmatrix} a_{1,1} & a_{1,2} & a_{1,3} & \cdots & a_{1,p-1} & a_{1,p} & a_{1,p+1} \\ a_{2,1} & a_{2,2} & a_{2,3} & \cdots & a_{2,p-1} & a_{2,p} & a_{2,p+1} \\ \vdots & \vdots & \vdots & & \vdots & \vdots & \vdots \\ a_{k-2,1} & a_{k-2,2} & a_{k-2,3} & \cdots & a_{k-2,p-1} & a_{k-2,p} & a_{k-2,p+1} \\ a_{k-1,1} & a_{k-1,2} & a_{k-1,3} & \cdots & a_{k-1,p-1} & a_{k-1,p} & a_{k-1,p+1} \\ a_{k,1} & a_{k,2} & a_{k,3} & \cdots & a_{k,p-1} & a_{k,p} & a_{k,p+1} \end{bmatrix} \end{matrix} \qquad (7\text{-}12)$$

在属性矩阵 A_{JZ} 中，$x_i(i=1, 2, 3, \cdots, p)$ 表示评估变压器绝缘状态的第 i 列特征值；x_{p+1} 列元素表示变压器油中糠醛含量的检测值(mg/L)；$a_{j,z}(j=1, 2, 3, \cdots, k; z=1, 2, 3, \cdots, p)$ 表示第 j 台变压器的第 z 个绝缘评估特征值。

将属性矩阵 A_{JZ} 各列的特征值，按下式获取每一列元素的最大值 $x_{i\text{-max}}$ 和最小值 $x_{i\text{-min}}$。

$$x_{i\text{-max}} = \max_{j=1}^{k}(a_{j,z}), \qquad i = z = 1, 2, \cdots, p+1$$

$$x_{i\text{-min}} = \min_{j=1}^{k}(a_{j,z}), \qquad i = z = 1, 2, \cdots, p+1$$

将属性矩阵 A_{JZ} 各元素值按照式（7-13）或式（7-14）进行同阶评估指标的无量纲变换，即

$$t_{j,z} = \frac{a_{j,z} - x_{i\text{-min}}}{x_{i\text{-max}} - x_{i\text{-min}}}, \qquad j = 1, 2, \cdots, k; \ i = z = 1, 2, \cdots, p+1 \tag{7-13}$$

或者按照式(7-14)计算

$$t_{j,z} = \frac{x_{i\text{-max}} - a_{j,z}}{x_{i\text{-max}} - x_{i\text{-min}}}, \qquad j = 1, 2, \cdots, k; \ i = z = 1, 2, \cdots, p+1 \tag{7-14}$$

通过同阶无量纲变换后，将属性矩阵 A_{JZ} 转换为无量纲矩阵 T_{D}，如式(7-15)所示：

$$T_{\text{D}} = \begin{bmatrix} t_{1,1} & t_{1,2} & t_{1,3} & \cdots & t_{1,p-1} & t_{1,p} & t_{1,p+1} \\ t_{2,1} & t_{2,2} & t_{2,3} & \cdots & t_{2,p-1} & t_{2,p} & t_{2,p+1} \\ \vdots & \vdots & \vdots & & \vdots & \vdots & \vdots \\ t_{k-2,1} & t_{k-2,2} & t_{k-2,3} & \cdots & t_{k-2,p-1} & t_{k-2,p} & t_{k-2,p+1} \\ t_{k-1,1} & t_{k-1,2} & t_{k-1,3} & \cdots & t_{k-1,p-1} & t_{k-1,p} & t_{k-1,p+1} \\ t_{k,1} & t_{k,2} & t_{k,3} & \cdots & t_{k,p-1} & t_{k,p} & t_{k,p+1} \end{bmatrix} \tag{7-15}$$

根据无量纲矩阵 T_{D} 的元素值建立式(7-16)评估指标的权重优化配置系数 $w(i)$ ($i=1, 2, 3, \cdots, p$)的目标函数式，并用各种优化算法计算出式(7-16)的权值 $w(i)$ ($i=1, 2, 3, \cdots, p$)

$$F[w(i)] = \min \sum_{i=1}^{k} \left[\sum_{j=1}^{p} \left(w(i) t_{i,j} - t_{i,p+1} \right) \right]^2 \tag{7-16}$$

式中，$t_{i,j}$ 和 $t_{i,p+1}$ 分别是无量纲矩阵 T_{D} 中第 i 行第 j 列和第 i 行第 $p+1$ 列的元素值。

根据待诊断变压器测试的极化谱特征值及应用极化等效电路参数辨识算法和弛豫电量计算公式求出的 p 个特征值，即 $A^{\text{s}} = [a_1, a_2, \cdots, a_p]$，首先应用式(7-13)或式(7-14)进行同阶评估指标的无量纲变换，得到无量纲特征值：$T^{\text{s}} = [t_1, t_2, \cdots, t_p]$。然后将权重优化配置计算出的系数 $w(i)$ ($i=1, 2, 3, \cdots, p$)代入式(7-17)计算变压器的综合诊断特征值 T^{c}

$$T^{\text{c}} = \sum_{i=1}^{p} w(i) t_i \tag{7-17}$$

然后将综合诊断特征值 T^{c} 代入式(7-18)计算出待诊断变压器的油中糠醛含量计算值 D_{K}。

$$D_K = T^c(x_{6\text{-min}} - x_{6\text{-max}}) + x_{6\text{-max}} \tag{7-18}$$

最后根据 D_K 值判断变压器油纸绝缘老化状况的判据为

（1）若 $D_K < 0.4$ 时，则油纸绝缘良好。

（2）若 $0.5 \leqslant D_K < 4$ 时，则油纸绝缘明显老化、绝缘寿命趋近中期。

（3）若 $D_K \geqslant 4$ 时，则油纸绝缘严重老化、绝缘寿命已接近晚期。

根据以上分析和计算步骤，画出融合多特征量的油纸绝缘定量诊断流程图，如图 7-9 所示。

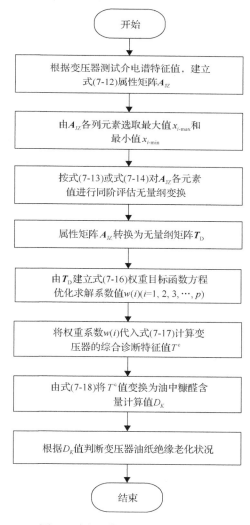

图 7-9　油纸绝缘定量诊断流程图

7.3.2　绝缘诊断示例分析

根据 $T_1 \sim T_{20}$ 20 台变压器现场测试提供的油纸绝缘老化状况特征值 $x_1 \sim x_5$，它们分别表示：弛豫数量、线型参数、弛豫电量、最大时间常数和极化指数等 5 个评价指标；x_6 列表示变压器油中糠醛含量检测值。根据 $T_1 \sim T_{20}$ 20 台变压器提供的 5 个指标及油中糠醛含量测值，建立属性矩阵 A_{JZ}，如式(7-19)所示：

$$A_{JZ} = \begin{bmatrix} \begin{array}{cccccc} x_1 & x_2 & x_3 & x_4 & x_5 & x_6 \\ 5 & 0.61 & 0.80 & 4881 & 1.96 & 0.02 \\ 5 & 0.60 & 1.14 & 4854 & 1.92 & 0.21 \\ 6 & 0.74 & 3.24 & 3846 & 1.67 & 2.32 \\ 7 & 0.78 & 5.17 & 874 & 1.75 & 2.32 \\ 7 & 0.79 & 5.25 & 1207 & 1.68 & 3.42 \\ 6 & 0.71 & 2.40 & 3856 & 1.81 & 0.81 \\ 8 & 0.83 & 6.60 & 1416 & 1.47 & 3.82 \\ 8 & 0.85 & 7.35 & 87 & 1.53 & 5.13 \\ 8 & 0.92 & 8.19 & 181 & 1.40 & 6.11 \\ 5 & 0.56 & 2.31 & 4417 & 1.82 & 0.48 \\ 5 & 0.63 & 5.25 & 3984 & 1.59 & 1.77 \\ 5 & 0.70 & 5.34 & 3069 & 1.65 & 2.68 \\ 6 & 0.75 & 5.59 & 1963 & 1.60 & 3.23 \\ 6 & 0.79 & 7.94 & 2203 & 1.55 & 3.91 \\ 6 & 0.77 & 7.10 & 2059 & 1.53 & 3.51 \\ 7 & 0.81 & 6.00 & 1867 & 1.53 & 3.55 \\ 7 & 0.85 & 7.94 & 2059 & 1.46 & 4.83 \\ 7 & 0.89 & 8.86 & 1097 & 1.42 & 5.68 \\ 7 & 0.90 & 8.95 & 1241 & 1.41 & 5.83 \\ 8 & 0.91 & 9.21 & 375 & 1.45 & 6.13 \end{array} \end{bmatrix} \tag{7-19}$$

从属性矩阵 A_{JZ} 中获取每一列特征值的最大值和最小值，它们分别为

$$x_{\text{-max}} = [8, 0.92, 9.21, 4891, 1.96, 6.13], \qquad x_{\text{-min}} = [5, 0.56, 0.8, 87, 1.4, 0.02]$$

将属性矩阵 A_{JZ} 各特征值，按照式(7-13)或式(7-14)进行同阶评估指标变换为无量纲矩阵 T_D，如式(7-20)所示：

$$
T_{\mathrm{D}} =
\begin{bmatrix}
1.00 & 0.86 & 1.00 & 1.00 & 1.00 & 1.00 \\
1.00 & 0.88 & 0.96 & 0.99 & 0.93 & 0.97 \\
0.67 & 0.51 & 0.71 & 0.78 & 0.48 & 0.62 \\
0.33 & 0.39 & 0.48 & 0.16 & 0.72 & 0.62 \\
0.33 & 0.35 & 0.47 & 0.24 & 0.50 & 0.44 \\
0.67 & 0.27 & 0.81 & 0.78 & 0.73 & 0.86 \\
0.00 & 0.25 & 0.31 & 0.28 & 0.13 & 0.38 \\
0.00 & 0.20 & 0.22 & 0.00 & 0.23 & 0.16 \\
0.00 & 0.00 & 0.12 & 0.02 & 0.00 & 0.00 \\
1.00 & 1.00 & 0.82 & 0.90 & 0.75 & 0.92 \\
1.00 & 0.80 & 0.47 & 0.81 & 0.34 & 0.71 \\
1.00 & 0.61 & 0.46 & 0.62 & 0.44 & 0.56 \\
0.67 & 0.47 & 0.43 & 0.39 & 0.35 & 0.47 \\
0.67 & 0.35 & 0.15 & 0.44 & 0.26 & 0.36 \\
0.67 & 0.42 & 0.25 & 0.41 & 0.23 & 0.43 \\
0.33 & 0.35 & 0.38 & 0.37 & 0.24 & 0.42 \\
0.33 & 0.20 & 0.15 & 0.41 & 0.12 & 0.21 \\
0.33 & 0.07 & 0.04 & 0.21 & 0.04 & 0.07 \\
0.33 & 0.06 & 0.03 & 0.24 & 0.02 & 0.04 \\
0.00 & 0.03 & 0.00 & 0.06 & 0.09 & 0.00
\end{bmatrix}
\tag{7-20}
$$

根据式(7-16)，并结合无量纲矩阵 T_{D} 建立权重优化配置系数 $w(i)$ $(i=1, 2, \cdots, 5)$ 的目标函数式。通过优化计算目标函数的权值 $w(i)$ $(i=1, 2, \cdots, 5)$ 为

$$
w=[0.0832, 0.2114, 0.2891, 0.1080, 0.3082]
$$

将待诊断变压器测试提供的 5 个特征值(弛豫数量、线型因子、弛豫电量、最大时间常数和极化指数)即 $A^{\mathrm{s}} = [6, 0.72, 1.80, 3452, 1.68]$，应用式(7-13)和式(7-14)进行同阶变换，得到无量纲特征值为：$T^{\mathrm{s}} = [0.667, 0.556, 0.880, 0.746, 0.428]$。然后代入式(7-17)计算出变压器综合诊断特征值 T^{c}，即

$$
\begin{aligned}
T^{\mathrm{c}} = \sum_{i=1}^{5} w(i)t_i &= 0.0832 \times 0.667 + 0.2114 \times 0.556 + 0.2891 \times 0.880 \\
&+ 0.1080 \times 0.746 + 0.3082 \times 0.428 = 0.6135
\end{aligned}
$$

然后将综合诊断特征值 T^c 代入式(7-18)计算出待诊断变压器的油中糠醛含量 D_K 值

$$D_K = T^c(x_{6\text{-min}} - x_{6\text{-max}}) + x_{6\text{-max}} = 0.6135 \times (0.02 - 6.13) + 6.13 = 2.3815$$

根据 D_K 计算值判断变压器油纸绝缘老化状况：因为 $D_K = 2.3815 > 0.5$，且 $D_K < 4$，所以该台变压器的油纸绝缘已出现明显老化且绝缘寿命趋近中期。

为了进一步印证本方法的准确性，对该变压器进行抽油检测，其糠醛含量的实测值为 2.38mg/L，即实测值与计算值几乎相同，且该变压器已经运行 5 年，高压侧出现一定程度的老化。测试结果表明，诊断结果与绝缘实际情况是基本一致的。

7.4　油纸绝缘系统分类诊断

7.4.1　油和纸评估指标选取及绝缘等级划分

(1)绝缘油和纸评估特征量的选取及等级划分[17]。根据回复电压峰值 U_{rmax}、峰值时间 t_{peak} 和初始斜率 S_r 等特征值均在短充电时间段($t_c < 10\text{s}$)反映绝缘油的老化状态较为敏感；在长充电时间段($t_c > 100\text{s}$)反映绝缘纸的老化状态较为明显。故选取 $t_c < 10\text{s}$ 充电区间段的 U_{r10}、t_{p10}、S_{r10} 平均值作为绝缘油状态的特征指标；选取 $t_c > 100\text{s}$ 充电区间段的 U_{r100}、t_{p100}、S_{r100} 平均值作为评估绝缘纸状态的特征指标。同理，选取 $\tau_i < 1\text{s}$ 放电区间段的去极化电流弛豫贡献度 C_{i1}、弛豫时间常数 τ_{i1} 平均值作为评估绝缘油状态的指标；选取 $\tau_i > 100\text{s}$ 放电区间段的去极化电流弛豫贡献度 C_{i100} 和弛豫时间常数 τ_{i100} 平均值作为评估绝缘纸状态的特征指标。

应用模糊聚类算法将油纸绝缘变压器回复电压和去极化电流测量数据分为 3 个模糊组，并计算每个模糊组的指标聚类中心[80,81]。然后，根据文献[17]将油纸绝缘状态划分为 4 个等级，Ⅰ级：绝缘状态良好；Ⅱ级：绝缘状态一般；Ⅲ级：绝缘状态较差；Ⅳ级：绝缘老化严重。

(2)根据以上分析，按文献[17]方法绘制出变压器油纸绝缘系统油和纸绝缘状态的分类诊断流程图，如图 7-10 所示。

7.4.2　确定油纸绝缘状态分级的诊断规则

1. 油和纸绝缘状态标准分级

选取 40 多台不同绝缘程度的油纸变压器的测试时域介电谱(回复电压和去极化电流 PDC)5 个特征数据建立变压器绝缘油和绝缘纸初始数据库。然后，选取不同时间段的特征指标值。因篇幅所限，只在表 7-15、表 7-16 中列出一部分。

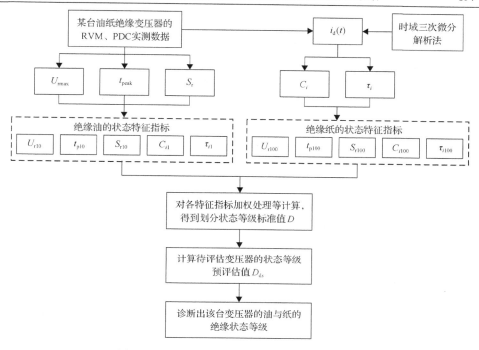

图 7-10　油纸绝缘状态的分类分级诊断流程图

表 7-15　变压器绝缘油状态特征指标数据库

变压器代号	绝缘油的 RVM/PDC 状态特征指标					实际状况（运行年限）
	U_{r10}/V	t_{p10}/s	$S_{r10}/(\text{V/s})$	$C_{i1}/10^{-7}\text{A}$	τ_{i1}/s	
R_1	24.0778	17.2856	43.8944	19.8536	0.4562	新投运（1 年）
R_2	4.5856	6.8279	15.64	68.8575	0.1869	检修前（8 年）
R_3	14.4444	25.6633	59.9978	25.3658	0.3596	检修后（8 年）
R_4	50.8778	1.6807	187.4333	72.3584	0.1235	已退役（15 年）
R_5	102.3111	1.3172	615.3333	63.986	0.1975	试验变压器（10 年）
R_6	93.2556	1.2946	612.1111	62.041	0.1768	试验变压器（10 年）
R_7	9.9756	31.1222	21.4311	22.853	0.5978	新变压器（0）
R_8	12.86	17.8633	28.6489	23.573	0.3685	检修期（12 年）
R_9	8.2344	9.9933	23.1517	25.941	0.4012	检修期（12 年）
R_{10}	16.2811	40.1	20.89	56.612	0.4152	检修后（7 年）
R_{11}	8.1967	17.8144	20.4422	27.698	0.3560	备用变压器（12 年）
R_{12}	5.2267	35.9844	9.58	65.711	0.4867	检修换油后（8 年）
R_{13}	4.7533	41.4578	10.3556	63.109	0.4238	检修后（10 年）
⋮	⋮	⋮	⋮	⋮	⋮	⋮
R_{23}	6.7311	31.7089	14.4189	72.418	0.4754	检修换油后（10 年）
R_{24}	16.2811	40.1	20.89	16.897	0.4423	检修后（5 年）
R_{25}	4.0378	49.1067	9.0111	18.681	0.4258	新投运（2 年）

变压器 代号	绝缘油的 RVM/PDC 状态特征指标					实际状况 （运行年限）
	U_{r10}/V	t_{p10}/s	S_{r10}/(V/s)	$C_{i1}/10^{-7}$A	τ_{i1}/s	
R_{26}	4.3144	106.3422	7.2556	18.870	0.5238	新投运（0.5 年）
⋮	⋮	⋮	⋮	⋮	⋮	⋮
R_{40}	7.0956	74.2544	12.7067	19.961	0.5028	新投运（1 年）
R_{41}	8.4589	21.8989	14.0367	18.532	0.5123	新投运（0.5 年）
R_{42}	50.1333	2.2824	168.6889	73.044	0.1563	已退役（25 年）
R_{43}	59.4222	2.6303	171.9222	72.997	0.1578	已退役（22 年）
R_{44}	48.6667	5.3373	108.1889	71.872	0.1986	已退役（15 年）
R_{45}	35.7333	5.1707	86.2333	66.781	0.2013	已退役（15 年）
R_{46}	46.0222	4.715	107.3111	73.894	0.2354	已退役（18 年）

表 7-16　变压器绝缘纸状态特征指标数据库

变压器 代号	绝缘纸的 RVM/PDC 状态特征指标					实际状况 （运行年限）
	U_{r100}/V	t_{p100}/s	S_{r100}/(V/s)	$C_{i100}/10^{-7}$A	τ_{i100}/s	
R_1	206.6667	328.3333	2.6633	1.2525	1520.4586	新投运（1 年）
R_2	156.8	375.4	1.4732	6.8868	562.1657	检修前（8 年）
R_3	77.15	955	0.2685	2.3675	952.3537	检修后（8 年）
R_4	28.7675	133.05	1.4725	7.3532	286.1852	已退役（15 年）
R_5	63.7333	65.9833	32.8333	6.9856	452.1853	试验变压器（10 年）
R_6	198.6571	276.0429	36.0857	6.0741	497.2256	试验变压器（10 年）
R_7	156.825	589.25	0.5763	1.0814	1565.2004	新变压器（0）
R_8	44.38	936	0.1192	5.5723	456.6741	检修期（12 年）
R_9	41.725	342.5	0.5303	5.9745	520.4035	检修期（12 年）
R_{10}	56.3	329.8333	0.615	2.6535	865.8523	检修后（7 年）
R_{11}	67.825	408.5	0.63	6.7923	457.3369	备用变压器（12 年）
R_{12}	88.26	882.8	0.348	1.9711	867.3582	检修换油后（8 年）
R_{13}	93.5	738.5	0.37	3.1028	1204.4537	检修后（10 年）
⋮	⋮	⋮	⋮	⋮	⋮	⋮
R_{23}	73.4833	631.3333	0.385	2.4178	1035.4876	检修换油后（10 年）
R_{24}	56.3	329.8333	0.615	1.8872	1352.2453	检修后（5 年）
R_{25}	170.0833	564.8333	0.8833	1.6221	1400.4289	新投运（2 年）
R_{26}	178.58	538.4	0.92	1.8778	1478.8538	新投运（0.5 年）
⋮	⋮	⋮	⋮	⋮	⋮	⋮
R_{40}	203.25	610.25	1.095	1.3237	1386.5066	新投运（1 年）
R_{41}	131.1333	472.3333	0.9533	1.4531	1405.4886	新投运（0.5 年）
R_{42}	33.925	37.425	6.825	8.3863	186.8986	已退役（25 年）
R_{43}	46.025	30.475	10.185	7.3263	195.8635	已退役（22 年）
R_{44}	32.6667	59.2333	3.2333	7.4577	326.1853	已退役（15 年）
R_{45}	35.475	90.35	3.575	7.8886	315.2552	已退役（15 年）
R_{46}	87.305	87.15	5.675	7.779	288.1634	已退役（18 年）

根据表 7-15，表 7-16 的特征指标数据，按模糊聚类分析法[17,81]分别得到油和纸的特征指标的 3 个聚类中心值及其对应每个模糊组的变压器编号。聚类分析结果如表 7-17 所示。

表 7-17　模糊聚类分析结果

绝缘油评估指标		绝缘纸评估指标	
聚类中心 $(U_{r10}, t_{p10}, S_{r10}, C_{i1}, \tau_{i1})$	分组结果编号	聚类中心 $(U_{r100}, t_{p100}, S_{r100}, C_{i100}, \tau_{i100})$	分组结果编号
(12.0306, 32.0105, 25.6420, 19.8810, 03939)	R_1, R_3, R_7, R_9, R_{12}, ···, R_{23}, R_{24}, ···, R_{40}, R_{41}	(72.3953, 853.5872, 0.5974, 1.2335, 1450.201)	R_1, R_3, R_7, R_{12}, ···, R_{23}, R_{24}, ···, R_{40}, R_{41}
(56.8860, 3.6292, 162.6772, 37.1345, 0.2536)	R_2, R_5, R_6, ···, R_{14}, R_{15}, R_{17}, ···, R_{21}, ···, R_{43}, R_{46}	(81.3612, 424.1730, 4.8778, 4.9513, 695.452)	R_2, R_5, R_6, R_9, ···, R_{14}, R_{17}, ···, R_{21}, R_{25}, ···, R_{43}, R_{46}
(130.7410, 1.3890, 589.1891, 73.1191, 0.1671)	R_4, R_{16}, R_{18}, R_{19}, ···, R_{42}, R_{44}, R_{45}	(130.8793, 72.9190, 14.0425, 8.9519, 269.5183)	R_4, R_{15}, R_{16}, R_{18}, R_{19}, ··· R_{42}, R_{44}, R_{45}

由模糊聚类分析结果可以看出，每个模糊组变压器绝缘老化程度与实际绝缘状况基本相近。因此，各分组聚类中心值可作为划分绝缘油、绝缘纸的状态分级标准值。建立绝缘油和绝缘纸状态的分级标准向量表[17]，如表 7-18 和表 7-19 所示。

表 7-18　绝缘油状态分级标准向量表

绝缘等级	绝缘油评估指标				
	U_{r10}/V	t_{p10}/s	S_{r10}/(V/s)	C_{i1}/10^{-7}A	τ_{i1}/s
I	<12.0306	>32.0105	<25.6420	<19.8810	>0.3939
II	12.0306~56.8860	3.6292~32.0105	25.6420~162.6772	19.8810~37.1345	0.2536~0.3939
III	56.8860~130.7410	1.3890~3.6292	162.6772~589.1891	37.1347~73.1191	0.1671~0.2536
IV	>130.7410	<1.3890	>589.1891	>73.1191	<0.1671

表 7-19　绝缘纸状态分级标准向量表

绝缘等级	绝缘纸评估指标				
	U_{r100}/V	t_{p100}/s	S_{r100}/(V/s)	C_{i100}/10^{-7}A	τ_{i100}/s
I	<72.3953	>853.5872	<0.5974	<1.2335	>1450.201
II	72.3953~81.3612	424.1730~853.5872	0.5974~4.8778	1.2337~4.9513	695.452~1450.201
III	81.3612~130.8793	72.9190~424.1730	4.8778~14.0425	4.9513~8.9519	269.5183~695.452
IV	>130.8793	<72.9190	>14.0425	>8.9519	<269.5183

2. 绝缘油和绝缘纸特征指标的权重计算

已有研究表明[17,80]，回复电压特征量对绝缘油状态反映敏感度的排序为：$S_r > U_{rmax} > t_{peak}$，对绝缘纸状态反映灵敏度的排序为：$U_{rmax} > t_{peak} > S_r$；去极化电流特征量对油纸绝缘状态反映灵敏度的排序为: $C_i > \tau_i$。由于去极化电流(i_d)的测试数值很微小,容易受外部因素干扰,影响测试精度,故考虑这两类特征量指标的重要程度,回复电压特征量的权重值大于去极化电流特征量。因此,由文献[17]得到,绝缘纸和绝缘油特征指标(U_{r100}, t_{p100}, S_{r100}, C_{i100}, τ_{i100})和(U_{r10}, t_{p10}, S_{r10}, C_{i1}, τ_{i1})的主观权重系数 $Q_{纸}$ 和 $Q_{油}$ 分别为

$$Q_{纸} = [0.3185, 0.1291, 0.0524, 0.25, 0.25], \qquad Q_{油} = [0.1401, 0.0467, 0.3132, 0.2500, 0.2500]$$

同理,由文献[17]得到绝缘油和绝缘纸特征指标(U_{r10}, t_{p10}, S_{r10}, C_{i1}, τ_{i1})和(U_{r100}, t_{p100}, S_{r100}, C_{i100}, τ_{i100})的客观权重系数 $K_{油}$ 和 $K_{纸}$ 分别为

$$K_{油} = [0.2131, 0.2346, 0.3523, 0.1064, 0.0936]$$

$$K_{纸} = [0.1431, 0.1622, 0.4337, 0.1371, 0.1239]$$

最后根据文献[17]将主客观的计算结果 $Q_{纸}$、$Q_{油}$和 $K_{纸}$、$K_{油}$进行最优组合,得到绝缘油和绝缘纸状态指标的权重值

$$W_{油} = [0.1867, 0.1131, 0.3588, 0.1762, 0.1652]$$

$$W_{纸} = [0.2454, 0.1663, 0.1732, 0.2128, 0.2023]$$

3. 确定油和纸绝缘状态等级标准值

根据表 7-19 和表 7-20 的数据结合油和纸绝缘状态指标的权重值($W_{油}$, $W_{纸}$),由文献[17]得到绝缘油与绝缘纸状态等级标准值 D,如表 7-20 所示。

表 7-20　绝缘油与绝缘纸状态等级标准值 D

参数	绝缘油状态等级标准值				绝缘纸状态等级标准值			
	I	II	III	IV	I	II	III	IV
D	<0.0563	0.0563~0.1044	0.1044~0.2074	>0.2074	<0.0085	0.0087~0.0367	0.0367~0.0715	>0.0715

7.4.3　油纸绝缘状态分类分级诊断

现在选择代号为 $T_1 \sim T_8$ 的未参与数据聚类的油纸绝缘变压器,从测试数据中提取绝缘油和绝缘纸 5 个特征量评估指标及各变压器的绝缘实际情况,如表 7-21 和表 7-22 所示。

表 7-21　待评估变压器特征量与绝缘油实际状况

代号	绝缘油评估指标测量值					绝缘实际状况
	U_{r10}/V	t_{p10}/s	S_{r10}/(V/s)	$C_{i1}/10^{-7}$A	τ_{i1}/s	
T_1	56.8312	2.9057	204.5348	75.8631	0.1117	已退役
T_2	16.2442	7.3955	18.9447	77.3942	0.1320	已退役
T_3	4.5853	6.8286	415.6435	68.5235	0.2074	检修换油前
T_4	14.4440	25.6632	59.9982	23.5743	0.4231	检修换油后
T_5	19.3324	269.5532	34.0014	19.3570	0.4058	更换绕组前
T_6	8.9343	28.5521	23.8165	18.4228	0.4257	更换绕组后
T_7	9.9755	31.1221	21.4315	19.8529	0.5123	新生产
T_8	4.3146	106.3434	7.2558	18.3578	0.5694	投运不久

表 7-22　待评估变压器测量信息与绝缘纸实际状况

代号	绝缘纸评估指标测量值					实际运行状况
	U_{r100}/V	t_{p100}/s	S_{r100}/(V/s)	$C_{i100}/10^{-7}$A	τ_{i100}/s	
T_1	98.0752	40.0023	17.6384	8.8632	296.8623	已退役
T_2	347.7542	159.7552	11.4775	7.8863	301.2357	已退役
T_3	93.1755	352.7411	0.7676	3.3257	1204.7850	检修换油前
T_4	91.8232	784.4357	0.2617	3.0266	1242.3234	检修换油后
T_5	156.8220	375.4556	1.4735	5.6923	446.6711	更换绕组前
T_6	77.1558	955.2354	0.2681	2.8567	1365.7010	更换绕组后
T_7	156.8236	589.2741	0.5763	1.8635	1476.9110	新生产
T_8	178.5821	538.4225	0.9245	1.6751	1390.5253	投运不久

根据表 7-21 和表 7-22 待评估的数据，由文献[17]分别计算出 8 台变压器的绝缘油和绝缘纸绝缘状态等级预评估值 D_{ds}（s 表示绝缘油或绝缘纸），见表 7-23。

表 7-23　各待评估变压器绝缘油和绝缘纸状态等级预评估 D_{ds} 值

D_{ds}	T_1	T_2	T_3	T_4	T_5	T_6	T_7	T_8
$D_{d油}$	0.1113	0.0621	0.1235	0.0640	0.0113	0.0552	0.0550	0.0341
$D_{d纸}$	0.0874	0.0845	0.0202	0.0093	0.0286	0.0051	0.0023	0.0244

将表 7-23 待评估变压器的绝缘状态等级预评估值 $D_{d油}$ 和 $D_{d纸}$ 与表 7-20 绝缘油与绝缘纸状态等级标准值 D 对比，则可以判断出各台待诊断变压器的绝缘油与绝缘纸的绝缘状态等级诊断结果，如表 7-24 所示。

表 7-24 8 台变压器的绝缘油和绝缘纸的状态等级诊断结果

状态等级诊断结果		T_1	T_2	T_3	T_4	T_5	T_6	T_7	T_8
油	状态等级	III	II	III	II	I	I	I	I
	绝缘状况	绝缘较差	一般	绝缘较差	一般	良好	良好	良好	良好
纸	状态等级	IV	IV	II	II	II	I	I	II
	绝缘状况	老化严重	老化严重	一般	一般	一般	良好	良好	一般

由表 7-24 诊断结果对各变压器绝缘状态进行简要分析。

(1)已退役的 T_1 和 T_2 变压器绝缘油等级分别为III与II级，即绝缘状态较差和一般；绝缘纸等级均为IV级，即老化严重，则诊断结果与实际绝缘情况一致。

(2)T_3 和 T_4 是同一台变压器换油前后两种状态，诊断结果绝缘油的绝缘等级分别为III级和II级，即换油后比换油前的绝缘状态提升了。

(3)T_5 和 T_6 也是同一台变压器更换绕组前后两种状态，诊断结果绝缘纸的绝缘等级分别为II级和I级，即更换绕组后绝缘纸状态接近于理想状态，故评估结果与实际绝缘情况也是相符的。

(4)T_7 和 T_8 变压器均为新投运的变压器，其绝缘纸和绝缘油的绝缘等级均诊断为I级，表明其油绝缘状态优良；而绝缘纸的诊断等级为I级和II级。诊断结果与实际绝缘情况基本相同。

第8章 油纸绝缘变压器微水含量的诊断方法

变压器油纸绝缘系统的微水含量达到一定值时会影响变压器绝缘系统的正常状态，因此对变压器绝缘系统微水含量的诊断显得格外重要。为了准确诊断出变压器油纸绝缘系统中的微水含量，本章应用电介质时域响应特征量提出采用单个特征量的微水含量诊断方法和应用多个特征量的综合判断方法。

8.1 单特征量的油纸绝缘微水含量诊断

8.1.1 回复电压极化谱特征量与微水含量的关系

1. 回复电压极化谱(RVM)峰值与微水含量的关系

回复电压极化谱峰值电压(U_{Mf})是指回复电压峰值(U_{rmax})与对应充电时间(t_c)的散点图(即回复电压极化谱)的最大值。研究表明，极化谱峰值电压 U_{Mf} 能够有效反映变压器油纸绝缘系统微水含量情况，主要原因在于变压器油纸绝缘介质内部蕴含有微水及其酸类、醇类等老化产物[82-84]，将造成其内部的极化强度增大，极化电荷量增多，在回复电压测试过程中绝缘介质两端测得的峰值电压将较大。因此，利用极化谱峰值电压 U_{Mf} 诊断油纸绝缘系统微水含量的评估判据1。

判据 1 若回复电压极化谱峰值电压 U_{Mf} 越大，则油纸绝缘系统的微水含量越多，受潮程度越严重，绝缘状况越差；反之，回复电压极化谱峰值电压 U_{Mf} 越小，绝缘微水含量越少，受潮程度越轻微，绝缘状况越好。

2. 主时间常数与微水含量的关系

主时间常数(t_{cdom})是回复电压极化谱的峰值电压对应的充电时间。主时间常数反映了绝缘介质极化完全建立的时间，同时也表征绝缘介质的弛豫时间。水分是强极性分子，其发生的偶极子极化等反应会影响油纸绝缘介质的弛豫极化时间，那么水分含量的不同将会对主时间常数有着较大的影响，主时间常数是有效诊断油纸绝缘系统微水含量的指标之一。当变压器进行绝缘油脱气干燥后，回复电压极化谱的主时间常数将出现后移。同时，有研究结果表明，微水是造成变压器主时间常数变化的主要因素，且主时间常数可以量化变压器固体绝缘的微水含量[82,83]。因此，主时间常数是有效诊断变压器油纸绝缘系统微水含量的重要指标之一。主时间常数(t_{cdom})诊断油纸绝缘变压器微水含量的评估判据 2。

判据 2 变压器的回复电压极化谱主时间常数 t_{cdom} 越大，其油纸绝缘系统的微水含量越少，系统绝缘状态越好。

8.1.2 RVM 初始斜率与微水含量的关系

1. 初始斜率峰值与微水含量关系

初始斜率峰值(S_{rmax})为初始斜率(S_r)与充电时间(t_c)散点图的最大值。水分是一种强极性分子，其相对介电常数为 81，而绝缘纸的相对介电常数为 4.5，绝缘油的相对介电常数为 2.2，水的相对介电常数是绝缘纸的 18 倍，是绝缘油的 36.8 倍。当变压器受潮时，微水会促进油纸绝缘介质内部正负电荷的注入和迁移速度加快，绝缘纸中的纤维素分子含有的亲水性基团与水分子结合，增强其极化电导率；同时，微水本身在电场作用下增强了油纸绝缘系统的界面极化过程，从而增大绝缘介质的极化电导率，即变压器受潮会增大油纸绝缘的极化电导率，使得回复电压初始斜率增大。因此，初始斜率的峰值 S_{rmax} 大小能反映油纸绝缘系统中微水含量的高低，可通过初始斜率峰值 S_{rmax} 评估油纸绝缘的受潮状态。

判据 3 初始斜率峰值 S_{rmax} 越大，表明油纸绝缘受潮程度越深，其绝缘性能越差；反之，初始斜率峰值 S_{rmax} 越小，表明绝缘受潮程度越轻，微水含量较低，其绝缘性能越优。

2. 初始斜率峰值时间(t_s)与变压器微水含量的关系

初始斜率峰值时间(t_s)为初始斜率(S_r)与充电时间(t_c)散点图的最大值所对应时间。研究表明，绝缘电阻不改变初始斜率的大小，但几何电容会影响初始斜率峰值的高度，因此油纸绝缘变压器的几何结构会对初始斜率造成影响。t_s 不但不受变压器几何结构的影响，还与介质的弛豫响应速度密切相关，对绝缘油的微水含量反应灵敏。当绝缘油的微水含量增多时，介质中强极性分子增多，加快绝缘油的弛豫响应速度，导致 t_s 向左移动；但绝缘纸的微水含量对 t_s 几乎无影响。因此，初始斜率峰值时间(t_s)是诊断变压器绝缘油微水含量的重要指标之一。

判据 4 变压器的初始斜率峰值时间 t_s 越小，油纸绝缘系统微水含量则越多，系统受潮程度越严重；反之，变压器油纸绝缘系统微水含量越少，系统受潮程度越轻微。

8.1.3 微水含量诊断分析

现应用上述判断方法对不同微水含量的油纸绝缘变压器进行评估。首先测试

表 8-1 两台不同受潮程度变压器的回复电压极化谱特征量：峰值电压（U_{Mf}）、主时间常数（t_{cdom}），分别研究它们与油纸绝缘系统受潮状况之间的变化关系，分析结果如图 8-1 所示。

表 8-1　T_1 和 T_2 变压器的基本信息

代号	型号	制造年份	微水含量	受潮状态
T_1	SP—250/10	2000	1.63%	受潮一般
T_2	SP—250/10	1995	2.98%	受潮严重

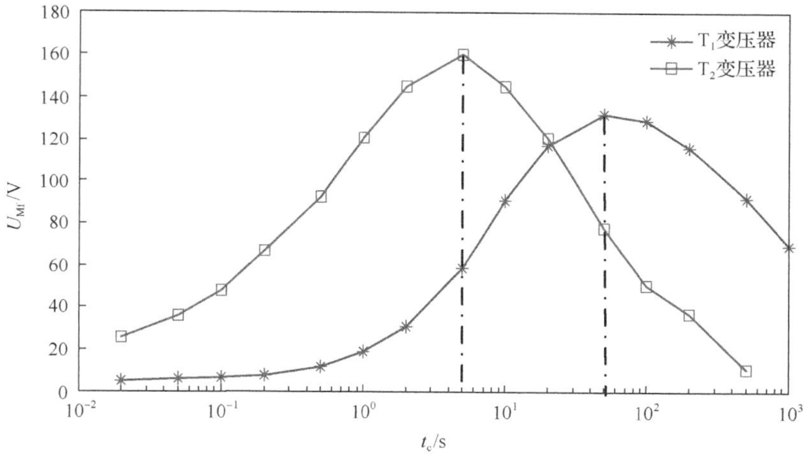

图 8-1　T_1 和 T_2 变压器的回复电压极化谱

从图 8-1 可以看出，当充电时间小于 20s 时，T_2 的回复电压最大值高于 T_1；当充电时间大于 20s 时，T_1 的回复电压最大值反而高于 T_2。但从极化谱峰值电压角度，T_2 变压器的回复电压极化谱峰值电压高于 T_1 变压器。因此，根据回复电压极化谱峰值电压诊断油纸绝缘系统微水含量的评估判据 1，得可以到诊断结果是：T_2 变压器的微水含量高于 T_1 变压器，即 T_2 变压器的受潮程度比 T_1 变压器严重。

同样验证主时间常数（t_{cdom}）与变压器油纸绝缘系统微水含量之间的关系，根据图 8-1 两台变压器回复电压极化谱可知，T_1 的主时间常数大于 T_2。因此根据主时间常数的微水含量的评估判据 2，可以得到诊断结果是：T_1 变压器油纸绝缘系统的微水含量比 T_2 变压器的少，则 T_1 变压器的绝缘状况更好。

为了验证初始斜率峰值时间（t_s）诊断微水含量的结论，以表 8-2 的 3 台油纸绝缘变压器为例，基本信息和检测的绝缘油微水含量情况如表 8-2 所示。同样通过回复电压测试结果，获得 3 台变压器对应的初始斜率曲线，如图 8-2 所示。由图 8-2 得到对应的初始斜率峰值时间结果如表 8-3 所示。

表 8-2　变压器的基本信息

代号	型号	制造年份	油中微水含量/(mg/L)
T_3	SFSE9—240000/220	2005	9.9
T_4	SZ10—50000/110	2006	17.6
T_5	SF08—31500/110	1993	33.1

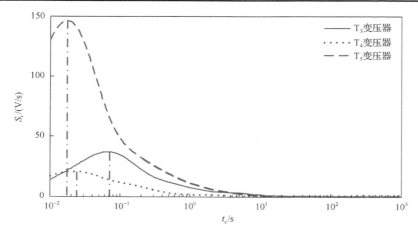

图 8-2　T_3、T_4 和 T_5 变压器的初始斜率曲线

表 8-3　T_3、T_4 和 T_5 变压器的初始斜率峰值时间

代号	型号	油中微水含量/(mg/L)	初始斜率峰值 S_{rmax}/(V/s)	初始斜率峰值时间 t_s/s
T_3	SFSE9—240000/220	9.9	22.47	0.067
T_4	SZ10—50000/110	17.6	37.55	0.025
T_5	SF08—31500/110	33.1	148.56	0.017

从表 8-3 可知，变压器的初始斜率峰值 S_{rmax} 从大到小排序：$T_5 > T_4 > T_3$；初始斜率峰值时间 t_s 从大到小排序为：$T_3 > T_4 > T_5$。应用初始斜率峰值和峰值时间诊断油纸绝缘变压器微水含量的判据，可判别 3 台变压器的绝缘油中微水含量由高到低的顺序是：T_5、T_4、T_3。诊断结果与 3 台变压器绝缘油中的实际微水含量情况相符，也验证了应用初始斜率峰值和峰值时间特征量可以有效诊断出油纸绝缘的微水含量。

8.2　基于弛豫等效电路参数的微水含量诊断

当变压器油纸绝缘的质量变差时，其绝缘纸中的微水含量会随之增大，其弛豫响应等效电路的绝缘电阻和大时间常数的极化支路电阻变小，几何电容和大时间常数支路的电容变大。这是由于水是强极性分子，介电常数大，纸中微水含量的增大，导致绝缘介质的电导率变大，极化特性增强，从而引起弛豫响应等效电路参数的上述变化。因此可以利用变压器弛豫响应等效电路中电阻值和电容值的大小初步分析其纸中微水含量，为变压器油纸绝缘老化状态评估提供参考。

8.2.1 大时间常数支路参数与微水含量的关系

1. 弛豫支路的分类

弛豫响应等效电路参数的变化是绝缘介质极化状态发生改变的直观表现，分析探讨等效电路参数的变化规律能够对油纸绝缘变压器中的微水含量作出诊断。现将弛豫响应等效电路的极化支路按照弛豫时间的大小，分为大、中、小时间常数支路，不同时间常数支路反映了不同绝缘介质的极化过程，通过分析比较不同变压器的弛豫响应等效电路参数的变化趋势来评估变压器油纸绝缘系统的微水含量[84]。

（1）小时间常数支路：时间常数 τ_i 小于 1s 的极化等值支路。小时间常数支路反映了变压器油纸绝缘系统电介质响应的缓慢极化过程，对应着回复电压极化谱的初始部分。

（2）中时间常数支路：时间常数 τ_i 介于 1s 和 100s 之间的极化等值支路。中时间常数支路反映了油纸绝缘系统介于快速极化与缓慢极化之间的介质响应极化过程，体现了界面极化的不同状态。

（3）大时间常数支路：时间常数 τ_i 大于 100s 的极化支路。大时间常数支路反映了油纸绝缘系统介质响应的快速极化过程，对应着回复电压极化谱的终端部分，体现了变压器绝缘纸性能的变化，因此大时间支路参数的变化能够体现绝缘纸老化受潮状态的变化。

2. 各弛豫支路时间参数与微水含量的关系

水分子是极性分子，若油纸绝缘系统中某部分的含水量增加，其绝缘介质建立完全极化的弛豫时间将受到影响。小时间常数支路的参数反映了变压器中绝缘油的老化受潮状态，大时间常数支路的参数反映了绝缘纸的老化受潮状态。因此，小时间支路的参数会随着绝缘油中的水分含量的改变而变化，同理，大时间支路的参数会随着绝缘纸中的水分含量的改变而变化，都是随着微水含量的增大，各支路的弛豫时间均相应减小。

但是变压器油纸绝缘系统中微水含量的不同对小时间常数支路的参数影响不明显，并且变压器绝缘老化产生的水分绝大部分存在于绝缘纸中，所以纸中微水含量对等效电路的大时间常数支路的时间常数影响最大，可以利用大时间常数支路的时间常数来研究纸中微水含量的变化情况。

　　研究大时间常数支路时间常数与变压器纸中微水含量的关系，现对多台油纸绝缘变压器微水含量仿真模型进行回复电压试验。首先，在实验室中利用绝缘纸、变压器油、电极、老化箱和若干导线等搭建变压器油纸绝缘模型系统；然后，将不同微水含量的绝缘纸样放入干燥的绝缘油中充分浸泡 24h；最后，分别采用回复电压测试仪对其进行回复电压测试。利用测试获得的回复电压特征量数据，解出各变压器等效电路参数，最终获得大时间常数支路时间常数与纸中微水含量的对应关系，如表 8-4 所示。

表 8-4　大时间常数支路时间常数与纸中微水含量的关系

时间常数/s	120	214	332	392	412
微水含量/%	2.286	1.699	1.43	1.393	1.378
时间常数/s	450	495	522	666	727
微水含量/%	1.236	1.209	1.269	0.982	0.978
时间常数/s	757	825	876	893	906
微水含量/%	0.695	0.749	0.877	0.756	0.703
时间常数/s	970	1210	1578	1706	1891
微水含量/%	0.685	0.63	0.493	0.341	0.319

　　为了更直观地反映等效电路大时间常数支路的时间常数与纸中微水含量的内在关系，利用最小二乘法对表 8-4 中的数据进行拟合，结果如图 8-3 所示。

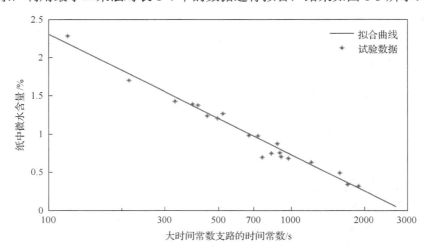

图 8-3　大时间常数与纸中微水含量关系的拟合曲线

由图 8-3 可见，大时间常数支路的时间常数值越大，绝缘纸的微水含量就越小；反之，时间常数值越小，绝缘纸的微水含量就越大。

经拟合后得到弛豫响应等效电路大时间常数支路的弛豫时间 τ 与变压器绝缘纸的微水含量 y 之间近似满足下列函数关系[84]：

$$y = -1.58\lg\tau + 5.467$$

直线斜率和截距分别为：-1.58 和 5.467。如果将大时间常数支路的弛豫时间 τ，代入表达式 $y = -1.58\lg\tau + 5.467$，就可以估算出变压器绝缘纸的微水含量值，从而间接诊断出油纸绝缘变压器的绝缘状态。

8.2.2 等效电路电阻、电容与微水含量的关系

1. 绝缘电阻与微水含量的关系

绝缘电阻 (R_g) 为油纸绝缘变压器严格物理意义上的电阻，反映了油纸组合绝缘的电导情况。油纸绝缘系统的老化或受潮状态会影响绝缘电阻 (R_g) 的大小。随着变压器油纸绝缘微水含量的增加，R_g 的值会逐渐减小。其主要原因在于：由于水分的入侵，加速了杂质和极性分子的解离，导致油纸中导电离子增加，导电率增大，从而致使绝缘电阻减小。

为了分析绝缘电阻与微水含量的关系，现选取表 8-5 所示的 4 台受潮程度不同的油纸绝缘变压器，表中标注的微水含量是采用 CA-100 微水测定仪测试得到的。

表 8-5　变压器 T_1、T_2、T_3、T_4 的基本信息

代号	制造年月	型号	电压等级/kV	微水含量/%
T_1	1993 年 9 月	SFP9—240000/220	220	0.699
T_2	1993 年 9 月	SFP9—240000/220	220	0.512
T_3	2000 年 8 月	SFP9—240000/220	220	0.427
T_4	新投运	SFP9—240000/220	220	0.319

注：T_1 和 T_2 变压器表示同一台变压器检修前和检修后的不同编号。

根据扩展德拜等效电路参数计算方法，分别对表 8-5 的 4 台变压器的油纸绝缘等效电路参数进行辨析，得到各台变压器绝缘电阻 R_g 的计算值，并按它们与微水含量大小变化趋势连接成一条曲线，如图 8-4 所示。

由图 8-4 可以看出，微水含量较高的变压器其绝缘电阻较小，符合上文所分析的绝缘电阻与微水含量关系的规律。因此，可以通过油纸绝缘等效电路参数中绝缘电阻的大小可以对变压器微水含量高低做出初步判断，即绝缘电阻越小，微水含量就越高；绝缘电阻越大，微水含量就越低。

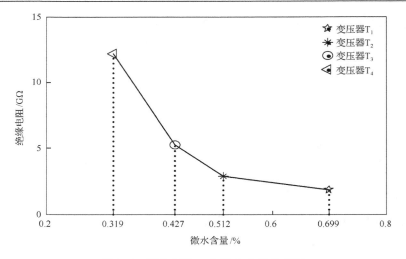

图 8-4　绝缘电阻 R_g 与微水含量的关系

2. 极化电阻与微水含量的关系

油纸绝缘等效电路中的极化电阻(R_p)与微水含量的关系与绝缘电阻类似,随着绝缘系统中微水含量的增加,极化电阻减小。主要原因在于变压器内部绝缘纸中纤维素存在非晶区,相互作用力弱,在长期运行过程受到电、热、机械等应力作用,将会引起纤维素的非极性大分子出现断裂,从而产生微水、酸类、糠醛等老化强极性产物,导致油纸绝缘介质中电导离子的增加,从而使导电率增大,极化电阻减小[85,86]。

用同样的分析方法,得到 T_1 至 T_4 油纸绝缘变压器等效电路小、中、大时间常数对应极化支路电阻与微水含量变化趋势曲线,如图 8-5 所示。

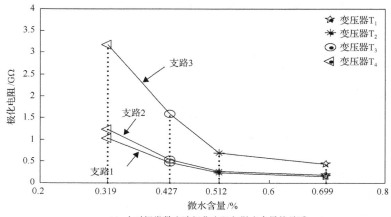

(a) 小时间常数支路极化电阻与微水含量的关系

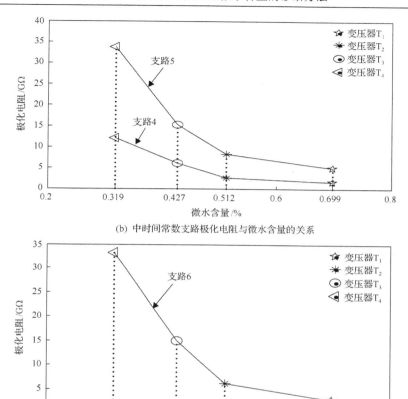

(b) 中时间常数支路极化电阻与微水含量的关系

(c) 大时间常数支路极化电阻与微水含量的关系

图 8-5　极化电阻 R_p 与微水含量的关系

　　由图 8-5 可看出，小、中、大时间常数支路极化电阻均随着微含水量的增加而逐渐减少，符合上文所分析的极化电阻与微水含量关系的变化规律。因此，从油纸绝缘等效电路参数中各支路极化电阻的比较中，也可对变压器微水含量的高低做出一个大致的判断，即极化电阻值越小，微水含量就越高；相反，极化电阻越大，微水含量就越低。

　　根据以上分析，得到如下应用油纸绝缘变压器的绝缘电阻 (R_g) 和极化电阻 (R_p) 判断变压器微水含量的判据。

　　微水含量判据　绝缘电阻和极化电阻值越小，则油纸绝缘的微水含量越就高；绝缘电阻和极化电阻值越大，则油纸绝缘的微水含量就越低。

3. 几何电容与微水含量的关系

油纸绝缘等效电路的几何电容(C_g)与真空电容值和相对介电常数ε_r的乘积成正相关

$$C_g = \varepsilon_r C_0 \tag{8-1}$$

式中，C_0是真空的时候测试电容器的电容值，它的大小是由绝缘介质的几何结构所决定。当一台变压器的几何结构一经确定后，C_0基本不变。但是，当油纸绝缘变压器绝缘发生老化或受潮时，虽然几何电容值基本不变，但是绝缘系统的介质在极化过程中，由于水分是强极性分子，其相对介电常数远大于绝缘油和纸，它改变了绝缘介质的极化特性，导致相对介电常数增大，致使几何电容值随之增大。故几何电容值C_g随着绝缘劣化或受潮程度加重而增加。因此，可以利用油纸绝缘等效电路的几何电容值C_g作为评估油纸绝缘变压器微水含量的一个指标。若几何电容值越大，则微水含量越高；反之，微水含量就越低。

8.2.3 变压器的微水含量诊断分析

根据等效电路绝缘电阻、几何电容与微水含量的关系，现根据表8-6变压器的大时间常数支路的弛豫时间和绝缘电阻的大小判断变压器的微水含量含高低，其基本信息如表8-6所示。

表8-6 T_6、T_7和T_8变压器的基本信息

代号	制造年月	型号	电压等级
T_6	2001年2月	SSZ10—31500/110	110kV
T_7	2002年1月	SZG—31500/110	110kV
T_8	2001年5月	SP—400/10	10kV

运用扩展德拜等效电路参数的计算方法，可辨析出三台变压器对应的弛豫响应等效电路参数值R_g、C_g和最大时间常数τ_{max}，如表8-7～表8-9所示。

表8-7 T_6、T_7和T_8变压器绝缘电阻和几何电容值

代号	R_g/GΩ	C_g/nF
T_6	2.9645	145.7317
T_7	3.9901	108.2336
T_8	2.7532	176.8715

表 8-8　T_6、T_7 和 T_8 变压器等效电路的极化支路弛豫时间

极化支路	T_6 的 τ_i /s	T_7 的 τ_i /s	T_8 的 τ_i /s
1	0.01542619	0.01558476	0.01557971
2	0.06516944	0.06745615	0.06652903
3	0.3209675	0.3513536	0.3289797
4	2.179269	2.571154	2.254076
5	22.39538	27.04433	21.82202
6	387.4657	404.3697	290.3487

表 8-9　T_6、T_7 和 T_8 变压器绝缘电阻、几何电容值和最大时间常数值

代号	R_g /GΩ	C_g /nF	τ_{max} /s
T_6	2.9645	145.7317	387.4657
T_7	3.9901	108.2336	404.3697
T_8	2.7532	176.8715	290.3487

　　根据微水含量与极化等效电路参数值 R_g、C_g 和极化时间常数 τ_{max} 的关系，由表 8-9 三台变压器的参数计算值可以判断 T_8 变压器的微水含量最大、受潮较严重，其次是 T_6 变压器。而 T_7 变压器的微水含量最少，受潮程度较轻。

　　如应用 CA—100 微水测定仪分别对 T_6、T_7 和 T_8 三台变压器的油纸绝缘进行取样测试，得到 T_8 变压器的微水含量为 2.36%、T_6 变压器的微水含量为 1.77%、T_7 变压器的微水含量为 1.69%。测试结果与诊断结果是一样的。

8.3　基于去极化电流解谱的微水含量诊断

8.3.1　去极化电流峰值点与微水含量的关系

1. 基于峰值点数的微水含量诊断

　　变压器的油纸绝缘系统含有微水时，在外加电场的作用下，绝缘纸和绝缘油中的水分将发生偶极子极化介质的极化特性增强[87,88]；同时，绝缘纸中的微水将与纸板的纤维素分子产生界面极化；再者微水的增加又会造成变压器油纸绝缘系统受潮加重，进而又引起绝缘纸的老化。此外，当绝缘纸受潮产生的各种产物也会部分溶解到绝缘油中，与绝缘油产生新的界面[86-89]。这些变化都将使极化过程变得复杂，最终体现在去极化电流弛豫特征信息里。

　　应用式(3-13)对去极化电流 i_d 进行微分得到一次微分谱线。如果无法通过一次微分谱线中的峰值点数识别出微水含量大小，则需要应用下式对去极化电流 i_d 进行二次微分

$$\varsigma(t,\tau_i) = t^2 \frac{\mathrm{d}^2 i_\mathrm{d}}{\mathrm{d}t^2} = \sum_{i=1}^{N} C_i \left(t / \tau_i \right)^2 \exp(-(t / \tau_i)) = \sum_{i=1}^{N} \mu_i(t,\tau_i)$$

从而识别出二次微分谱线 $\varsigma(t,\tau_i)$ 的峰值点数 (N)，再由峰值点数判断变压器油纸绝缘系统的微水含量的大小程度，其诊断判据如下[25]。

判断判据　若去极化电流二次微分谱线 $\varsigma(t,\tau_i)$ 峰值点数 N 越多，则表明变压器油纸绝缘系统的微水含量越多，则系统绝缘受潮状况较严重；反之，峰值点数 N 越少，则变压器油纸绝缘系统微水含量较少，则系统绝缘受潮状况越轻。

2. 二次微分谱线峰值点数的微水含量诊断步骤流程图

综合上述分析结论与本书前文所述内容，可绘制基于二次微分谱线峰值点数的微水含量诊断步骤流图，如图 8-6 所示。

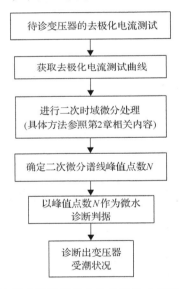

图 8-6　二次微分谱线峰值点数的微水含量诊断步骤流图

8.3.2　微水含量诊断分析

应用去极化电流二次微分谱线峰值点数分析变压器的微水含量，现以两台微水含量不同的油纸绝缘变压器为例，其基本信息如表 8-10 所示。现将变压器油纸绝缘系统受潮状态按照微水含量不同分为三类情况[25,90]：变压器油纸绝缘微水含量低于 1.5%时，则绝缘系统无受潮；油纸绝缘微水含量在 1.5%～2.5%时，则绝缘有受潮；变压器油纸绝缘微水含量高于 2.5%时，绝缘受潮严重。

表 8-10　变压器的基本信息

代号	型号	制造年份	微水含量/%	受潮状况
T_9	SFSZ10—180000/220	2007	0.8432	无受潮
T_{10}	OSFPSZ9—180000/220	1997	1.8611	有受潮迹象

在外加充电电压为 2000V，充电时间和放电时间都为 5000s 的情况下，对表 8-10 中两台变压器进行极化、去极化电流测试，得到如图 8-7 所示的去极化电流谱线。

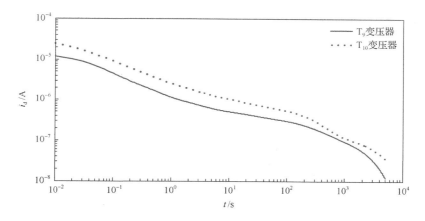

图 8-7　T_9 和 T_{10} 变压器的去极化电流测试曲线

从图 8-7 可知，有受潮的 T_{10} 变压器的去极化电流谱线相对于无受潮迹象的 T_9 变压器的谱线整体上移了一定位置。造成这种现象的主要原因是：微水作为强极性分子，使得绝缘系统的整体极化强度增大，极化过程更加强烈，从而造成去极化电流值增大。

在图 8-7 中去极化电流谱线的基础上，对该谱线进行微分处理，获得 T_9 变压器的微分谱线（包括一次微分谱线和二次微分谱线），如图 8-8 所示。

从图 8-8 中可看出，T_9 变压器的一次微分谱线中呈现的峰值点数较为模糊，而二次微分谱线可清晰辨认出有 5 个峰值点。这是由于一次微分谱线出现了弱谱线被强谱线覆盖的现象，而时域二次微分线型函数比一次微分线型函数的谱线窄，当子谱线相互叠加时，更容易将各个时域微分型函数的谱线区分开。因此，去极化电流的时域二次微分峰值点数更能真实反映油纸绝缘内部弛豫机构信息。

同理获得 T_{10} 变压器的去极化电流微分谱线（包括一次微分谱线和二次微分谱线），如图 8-9 所示。

从图 8-9 可知，T_{10} 变压器的一次微分谱线前面部分出现多个弱谱线被强谱线覆盖的现象，但从二次微分谱线上能清晰看出至少含有 6 个峰值点。由此获得两台不同受潮情况变压器去极化电流微分谱线峰值点数，如表 8-11 所示。

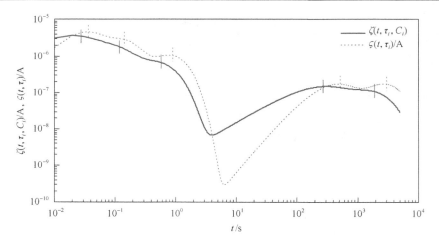

图 8-8　T$_9$ 变压器的微分谱线

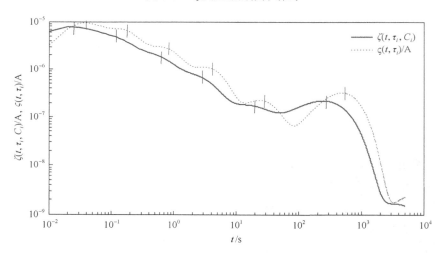

图 8-9　T$_{10}$ 变压器的微分谱线

表 8-11　T$_9$ 和 T$_{10}$ 变压器的峰值点数

代号	实际受潮状况	峰值点数 N/个
T$_9$	良好	5
T$_{10}$	有受潮迹象	6

　　根据表 8-10 可知，T$_{10}$ 变压器的去极化电流二次微分谱线所蕴含的峰值点数比 T$_9$ 变压器的多，结合油纸绝缘变压器微水含量的诊断判据，得到如下诊断变压器微水含量结论：若变压器去极化电流二次微分谱线所蕴含的峰值点数越多，则其绝缘的微水含量就越多；反之，变压器去极化电流二次微分谱线峰值点数越少，

则其绝缘的微水含量就越小。

8.4　基于去极化电量的微水含量判别

当两台变压器油纸绝缘微水含量相差不大时，运用去极化电流二次微分谱线峰值点数较难区分出不同变压器的油纸绝缘微水含量的大小。本节引入去极化电量 Q 作为油纸绝缘微水含量的另一种判别特征量，通过实例分析证明去极化电量 Q 能够有效诊断变压器油纸绝缘系统的微水含量。

8.4.1　去极化电流弛豫电量

根据电介质物理学的相关理论可知，去极化电流属于介质中的吸收电流[87]，它与弛豫极化强度 P_r 的关系为

$$i_d(t) = S\frac{dP_r(t)}{dt} \tag{8-2}$$

式 (8-2) 中 S 为吸收电流所流经的介质截面积，取决于介质的绝缘结构，随受潮程度的变化不大。将式 (8-2) 经过变换可以得到式 (8-3)[25,91]

$$P_r = \frac{1}{S}\int_0^\infty i_d(t)dt = \frac{1}{S}\int_0^\infty\left(\sum_{i=1}^n C_i e^{-t/\tau_i}\right)dt = \frac{1}{S}\sum_{i=1}^n (C_i\tau_i) \tag{8-3}$$

在式 (8-3) 基础上引入新特征量：去极化电流弛豫电量，简称为去极化电量 Q，如式 (8-4) 所示[92]

$$Q = \int_0^\infty i_d(t)dt = \int_0^\infty\left(\sum_{i=1}^n C_i e^{-t/\tau_i}\right)dt = \sum_{i=1}^n (C_i\tau_i) = \sum_{i=1}^n Q_i \tag{8-4}$$

式 (8-4) 中，令 $Q_i = C_i\tau_i$，其中 n、C_i 和 τ_i 为去极化电流函数式中的参数。

去极化电量反映了绝缘设备在去极化过程中电荷量积累和释放的过程。同时，结合式 (8-2) 与式 (8-3) 可发现，去极化电量 Q 与弛豫极化强度 P_r 具有相同的变化趋势。因此，去极化电量 Q 能够可靠反映油纸绝缘变压器介质内部的极化强度。

8.4.2　基于去极化电量的绝缘微水含量判别

1. 微水含量的去极化电量诊断判据

变压器油纸绝缘及其老化受潮产物的相对介电常数已知：水分的相对介电常数为 81，绝缘纸纤维素的相对介电常数为 4.5 左右，油的相对介电常数为 2.2，水

分的相对介电常数为最大。介电常数是弛豫极化强度的宏观表现，可见水分是影响绝缘介质极化强度的主要因素。当微水入侵变压器油纸绝缘系统时，系统整体极化强度增大，极化响应速度增快，且系统电容值增大，电阻值减小，造成储存电荷的能力增强，最终导致去极化电量 Q 增大。因此，去极化电量可用于诊断变压器油纸绝缘系统微水含量。

微水含量的诊断判据　去极化电量值 Q 越大，变压器油纸绝缘系统的微水含量就越多，受潮状况也就越严重，绝缘性能就越差；反之，去极化电量值 Q 越小，油纸绝缘系统的微水含量就越少，受潮状况就越轻微，绝缘性能越好。

2. 基于去极化电量的微水含量诊断步骤流程图

综合上述结论可绘制基于去极化电量的微水含量诊断步骤流程图，如图 8-10 所示。

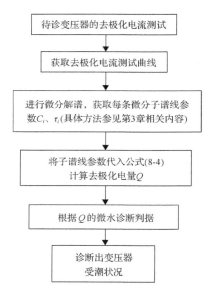

图 8-10　基于去极化电量的微水含量诊断步骤流图

8.4.3　诊断示例分析

现以表 8-12 中 3 台油纸绝缘变压器为例，应用去极化电量分析 3 台变压器的微水含量。

对表 8-12 中 3 台变压器所测试获得的去极化电流曲线进行微分解谱，求出各台变压器的弛豫子谱线参数值，然后通过式(8-4)计算出各台变压器的子谱线的去极化电量，计算结果如表 8-13 所示。

表 8-12　变压器的基本信息

代号	型号	制造年份	受潮状态
T_{11}	SFSE9—240000/220	2006	绝缘良好
T_{12}	SZG—31500/110	2002	有受潮迹象
T_{13}	LB7—252W2	2002	受潮严重

表 8-13　变压器的子谱线去极化电量参数

子谱线编号	$Q_i(T_{11})/10^{-7}$ C	$Q_i(T_{12})/10^{-7}$ C	$Q_i(T_{13})/10^{-7}$ C
1	976.71	1009.3	4617.3
2	10.946	52.189	1011.3
3	5.1736	14.456	68.437
4	2.0337	7.8569	12.504
5	0.64522	3.9977	8.0054
6		1.107	4.3614

　　根据表 8-1 和表 8-13，并结合式 (8-4) 得到各台变压器去极化电量与受潮状态关系，如表 8-13 所示。

　　在表 8-14 中，3 台变压器的去极化电量 Q 按从小到大按顺序依次排列分别是：T_{11}、T_{12} 和 T_{13}。依据本节所提出的基于去极化电量的油纸绝缘微水含量判据，分别判断出 T_{13} 变压器油纸绝缘的微水含量最大，其次是 T_{12} 变压器，最后是 T_{11} 变压器。诊断结果与变压器的实际受潮情况是基本一致的。所以去极化电量 Q 可作为诊断油纸绝缘变压器微水含量的一个新特征量。

表 8-14　变压器去极化电量与受潮状况关系

代号	去极化电量 $Q/10^{-7}$ C	受潮状况
T_{11}	994.7725	绝缘良好
T_{12}	1088.9066	有受潮迹象
T_{13}	5723.6491	受潮严重

8.5　油纸绝缘微水含量多指标综合诊断

8.5.1　油纸绝缘微水含量多指标熵权关联诊断

　　选取多个评估指标，如回复电压极化谱峰值电压 U_{Mf}、主时间常数 t_{cdom}、初始斜率峰值 S_{rmax}、等效电路极化支路数 N 和去极化电流弛豫电量 Q 等 5 个特征量作为评估油纸绝缘受潮状况的指标。若某个评估指标的信息熵值越小，说明指标能为综合评估微水提供较多有用的信息，则该评估指标的权重就取大点[93]；反之，评估指标的权重就取小些。

　　在建立综合评估模型时，先将变压器油纸绝缘状况划分为：绝缘良好 (无受潮)、绝缘有受潮迹象和绝缘受潮严重等三种状态。每一种受潮状态有 5 个综合评估指标，则可以得到综合评估模型的评估矩阵 $A=(a_{ij})_{m×n}$，($i=1, 2, \cdots, 3; j=1, 2, \cdots, 5$)。由于油纸绝缘介质响应特征量——评估指标之间的量纲各不相同，为了避免量纲不一致影响综合评估的精确度，必须对评估矩阵 $A=(a_{ij})_{m×n}$ 的元素进行无量纲规范化处理，得到无量纲评估矩阵 $B=(b_{ij})_{m×n}$。

设定标准参考序列为 $x_1, x_2, \cdots, x_m$，待诊断受潮状态的序列为 x_0，标准参考序列与待诊断序列共同构成的综合评估模型数据序列 x 可表示为[86]

$$x_i = \{x_i(1), x_i(2), \cdots, x_i(n)\}, \qquad i = 0, 1, 2, \cdots, m \tag{8-5}$$

式中，$x_i(k)$ 表示综合评估模型数据序列 x_i 中第 k 个受潮状态综合评估指标。

对综合评估模型数据序列进行无量纲规范化处理后，得到无量纲规范化后的数据序列 $x_i'=\{x_i'(1), x_i'(2), \cdots, x_i'(5)\}$($i=0, 1, 2, \cdots, 3$)。无量纲规范处理方法如式(8-6)和式(8-7)所示：

$$x_i'(k) = \frac{x_i(k) - x_{\min}}{x_{\max} - x_{\min}} \tag{8-6}$$

$$x_i'(k) = \frac{x_{\max} - x_i(k)}{x_{\max} - x_{\min}} \tag{8-7}$$

式(8-6)和式(8-7)中，$x_{\max}$ 表示评估指标数据序列 x 中第 k 个评估指标的最大值；$x_{\min}$ 表示评估指标数据序列 x 中第 k 个评估指标的最小值。

无量纲规范化处理待诊断序列 x_0' 与标准参考序列 x_j'($j=1, 2, \cdots, m$)，计算第 k 个指标关联系数值为[94,95]

$$\xi_{0j}(k) = \frac{\Delta\min + \rho\Delta\max}{\Delta_j(k) + \rho\Delta\max}, \qquad j = 1, 2, \cdots, m; \, k = 1, 2, \cdots, n \tag{8-8}$$

式中，ρ 表示分辨系数，通常 ρ 值取 0.5；$\Delta_j(k)$ 表示待诊断序列 x_0' 与标准参考序列 x_j' 第 k 个评估指标的绝对差值；$\Delta\min$ 表示待诊断序列 x_0' 与标准参考序列 x_j'($j=1, 2, \cdots, m$)的所有评估指标绝对差值的最小值；$\Delta\max$ 表示待诊断序列 x_0' 与标准参考序列 x_j'($j=1, 2, \cdots, m$)的所有评估指标绝对差值的最大值。

根据每个评估指标的关联系数，计算待诊序列与标准参考序列关联度，由待诊序列与标准参考序列最大关联度确定待诊序列变压器油纸绝缘的受潮状态。待诊序列与标准参考序列的关联度计算式如下[95-97]：

$$\gamma_{0j} = \sum_{k=1}^{n} \omega_k \xi_{0j}(k), \qquad j = 1, 2, \cdots, m \tag{8-9}$$

式中，ω_k 为熵权法计算得到的第 k 个综合评估指标的权重。

油纸绝缘变压器微水含量熵权-灰色关联诊断流程图，如图 8-11 所示[86,95]。

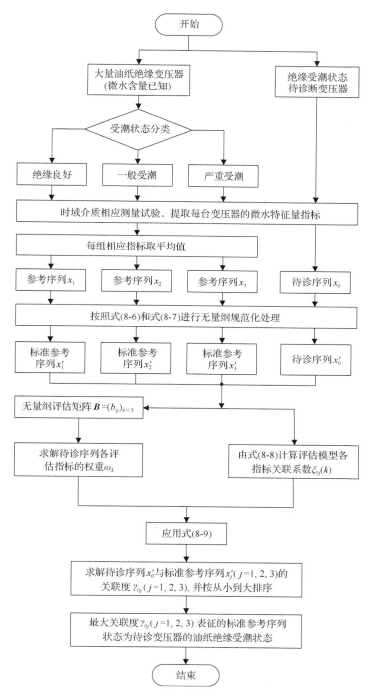

图 8-11　熵权-灰色关联分析法的油纸绝缘微水含量诊断流程图

根据文献[86]提出的油纸绝缘微水含量综合诊断判据:

(1)若待诊变压器序列与油纸绝缘状态良好的标准参考序列的关联度最大,则表明待诊变压器油纸绝缘良好(无受潮)。

(2)若待诊变压器序列与油纸绝缘状态一般(有受潮迹象)的标准参考序列的关联度最大,则表明待诊变压器油纸绝缘有受潮迹象。

(3)若待诊变压器序列与油纸绝缘状态严重受潮的标准参考序列的关联度最大,则表明待诊变压器油纸绝缘受潮严重。

8.5.2　油纸绝缘微水含量诊断分析

现场测试多台油纸绝缘变压器时域介电谱特征量数据,选取极化谱峰值电压、主时间常数、初始斜率峰值,并经过计算获取极化等效电路极化支路数和去极化电量等 5 个评估指标的平均值。按油纸绝缘状态划分的三种等级建立绝缘良好(无受潮)的标准参考序列 x_1、绝缘有受潮迹象的标准参考序列 x_2 和绝缘受潮严重的标准参考序列 x_3。根据文献[86]计算获得三种等级的标准参考序列值,如表 8-15 所示。

表 8-15　不同受潮状态的标准参考序列表

标准参考序列	$Q/10^{-5}C$	$N/$条	U_{Mf}/V	t_{cdom}/s	$S_{rmax}/(V/s)$
x_1	6.43	4.84	168.52	1821.78	34.95
x_2	15.88	5.95	232.83	1067.37	77.85
x_3	35.18	7	365.42	504.74	156.67

现选取 T_{17}、T_{18} 和 T_{19} 三台微水含量不同的油纸绝缘变压器,其基本信息情况如表 8-16 所示。

表 8-16　油纸绝缘变压器基本信息

代号	型号	微水含量/%	绝缘状态
T_{17}	SFPS—180000/220	0.54	绝缘良好
T_{18}	SFL—50000/110	1.64	有受潮迹象
T_{19}	SFL—20000/110	3.26	严重受潮

根据油纸绝缘变压器微水含量的熵权-灰色关联综合评估流程,提取每台变压器的评估指标:Q、N、U_{Mf}、t_{cdom} 和 S_{rmax} 等值构成 T_{17}、T_{18} 和 T_{19} 三台变压器的待诊序列 x_0^1、x_0^2 和 x_0^3,如表 8-17 所示。

表 8-17　T_{17}、T_{18} 和 T_{19} 变压器的待诊序列表

待诊序列	Q /10^{-5}C	N/条	U_{Mf}/V	t_{cdom}/s	S_{rmax}/(V/s)
x_0^1	5.83	4	115.5	2257.94	32.6
x_0^2	14.9	6	222.92	1414.61	71.4
x_0^3	37.36	7	338.57	345.37	186.63

　　由三台变压器的待诊序列 x_0^1、x_0^2 和 x_0^3 分别与标准参考序列构成综合评估模型数据序列 x，按照式(8-6)和式(8-7)进行无量纲规范化处理，再依次求解待诊序列各评估指标的权重 ω_k；然后，根据式(8-8)计算油纸绝缘综合评估模型中各评估指标的关联系数 $\xi_{0j}(k)$（j=1, 2, 3；k=1, 2, 3, 4, 5）；最后，由各评估指标的权重 ω_k 和关联系数 $\xi_{0j}(k)$（j=1, 2, 3；k=1, 2, 3, 4, 5）依次求解出 3 台变压器待诊序列与标准参考序列的关联度值 γ_{0j}（j=1, 2, 3），如表 8-18 所示。

表 8-18　三台变压器的关联度

代号	γ_{01}	γ_{02}	γ_{03}	绝缘状态评估结果
T_{17}	0.9450	0.6088	0.4374	绝缘良好
T_{18}	0.5757	0.9708	0.4396	有受潮迹象
T_{19}	0.3907	0.5345	0.9760	严重受潮

　　由表 8-18 可见，T_{17} 变压器待诊序列与标准参考序列的关联度依次为：0.945、0.6088 和 0.4374。其中，T_{17} 变压器待诊序列与油纸绝缘状况良好(无受潮)的标准参考序列 x_1 的关联度最大，其值为 0.945，则根据综合诊断判据可判断 T_{17} 变压器的油纸绝缘良好(无受潮)。T_{18} 变压器待诊序列与标准参考序列的关联度依次为：0.5757、0.9708 和 0.4396，其中与绝缘有受潮迹象的标准参考序列 x_2 的关联度最大，其值为 0.9708，则根据综合诊断判据可判断 T_{18} 变压器绝缘有受潮迹象。T_{19} 变压器待诊序列与标准参考序列的关联度依次为：0.3907、0.5345 和 0.9760，且与油纸绝缘受潮严重的标准参考序列 x_3 的关联度最大，其值为 0.9760，则根据综合诊断判据可判断 T_{19} 变压器油纸绝缘受潮严重。诊断结果与表 8-16 中各变压器实际绝缘状况是一致的。

8.5.3　油纸绝缘微水含量可拓诊断法

1. 可拓学的基本公式

　　假设事物 N 有 n 个特征：$c_1, c_2, \cdots, c_n$，其特征量值为 $v_1, v_2, \cdots, v_n$。如果事物 N 可以划分成 m 种状态，即 $N_1, N_2, \cdots, N_m$，则物元经典域 $\boldsymbol{R}_p$ 是一个 $n \times m$ 阶

矩阵，如式 (8-10) 所示[90,98]

$$
\boldsymbol{R}_\mathrm{p} =
\begin{bmatrix}
N & N_1 & N_2 & \cdots & N_j & \cdots & N_m \\
c_1 & v_{11} & v_{12} & \cdots & v_{1j} & \cdots & v_{1m} \\
c_2 & v_{21} & v_{22} & \cdots & v_{2j} & \cdots & v_{2m} \\
\vdots & \vdots & \vdots & & \vdots & & \vdots \\
c_i & v_{i1} & v_{i2} & \cdots & v_{ij} & \cdots & v_{im} \\
\vdots & \vdots & \vdots & & \vdots & & \vdots \\
c_n & v_{n1} & v_{n2} & \cdots & v_{nj} & \cdots & v_{nm}
\end{bmatrix}
\tag{8-10}
$$

式中，$v_{ij}(i=1, 2, \cdots, n; j=1, 2, \cdots, m)$ 表示第 i 个特征 c_i 在第 j 种状态下的经典域，且 $v_{ij}=[\mu_{ij}-3\sigma_{ij}, \mu_{ij}+3\sigma_{ij}]$，$\mu_{ij}$、$\sigma_{ij}$ 分别表示特征值 c_i 在第 j 种状态下的平均值和标准差[99]。

将物元经典域矩阵按式 (8-11) 变换为节域矩阵 $\boldsymbol{R}_\mathrm{q}$，如式 (8-11) 所示[90,99]：

$$
\boldsymbol{R}_\mathrm{q} =
\begin{bmatrix}
N & N_1 & N_2 & \cdots & N_j & \cdots & N_m & \cdots \\
c_1 & q_{11} & q_{12} & \cdots & q_{1j} & \cdots & q_{1m} & \cdots \\
c_2 & q_{21} & q_{22} & \cdots & q_{2j} & \cdots & q_{2m} & \cdots \\
\vdots & \vdots & \vdots & & \vdots & & \vdots \\
c_i & q_{i1} & q_{i2} & \cdots & q_{ij} & \cdots & q_{im} & \cdots \\
\vdots & \vdots & \vdots & & \vdots & & \vdots \\
c_n & q_{n1} & q_{n2} & \cdots & q_{nj} & \cdots & q_{nm} & \cdots
\end{bmatrix}
\tag{8-11}
$$

式中，$q_{ij}(i=1, 2, \cdots, n; j=1, 2, \cdots, m)$ 表示第 i 个特征 c_i 在第 j 种状态下的节域；$q_{ij}=(v_{ij\min}, v_{ij\max})$，其中 $v_{ij\min}$ 表示第 i 个特征 c_i 在第 j 种状态下对应特征值的最小值，$v_{ij\max}$ 表示 c_i 在第 j 种状态下对应特征值的最大值。

如果待测物元在某一状态下的关联值越大，表示待测物元隶属于该状态等级的可能性就越大。关联函数 K 值按式 (8-12) 计算[100]：

$$
K =
\begin{cases}
\dfrac{\rho(v_i, v_{ij})}{\rho(v_i, q_{ij}) - \rho(v_i, v_{ij})}, & \rho(v_i, q_{ij}) \neq \rho(v_i, v_{ij}) \\
-\rho(v_i, v_{ij}) - 1, & \rho(v_i, q_{ij}) = \rho(v_i, v_{ij})
\end{cases}
\tag{8-12}
$$

式中，v_i 表示第 i 个特征量；$\rho(v_i, v_{ij})$ 是点 v_i 关于 $v_{ij}=[v_{ij1}, v_{ij2}]$ 的区间距离，ρ 的计算式如式 (8-13) 所示[101]：

$$\rho(v_i, v_{ij}) = \left| v_i - \frac{v_{ij1} + v_{ij2}}{2} \right| - \frac{v_{ij2} - v_{ij1}}{2} \tag{8-13}$$

根据文献[90]将油纸绝变压器的绝缘状态设为物元 N。假设把绝缘状态 N 划分为 4 种等级：N_1 表示绝缘状态良好（微水含量小于 1%）；N_2 表示绝缘状态中等（微水含量在 1%～2%）；N_3 表示绝缘有受潮（微水含量在 2%～3%）；N_4 表示绝缘受潮严重（微水含量大于 3%）。

2. 油纸绝缘微水含量可拓学诊断步骤[90,102]

步骤 1：按照式(8-10)和式(8-11)确定变压器油纸绝缘各个状态等级的经典域、节域及待评估变压器油纸绝缘的物元模型。

步骤 2：确定各特征量的权重值；根据关联函数式(8-12)计算各特征值在四种绝缘等级的关联度。

步骤 3：按照式(8-14)计算待评估物元与四种绝缘等级的关联度

$$K_j(N) = \sum_{i=1}^{8} w_i \times K(v_i) \tag{8-14}$$

式中，$K_j(N)$ 是在综合考虑变压器各个特征量权重大小的情况下，反映待评估变压器的各个特征值和绝缘等级 j 之间的关联度[90,103]。

步骤 4：按式(8-15)诊断待评估变压器绝缘状态等级

$$K_{j'} = \max\{K_j(N)\}, \qquad j = 1, 2, 3, 4 \tag{8-15}$$

式中，j' 为变压器的绝缘状态等级。综合考虑各个特征量，计算出变压器关于四种绝缘等级的关联度大小。在四个关联度中绝对值最大的关联度与该变压器所属的绝缘等级紧密相关[90,99]，即对应该台变压器的绝缘状态等级。

3. 油纸绝缘微水含量诊断示例

根据现场实测 60 余台不同绝缘受潮情况、不同运行年限、不同电压等级和容量的油纸绝缘变压器的时域介电谱特征量，如回复电压极化谱最大值 U_{Mf}，回复电压极化谱主时间常数 t_{cdom}，回复电压初始斜率 S_r，回复电压峰值对应时间常数 t_{peak}，以及应用扩展德拜等效电路计算出的相关参数，如变压器的几何电阻 R_g、弛豫机构数 N、弛豫能量峰值 W_{rmax} 及其峰值最大时间常数 t_{rmax} 等 8 个特征量。由于篇幅限制，在表 8-19 中仅列出其中 10 台变压器的特征量值如表 8-19 所示。

表 8-19　10 台变压器实测特征量值统计数据

编号	U_{Mf}/V	t_{cdom}/s	S_r/(V/s)	t_{peak}/s	R_g/GΩ	N/条	W_{rmax}/J	t_{rmax}/s	运行年限	绝缘状态(糠醛含量)
T_{20}	397.91	895.32	98.56	312.03	9.56	7	0.198	45.6	16	严重受潮
T_{21}	190.32	2226.87	40.72	403.42	14.24	4	0.124	168.5	7	轻微受潮(3.54mg/L)
T_{22}	269.35	1135.54	111.35	401.65	5.68	6	0.156	171.1	9	低压侧已有老化(3.54mg/L)
T_{23}	172.92	2436.51	30.57	246.35	20.69	4	0.054	192.6	4	绝缘良好
T_{24}	387.56	902.56	189.11	651.25	8.79	7	0.197	42.8	15	高、低压侧老化严重
T_{25}	257.54	1057.65	98.65	389.41	6.87	5	0.098	124.5	3	低压绕组老化(2.57mg/L)
T_{26}	598.36	849.57	114.32	346.52	8.96	7	0.198	42.2	11	受潮严重且有老化
T_{27}	162.58	2578.68	85.44	546.23	20.84	4	0.076	204.3	2	绝缘良好(0.036mg/L)
T_{28}	409.65	865.26	169.58	298.68	15.68	7	0.168	42.7	14	绝缘老化严重
T_{29}	276.46	1242.98	189.57	410.52	20.85	6	0.087	115.6	2	低压侧明显老化(3.01mg/L)

　　通过数据统计，求出变压器在四种绝缘等级状态下各个特征值的均值 μ_{ij} 和均方差 σ_{ij}。根据式(8-10)和式(8-11)计算出变压器在各个绝缘等级下的经典域矩阵 $\boldsymbol{R}_p$ 和节域矩阵 $\boldsymbol{R}_q$

$$
\boldsymbol{R}_p = \begin{bmatrix}
N & N_1 & N_2 & N_3 & N_4 \\
c_1 & [0.0266, 0.0824] & [0.2226, 0.3258] & [0.0723, 0.5403] & [0.3371, 1] \\
c_2 & [0, 0.1108] & [0.3129, 0.8511] & [0.1937, 0.9929] & [0.9459, 1] \\
c_3 & [0, 0.6187] & [0.3908, 0.5528] & [0.1868, 1] & [0.2987, 1] \\
c_4 & [0, 0.8517] & [0.34, 0.4528] & [0.2802, 0.7266] & [0, 1] \\
c_5 & [0, 0.025] & [0, 1] & [0, 1] & [0.0119, 1] \\
c_6 & [0, 0.1034] & [0, 0.8496] & [0, 1] & [0.4646, 1] \\
c_7 & [0, 0.4428] & [0, 1] & [0.1851, 0.9033] & [0.5, 1] \\
c_8 & [0, 0.1629] & [0, 0.8684] & [0, 1] & [0.9732, 1]
\end{bmatrix}
$$

$$
\boldsymbol{R}_q = \begin{bmatrix}
N & N_1 & N_2 & N_3 & N_4 \\
c_1 & [0.0232, 0.1859] & [0.1517, 0.3933] & [0.0723, 0.5724] & [0.2767, 1] \\
c_2 & [0, 0.1706] & [0.2122, 0.8912] & [0.0024, 0.9929] & [0.9243, 1] \\
c_3 & [0, 0.7284] & [0.2435, 0.5743] & [0.1272, 1] & [0.2264, 1] \\
c_4 & [0, 0.9327] & [0.23, 0.67] & [0.2607, 0.8327] & [0, 1] \\
c_5 & [0, 0.2432] & [0, 1] & [0, 1] & [0, 1] \\
c_6 & [0, 0.2023] & [0, 0.9322] & [0, 1] & [0.4213, 1] \\
c_7 & [0, 0.6396] & [0, 1] & [0, 1] & [0.5, 1] \\
c_8 & [0, 0.2736] & [0, 0.8722] & [0, 1] & [0.9439, 1]
\end{bmatrix}
$$

应用可拓层次分析法[90]分别求出各个评估指标的权重为：一级指标权重为 $\omega_1 = (0.5772, 0.0372, 0.3856)$；回复电压特征量 U_{Mf}、t_{cdom}、S_r 和 t_{peak} 等指标的权重分别为：$\omega_{21} = (0.2599, 0.4471, 0.2779, 0.0152)$；扩展德拜电路参数 R_g 和 N 等指标的权重分别为：$\omega_{22} = (0.0829, 0.9171)$；去极化电流的能量峰值 W_{rmax} 及其峰值最大时间常数 t_{rmax} 等指标的权重分别为：$\omega_{23} = (0.0415, 0.9585)$。

再由式(8-14)和式(8-15)求出待评估物元关于各个状态等级的关联度及其诊断结果，如表 8-20 所示。

表 8-20　10 台变压器各状态等级的关联度及诊断结果

关联度	T_{20}	T_{21}	T_{22}	T_{23}	T_{24}	T_{25}	T_{26}	T_{27}	T_{28}	T_{29}
N_1	−6.3841	−0.9931	−5.2236	**−0.3313**	−7.9793	−4.4036	−8.2021	**0.6844**	−3.4271	−5.1406
N_2	−11.946	−1.2234	**0.1817**	−1.7652	−17.3414	**36.296**	−15.0436	−1.6522	−16.6626	**28.4256**
N_3	−0.168	**−0.6935**	−0.6476	−1.2911	−0.8269	0.1086	−1.9073	−0.3925	−1.0378	−0.6317
N_4	**0.9489**	−19.734	−11.2346	−23.4335	**0.8594**	−6.955	**−0.332**	−24.6001	**−0.1146**	−7.6891
诊断结果	N_4	N_3	N_2	N_1	N_4	N_2	N_4	N_1	N_4	N_2

由综合诊断结果表 8-20 与变压器实际绝缘情况表 8-19 比较可知：应用可拓理论诊断结果与变压器绝缘实际状况基本是一致的。现以 T_{20} 和 T_{21} 变压器的诊断结果为例加以说明：由 T_{20} 变压器计算出的 4 种绝缘等级关联度 N_1、N_2、N_3 和 N_4 的值分别为：−6.3841，−11.946，−0.168 和 0.9489，其中 N_4 关联度值最大为 0.9489。根据可拓诊断步骤 4，可判断出 T_{20} 变压器的绝缘状态为"严重受潮"。诊断结果与 T_{20} 变压器绝缘实际情况是相同的。此外，由 T_{21} 变压器计算出的四种绝缘等级关联度其中 N_3 关联度最大值为−0.6935。根据可拓诊断步骤 4，可判断出 T_{21} 变压器绝缘状态是"绝缘有受潮"。诊断结果与 T_{21} 变压器的实际绝缘状况也是一致的。由于篇幅限制，其他台变压器的诊断结果就不再一一说明。

第9章　时域介电谱测试装置机理及其仿真

近年来，油纸绝缘电力设备绝缘检测技术已逐渐成为业界研究的热门话题，从已有的研究成果来看，大多数研究人员都致力于研究和讨论油纸绝缘设备老化状况的诊断方法，而在对绝缘检测仪器的机理分析和测试仪器设备的研制却少有人问津。国内电力供电企业和科研院所用于检测电力设备油纸绝缘状况的仪器主要依赖进口。目前，瑞士 Haefely Instrument 出售一款便携式 RVM5461/5462 系列的回复电压测试仪。它主要通过测量油纸绝缘电力设备的时域介电谱——回复电压极化谱，应用回复电压极化谱的特征值对电力设备的绝缘状况进行诊断。本章在回复电压极化谱测试的基础上，结合多年来对油纸绝缘设备绝缘状况诊断提出综合诊断方法[104]。提出一种时域介电谱测试装置方案的设计，并对测试装置各个功能模块，如高压电源模块、驱动电路、开关控制电路和测试显示等分别进行仿真与实现。

该测试装置的功能，不仅可以实现对油纸绝缘设备回复电压极化谱的测量，还能测量油纸绝缘设备的去极化电流介电谱，从而为油纸绝缘设备的老化分析和微水含量诊断提供有效的测试数据。

9.1　时域介电谱测试装置框架图

如图 9-1 所示，时域介质响应信号通过传感器传输到信号调理模块中，经过放大、衰减、隔离、滤波等信号调理环节后到信号采集卡，对信号进行模数转换然后经通信协议到达 PC 机，在 PC 机上对信号进行处理和显示。

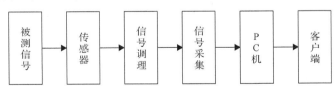

图 9-1　信号测量过程框架图

根据以上机理设计时域介电谱测试装置，如图 9-2 所示。该测试装置控制系统包括四个模块，即高压直流电源模块、开关控制模块、信号采集模块和界面显示模块。通过高压直流电源模块获得所需的直流电源，并通过开关控制模块对介质响应等效电路进行充放电测试，测试过程中信号采集模块对充放电数据进行准确采集，随后传输至电脑终端，最后通过界面显示模块将时域介质界面显示出来。

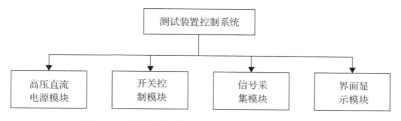

图 9-2　时域介电谱测试装置总体框架设计图

9.2　高压直流电源模块

在本模块中采用 Saber 仿真软件仿真。Saber 是美国 Synopsys 公司一款专业性极强的电子设计自动化软件，采用多种技术进行仿真。Saber 仿真软件运用在多个领域，可对模拟、数字和控制量等复杂信号进行仿真。其主要运用于外围电路设计，丰富的元件以及模块为混合仿真提供了方便，还提供图形界面用于查看仿真运行结果。作为一款被誉为全球最先进的系统仿真软件，还提供多种高级仿真，可对信号进行各种分析。

对于电源模块设计，本书拟提出了三个设计方案：

方案一：先将 220V 市电整流为直流电，而后经全桥逆变将直流电转换为交流电，经交—交高频升压电路升压，然后整流成直流 2000V 输出，如图 9-3 所示。但是该方案中间环节复杂，经过了交—直—交—交—直等一系列的电流变换过程。

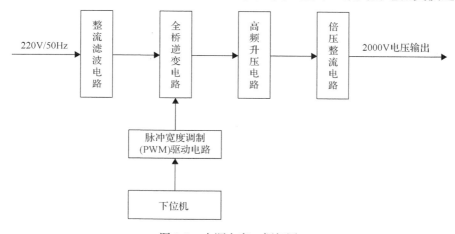

图 9-3　电源方案一框架图

方案二：将 220V 市电进整流电路整流为直流电，再经 Boost 升压电路升压至 2000V，最后经过滤波电路滤波后成稳定的直流电源，如图 9-4 所示。但由于 220V 交流电的幅值 311V 全桥整流后按 90%算，直流电平均值为 280V。280V 经 Boost 电路升压至 2000V，PWM 占空比将设置为 86%，占空比对于 Boost 电路来说若太大，则不能得到理想的输出电压结果。

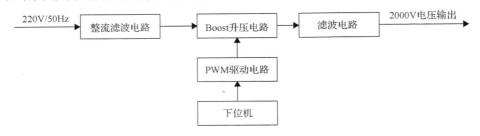

图 9-4　电源方案二框架图

方案三：利用变压器升压电路将 220V 市电升压至 4000V 交流电压，其中变压器起到了电压隔离的作用。4000V 交流电压再经 Buck 降压电路变换到 2000V 交流电压，如图 9-5 所示。Buck 降压电路的 PWM 占空比在 50%左右较为合理，同时此电源方案的设计电路结构较简单，易于设计。

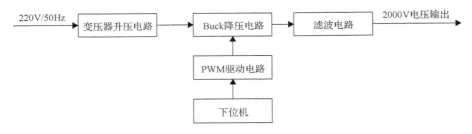

图 9-5　电源方案三框架图

综合比较以上方案的优点，最终选择方案三，其电源模块的仿真如图 9-6 所示。

假设变压器的变比选择 220∶3000，则 220V 市电经变压器升压模块得到的输出电压是有效值为 3000V 的交流电，其幅值为 4240V。当全桥不可逆电路空载时，其输出电压 U_o 与输入电压 U_i 有着以下关系：

$$U_o = \sqrt{2}U_i \tag{9-1}$$

由式(9-1)计算得全桥电路空载输出电压 U_o=5996V；随着负载的变大，全桥电路输出电压 U_o 逐渐趋近于 $0.9U_i$，满载时 U_o=3816V。

仿真结果得到的输出电压幅值约 4200V，如图 9-7 所示。

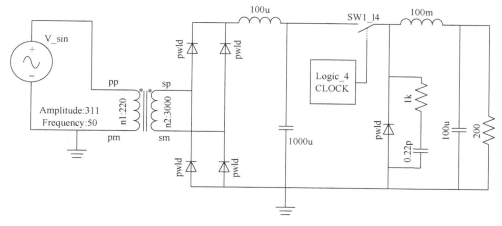

图 9-6　电源模块电路图

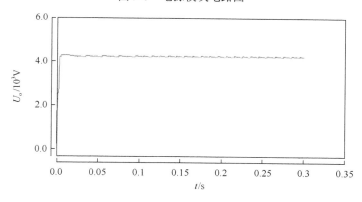

图 9-7　全桥输出电压波形

由全桥电路得到了直流 4200V 电压，考虑到需要的是 2000V 的直流电压，所以选择了在全桥电路之后加入了 Buck 降压电路，将 4200V 降压至 2000V，PWM 波的占空比在 50%左右。

1. PWM 驱动电路与执行程序设计

PWM 驱动电路采用 DSPIC 芯片进行闭环控制，随着负载的变化改变 PWM 波的占空比实现输出电压 U_0 的稳定输出，PWM 驱动电路通过 AD 采样模块将输出电压 U_0、输出电流 I_0 由模拟量转化为数字量，对输出电压与设定电压进行比较，并经过 PID 算法对 PWM 波的占空比进行调节，输出的 PWM 波通过驱动电路控制 Buck 电路开关通断，达到调整输出电压的目标。PWM 驱动电路如图 9-8 所示。

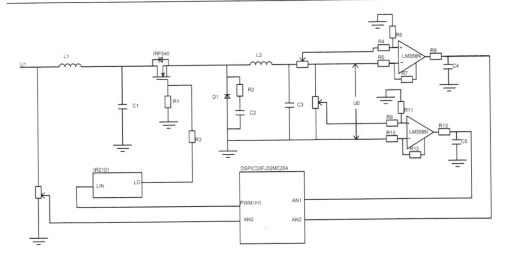

图 9-8　PWM 驱动电路图

其相关代码如下[105,106]：

```
#include "P33FJ32MC204.H"
_FGS(GWRP_OFF & GSS_OFF);
_FBS(BWRP_WRPROTECT_OFF & BSS_NO_BOOT_CODE);
_FOSCSEL(FNOSC_PRIPLL & IESO_OFF);
_FOSC(POSCMD_XT & OSCIOFNC_OFF & IOL1WAY_ON & FCKSM_CSDCMD);
_FWDT(FWDTEN_OFF);
_FPOR(FPWRT_PWR16 & ALTI2C_OFF & LPOL_ON & HPOL_ON & PWMPIN_ON);
_FICD(JTAGEN_OFF & ICS_PGD3);
int Ui[8],Uo[8], Io[8];
int Ui1,Uo1,Io1;
int uf=518;
int i=0;
int NP1DC1;
char K=8;
char T1=0;
char I_flag=0,U_flag=0,ON_flag=1,TON_flag=0;;
 int u00,u01,u02;
char kp0=800, ki0=4,kd0=1;
int e00,e01,e02;
long int d00,d01,d02;;
```

```
    void DELAY_int(int i) ;
    void DELAY(int i) ;
    float D01=0;
    int D1=0;
    void __attribute__((__interrupt__, auto_psv,__shadow__))
_MPWM1Interrupt(void);
    void __attribute__((interrupt,auto_psv))_ADC1Interrupt(void);
    void __attribute__((interrupt, auto_psv)) _INT0Interrupt(void);
    void __attribute__((__interrupt__, auto_psv,__shadow__))
_T1Interrupt(void);
    void AD_init(void);
    void PID(void)
        IEC0bits.T1IE=1;
        IPC0bits.T1IP=0b111;
        T1CON=0x0000;
        TMR1=0;
        PR1=65500;
        _ADON=1;
        while(1)
    if( (Ui1>100)||(Io1>100) )  ON_flag=0;
    void __attribute__((interrupt, auto_psv)) _INT0Interrupt(void)
    {       if(ON_flag==1)
            {  T1++;
                if(T1==1||TON_flag==0) { T1CONbits.TON=1;TON_flag=1;}
    }
            if(ON_flag==0)  ON_flag=1;
              _INT0IF=0;
            }
    void __attribute__((__interrupt__, auto_psv,__shadow__))
_T1Interrupt(void)
    {
        T1=T1-1;
      if(T1==0)
    {   T1CONbits.TON=0;
        P1DC1=0;
```

```
    ON_flag=0;
    TON_flag=0;
  }
  IFS0bits.T1IF=0;
}
void DELAY_int(int i)
    { int j;
    for (;i>0;i--)
    for (j=300;j>0;j--);
    }
void DELAY(int i)
    { int j;
    for (;i>0;i--)
    for (j=300;j>0;j--);
    }
```

2. Buck 降压电路的设定与计算

输入电压 U_i 设定为 4000V，输出电压 U_o 设定为 2000V，那么 PWM 中的稳态占空比 D 是 0.5。

设输出电流 I 为 10A，那么负载电阻 R 是 200Ω。

设定输出电源的纹波系数为 0.01，纹波电流的峰值 I_{pk} 为

$$I_{pk} = 10 \times 0.01 = 0.1(A) \tag{9-2}$$

设定开关管开关频率 f 为 100kHz，开关周期 T 为 10μs，则

$$L = (U_o - U_i)DT / I_{pk} \tag{9-3}$$

那么电感量 L 的值为

$$L = (4000 - 2000) \times (0.5 \times 10) \div 0.1 = 100\text{mH} \tag{9-4}$$

电容 C 根据经验取值为 100μF。

然后，根据设定值进行电路仿真，得到输出电压波形，如图 9-9 所示。

从电路仿真图中可以看出，电压经过大约 0.2s 的震荡后稳定在 2000V。对占空比进行设定，即可输出不同的电源电压值。如图 9-10 所示，若占空比设置为 0.1，输出电压值为 400V。本设计得到的直流电源电压调节范围在 0~3000V。

对占空比为 0.5 的输出电压波形图进行放大，其中显示纹波电流为 6V/200=0.03A；电流纹波系数为 0.3%。输出电压最大误差为±0.15%，如图 9-11 所示。

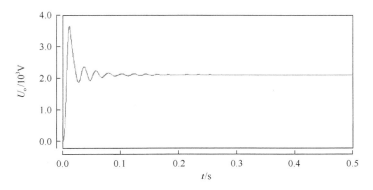

图 9-9　占空比为 0.5 的输出电压波形图

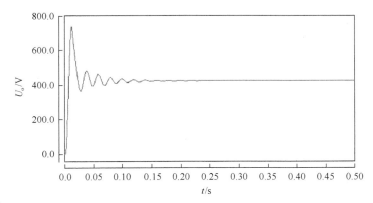

图 9-10　占空比为 0.1 的输出电压波形

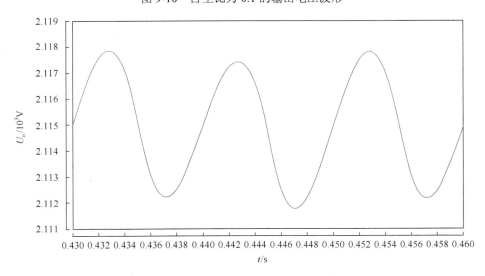

图 9-11　占空比为 0.5 的输出电压放大图

9.3 开关控制模块

开关控制模块可分为两个主要部分，第一部分为开关驱动信号的产生，第二部分为继电器模块。项目重点讲述开关驱动信号的产生。开关控制测试电路如图 9-12 所示。

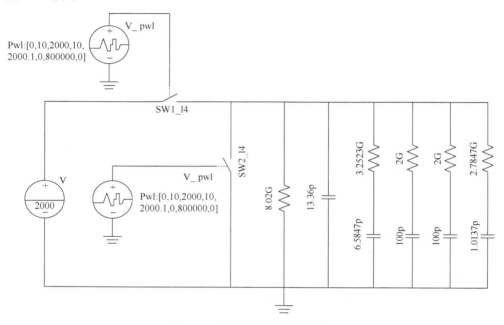

图 9-12 开关控制测量电路图

通过控制开关对变压器的介质极化响应等效电路进行充电、放电。

控制开关一（SW1_14）开通、开关二（SW2_14）关断，电源对电路进行充电。

经过 t_c 放电时间后，控制开关一关断、开关二开通，断开电源，等效电路短接放电。此时，将会产生一个去极化电流。

经过 t_d 放电时间后，控制开关一关断、开关二关断，使极化响应等效电路断开，此时电路两端电压由 0 开始缓慢地上升，最后又逐渐下降直至趋近稳定。这就是测试的回复电压谱线。

图 9-13 为开关一驱动波形，图 9-14 为开关二驱动波形。

要实现两个开关驱动波形输出，在研究中采用 PROTUSE 仿真进行设置[107]，如图 9-15 所示。

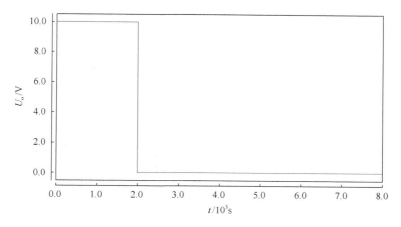

图 9-13　开关一驱动波形

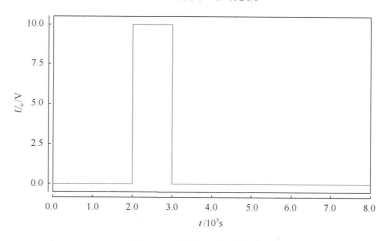

图 9-14　开关二驱动波形

在仿真实验中采用 AT89C51 进行仿真[107]，通过对于下位机的程序设计，设定定时中断时间、计数中断次数，达到一个定时的功能。开启下位机后，下位机自动运行设定程序。对于开关控制，输出 P0.0 口控制开关一的开通关断，输出 P0.1 口控制开关二的开通或关断。

仿真实验时，该设计将仿真时间缩短，但控制策略是一样的，一样可以达到长仿真时间的效果。为了仿真方便，该模块设置充电时间为 4s，充放电时间比为1∶0.5，因此设置放电时间为 2s。当下位机开启时，如图 9-16 所示，下位机控制开关一开启，D1 灯亮，开关二关断，D2 灯灭。

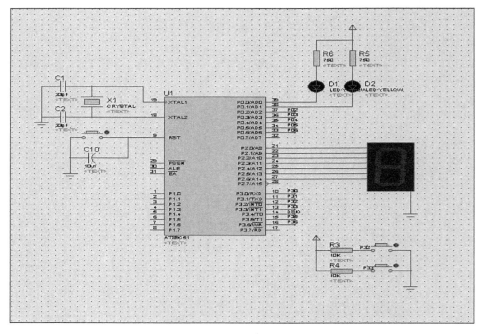

图 9-15　开关模块仿真图

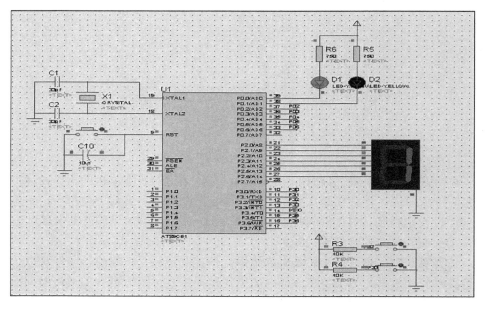

图 9-16　1s 时开关仿真图

经过充电时间 4s 后，下位机定时控制开关一关断，D1 灯灭，开关一开启，D2 灯亮，如图 9-17 所示。

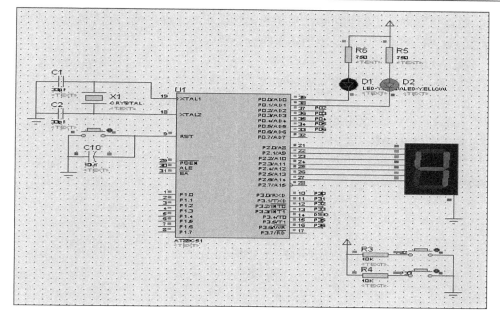

图 9-17　4s 时开关仿真图

再经过放电时间 2s 后，下位机控制开关一关断，D1 灯灭，开关二也关断，D2 灯灭，如图 9-18 所示。

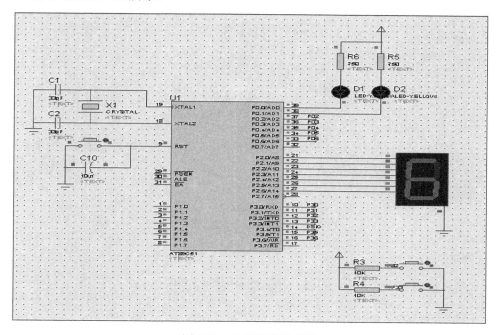

图 9-18　6s 时开关仿真图

通过仿真得到的控制策略与当初的预想是基本一致，可以达到输出开关驱动信号的效果，基本可以满足驱动模块的设计要求。

相关代码如下[106]：

```
MOD=0x01;//设置定时器 0 为工作方式 1(M1 M0 为 01)
TH0=(65536-45872)/256;//装初值 11.0582 晶振定时 50ms 数为 45872
TL0=(65536-45872)%256;
EA=1;//开总中断
ET0=1;//开定时器 0 中断
TR0=1;//启动定时器 0
void T0_time() interrupt 1 //定时器 1 的中断程序
{    TMOD=0x01;//重装初值
     TH0=(65536-45872)/256;
     num++; //num 每加一次判断一次是否到 20 次
     if(num==20)//80*50ms=1s //数码管每 1s 改变一次，充电时间为 4s，放电时
间为 2s
     {       num=0;//num 清 0 重新计数
         time++;//时间显示数码管计数变量
         p0^0=0 ;//开始充电
         switch(time){
         case 1: p2= F9H;
                     break;//数码管显示数字 1
         case 2: p2= A4H;
                     break; //数码管显示数字 2
         case 3: p2= B0H;
                     break; //数码管显示数字 3
         case 4: p2= 99H;    p0^0=1;    p0^1=0;
                     break;// 数码管显示数字 4，充电时间 4s 结束，开始放电
         case 5: p2= 92H;
                     break;
         case 6: p2= 82H ;    p0^1=1;
                     break;//放电时间 2s 结束       }    }
}
```

9.4　信号采集模块

出于对数据采集的精确度和可靠性的考虑，该设计在采集卡的选择上采用了

美国 NI 公司的 USB—6009 型号多功能采集卡，如图 9-19 所示，其 I/O 接口图如图 9-20 所示。

图 9-19　USB—6009 采集卡

GND	P0.0
AI0	P0.1
AI4	P0.2
GND	P0.3
AI1	P0.4
AI5	P0.5
GND	P0.6
AI2	P0.7
AI6	P1.0
GND	P1.1
AI3	P1.2
AI7	P1.3
GND	PFI0
AO0	+2.5V
AO1	+5V
GND	GND

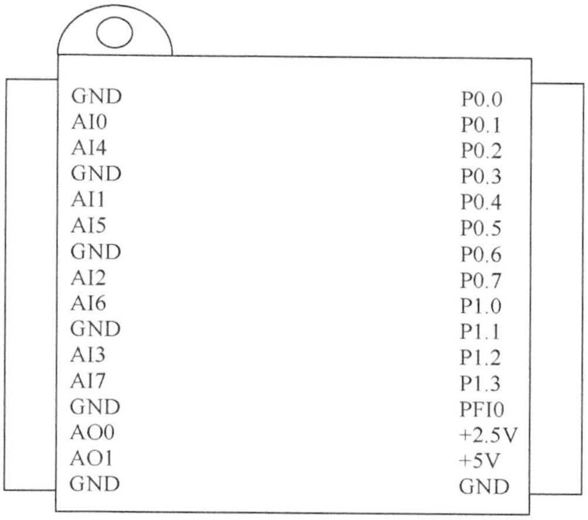

图 9-20　USB—6009 采集卡 I/O 接口图

USB—6009 型数据采集卡可与电脑直接连接，具有 8 位的模拟输入接口，数据采样频率为 48kHz/s，模数转换分辨率可达为 14bits，最大模拟输入电压为 10V。最大电压范围为–10～10V，其测量的精度为 7.73mV。采集信号经过 USB—6009 数据采集卡的 A/D 转换之后，通过 USB 数据总线连接到上位机。美国 NI 公司开发了一套基于 Labview 虚拟仪器的 DAQ 驱动程序，可以完美驱动 USB—6009 型采集卡，因此我们采用了 Labview 虚拟仪器作为绝缘测试装置的界面显示。

9.5　仪器显示模块

时域介质界面显示采用 Labview 虚拟仪器软件，Labview 是实验室虚拟仪器集成环境的简称，它是美国 NI 公司开发的一款创新型设计软件。Labview 采用图形化 G 语言编写程序的编程方法，产生的程序是框图的形式，使得编写程序更为简便，为工程人员和科学研究者提供了方便。

在显示界面中设置多个功能小模块，其中包含 DAQ 数据采集驱动模块和 IIR 滤波模块；还有测试信号类型选项模块，可以根据需要测量不同类型的信号；时间调节和幅值调节模块，根据时间及电压幅值可能出现的变化进行调节；数据测量模块，可以测量信号曲线的最大值、最大值时间等数据信息；波形回放界面模块，可对波形进行回放。该装置具有保存功能，可将实时信号波形保存为图片模式。图 9-21 和图 9-22 分别为时域介电谱测试装置的界面、测试装置程序框图。

下面将对以上的功能小模块进行介绍。首先是 DAQ 数据采集驱动模块。时域介电谱测试仪通过 DAQ 驱动程序驱动 USB—6009 型多功能数据采集卡，通过数据采集卡采集数据传输到 Labview 软件上，实现对回复电压的采集测量。DAQ 数据采集的控制界面如图 9-23 所示，其程序框图如图 9-24 所示。

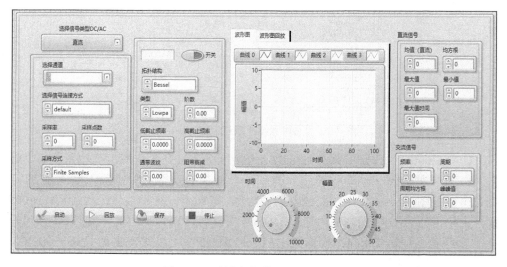

图 9-21　时域介电谱测试装置界面

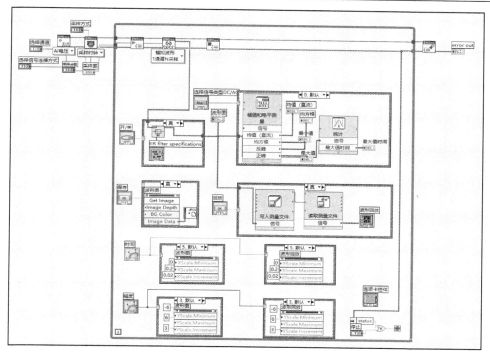

图 9-22　测试装置程序框图

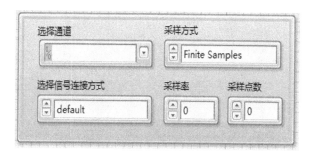

图 9-23　DAQ 数据采集控制界面

在实际测量过程中，测量信号会出现一些信号干扰，导致波形有噪声、杂质，因此项目设置了数字滤波器模块，采用波形处理中无限冲激响应(IIR)滤波器，通过对输入信号进行记忆从而滤掉失真信号，使得幅频特性较为平坦。如图 9-25 和图 9-26 所示，可对通带、阻带、截止频率等参数进行设定，对测量信号进行滤波处理。

对波形图设置了时间幅值调节功能，其控制界面如图 9-27 所示。时间与幅值调节功能采用旋钮控制，通过旋钮来改变测量时间显示和电压幅值显示，按每个旋钮点设置 X、Y 标尺显示值。时间、幅值调节功能程序框图如图 9-28 所示。

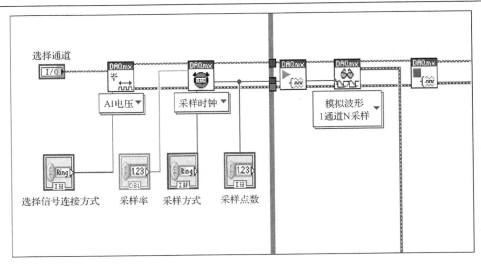

图 9-24　DAQ 数据采集驱动模块程序框图

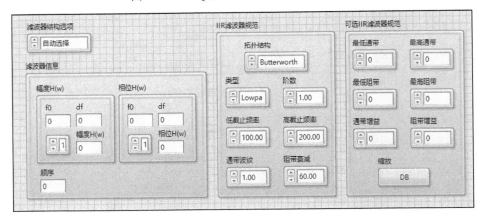

图 9-25　IIR 滤波器控制界面

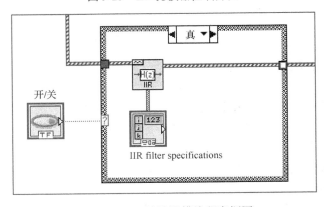

图 9-26　IIR 滤波器模块程序框图

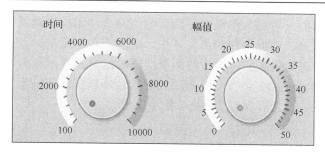

图 9-27　时间幅值调节控制界面

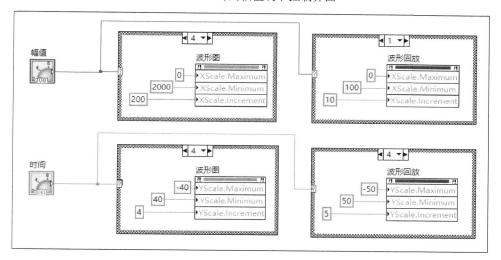

图 9-28　时间、幅值调节功能程序框图

数据测量功能采用幅值电平测量程序和统计程序对测量信号进行波形测量。通过电平和幅值测量子程序对信号波形进行均方根值和最大值等数据测量。通过统计程序测量波形的最大值时间，并将其设置为数值显示在界面上，如图 9-29 所示。

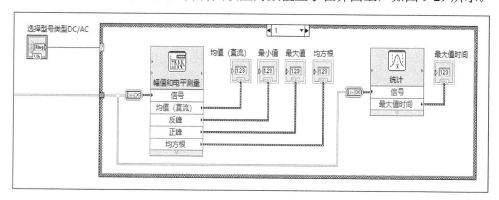

图 9-29　数据测量功能程序框图

　　波形回放功能采用写入测量文件和读取测量文件编程，测量信号输入并经过写入测量文件程序，被保存在测量文件中。当回放按钮启动时，读取测量文件程序向测量文件读取测量数据，而后将测量数据输出至示波器界面显示，如图 9-30 所示。图 9-31 和图 9-32 为保存波形图功能的程序框图，以波形图输入，通过程序转换输出图像数据，并保存为 JPEG 图像文件。

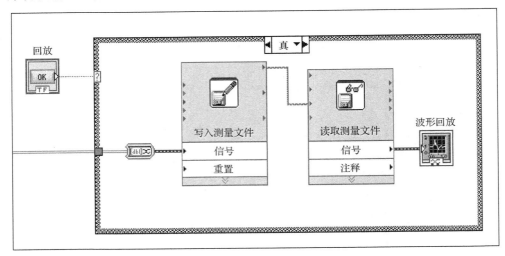

图 9-30　波形回放功能程序框图

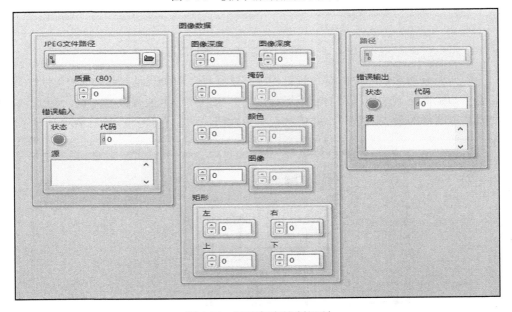

图 9-31　波形保存控制界面

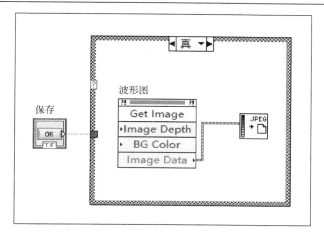

图 9-32　波形保存程序框图

通过上述功能环节的设计编程，得到了图 9-33 时域介电谱测试仪测量显示界面。图 9-34 为时域介电谱测试装置仿真时的运行图，测量值为回复电压，充电时间为 500s，放电时间为 250s。图 9-35 为双通道回复电压波形曲线，黑色波形曲线的充电时间为 500s，灰色波形曲线的充电时间为 2000s。图 9-36 为充电时间 100s、400s、500s、800s、1000s、1500s、2000s 的多通道回复电压曲线图。在图 9-36 中，我们可以得到不同充电时间的回复电压曲线的最大电压值，将回复电压最大值定义为 Y 变量，充电时间定义为 X 变量。通过时域介电谱测试装置在界面上显示出来，如图 9-37 所示。在测试过程中还可以测量极化和去极化电流，并通过时域介电谱测试装置显示出它们的图形，如图 9-38 所示。

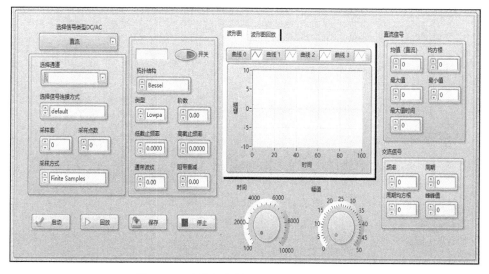

图 9-33　时域介电谱测试仪测量显示界面

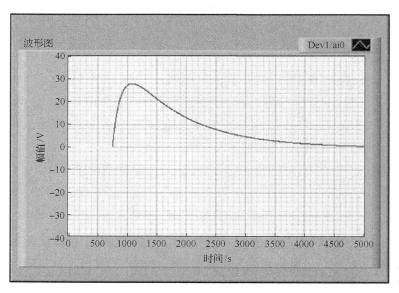

图 9-34 时域介电谱测试装置运行图

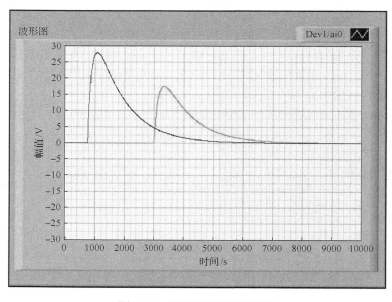

图 9-35 双通道回复电压波形

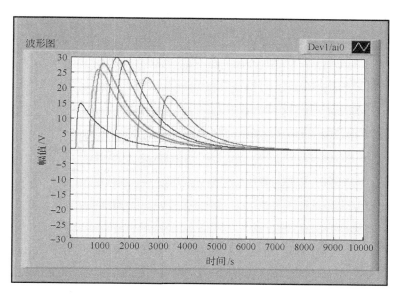

图 9-36　多通道回复电压波形

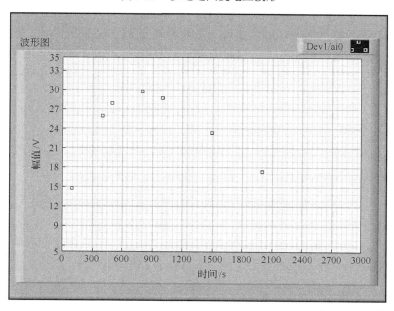

图 9-37　极化谱波形

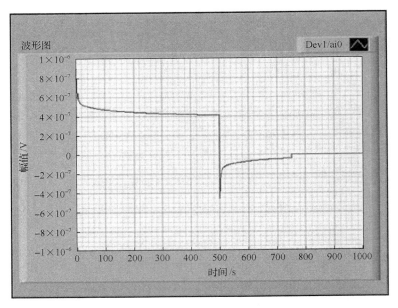

图 9-38　极化、去极化电流曲线图

通过计算机仿真平台，可以实现对时域介电谱测试装置的设计，但仍有一些问题尚未解决，如具体电路中元件的选型、保护电路的设计、实际电路的抗干扰能力和测试装置的调试等问题。为此，今后还需进一步深入探索和研究，研制出一种操作简单、数据测量准确可靠的时域介电谱测试装置。

第 10 章　基于回复电压特征量的绝缘诊断系统

10.1　回复电压测试诊断系统框图

根据现场测量获得的油纸绝缘变压器回复电压极化谱测试数据并应用回复电压特征量及其计算参数提出判断油纸绝缘变压器老化状况的方法和准则[5,104]，然后应用 Delphi 软件编写和建立基于回复电压特征量的油纸绝缘变压器绝缘状况诊断系统。

油纸绝缘变压器(RVM)诊断系统具有以下分析功能[104]：数据的管理功能(包括数据的录入、修改、删除等管理操作)、数据的查询和浏览功能、数据的报表生成功能、用于油纸绝缘老化状况的诊断分析和回复电压斜率、回复电压变化曲线的绘制等功能。数据库系统采用 Access 作为系统的数据库引擎，用 Delphi 编程主程序[108,109]，系统的主要流程框图如图 10-1 所示。

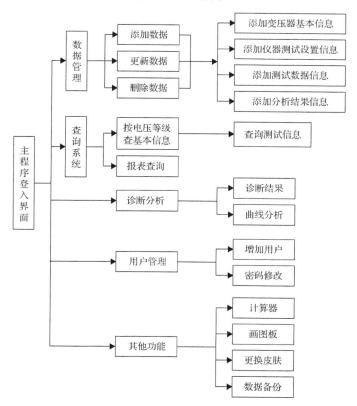

图 10-1　诊断系统程序流程图

系统配置要求：系统推荐为操作系统 Windows 2000 Professional 以上，128Mbits
以上内存。

10.2　诊断系统软件安装

软件安装程序有两个安装包"win32.rar"和"回复电压绝缘老化诊断系统
3.0.rar"，如图 10-2 所示。利用"win32.rar"文件对系统进行设置，系统设置完
成后方能解压运行"回复电压绝缘老化诊断系统 3.0.rar"。

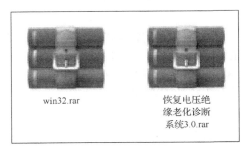

win32.rar　　　　　恢复电压绝
缘老化诊断
系统3.0.rar

图 10-2　安装文件

10.3　诊断系统设置说明

软件安装使用之前，需对操作系统进行设置。将"win32"文件夹解压，例如
解压到"d:\win"目录下。具体操作过程按以下步骤进行。

（1）单击"我的电脑"，然后右键单击"属性"—"高级"—"环境变量"，
如图 10-3 所示。

(a)

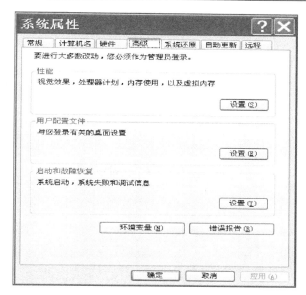

(b)

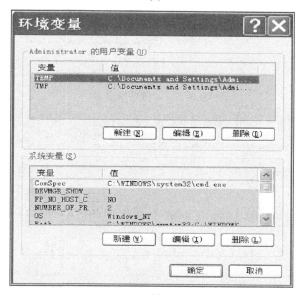

(c)

图 10-3　系统设置

（2）选中"path"变量，如图 10-4 所示。双击"path"变量，出现编辑系统变量对话框（图 10-5）。单击"新建"，添加"d:\win"，如图 10-6 所示。然后双击运行"d:\win"文件夹下的_install.bat 文件，则系统设置成功，即 RVM 程序可以运行。

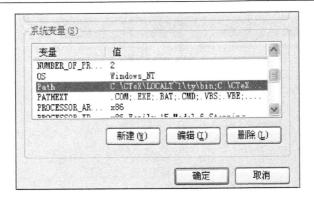

图 10-4 查找变量

图 10-5 编辑系统变量

图 10-6 添加变量值

10.4 RVM 系统程序安装和软件使用说明

将"回复电压绝缘老化诊断系统 3.0"文件夹解压，双击" RVM.exe "，即可运行 RVM 诊断程序。

10.4.1　系统登录

双击"RVM.exe"进入系统登录界面，如图 10-7 所示。

图 10-7　登录窗口

在登录窗口输入用户名和密码，单击"ENTER"按钮进入主程序界面。若连续输错五次密码，则自动退出程序。登录界面关键代码如下[108,109]。

```
begin
    // medpwd.Text:=DataDecode(Trim(medpwd.Text));
    with datamodule1.ADOQuser do
    begin
    sql.Clear ;
    SQL.Add('select  *  from 用户  where username=:a ');//UserName=
'"+edlogin.Text +'"');// and Password='"+medpwd.text+'"');
     parameters.ParamByName('a').Value:=cblogin.Text;//edlogin.Text;
        vloginstatus:='管理员';
    open;
    if (recordcount=0) or ( fieldByName('password').Value<>Dataencode
(Trim(medpwd.Text))) then
    begin
        showmessage('登陆失败，请检查您的账号和密码！');
    end
    else
    begin
        vlogin:= cblogin.Text;//edlogin.Text;
```

```
        vloginname:= fieldbyname('username').asstring;
        mainform.statusbar1.panels[0].text:='你的身份: '+vloginstatus;
        mainform.statusbar1.panels[1].text:='姓名: '+vloginname;
        mainform.statusbar1.panels[2].text:='登录时间: '+datetostr(date())
+' '+timetostr(time());
        f_login.Close ;
     end;
end;
```

系统主程序界面如图 10-8 所示。

图 10-8　系统主界面

进入系统主界面后, 在系统主界面将可看到"数据管理""诊断分析""报表管理""用户管理""系统设置"等菜单和按钮。

10.4.2　数据管理

在菜单栏上单击"数据管理"界面, 在该菜单中可进行回复电压数据录入、数据查询等操作, 对 RVM 数据进行修改和维护。

1. 数据添加、修改和删除

要添加、修改、删除试品及其参数, 单击"数据录入", 按照变压器基本信息、测试参数设置、测试数据信息、仪器测试分析结果等添加、修改、删除数据, 如图 10-9~图 10-12 所示。可按各个电压等级查询。

以变压器的参数录入为例, 介绍数据管理程序的关键代码[108,109]。

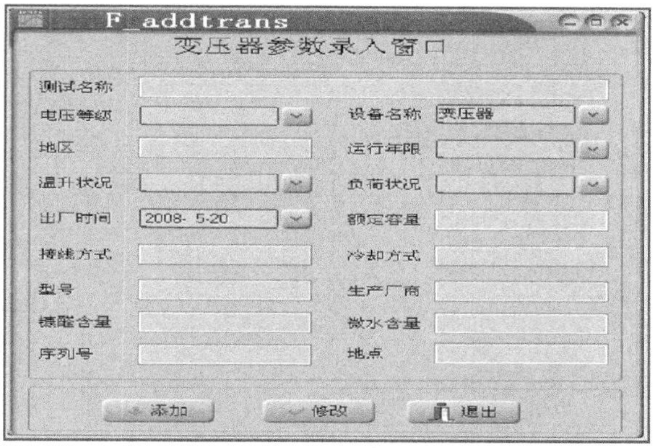

图 10-9　变压器参数

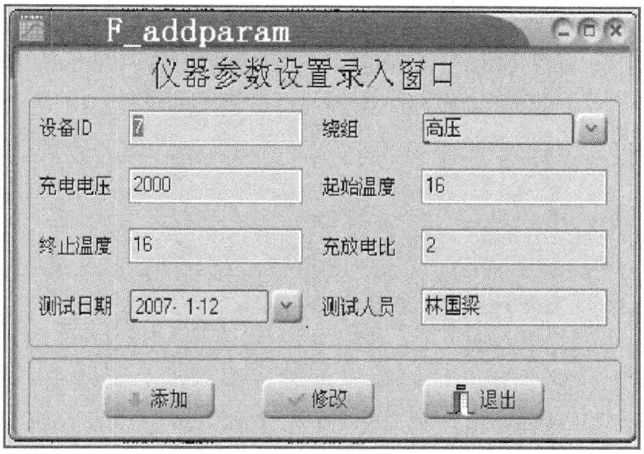

图 10-10　测试参数设置

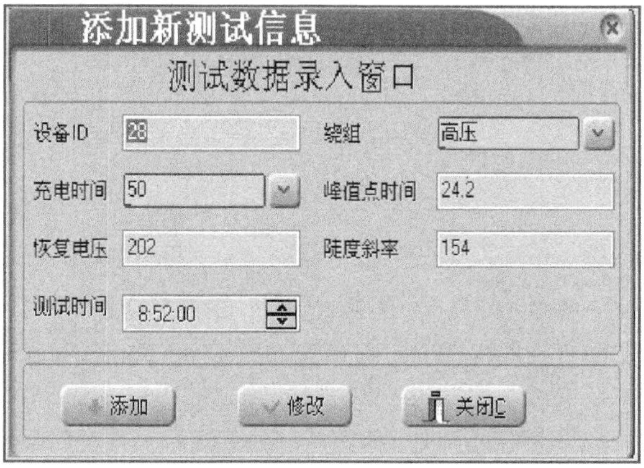

图 10-11　测试数据

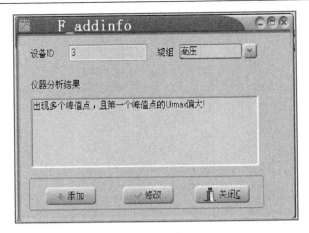

图 10-12　仪器测试分析结果

```
procedure TF_addtrans.BitBtn2Click(Sender: TObject);
var
   str,str1:string;
begin
   adoquery1:=tadoquery.Create(self);
   adoquery1.Connection:=datamodule1.ADOConnection1;
   adoquery2:=tadoquery.Create(self);
   adoquery2.Connection:=datamodule1.ADOConnection1;
   with adoquery1 do
   begin
     str1:='select * from basicinfo where testname="'+trim(edit9.
Text)+'"';
     close;
     sql.Clear;
     sql.Add(str1);
     open;
   end;
parameters.ParamByName('ratedtime').Value:=formatdatetime('yyyy-mm',date
timepicker1.DateTime);//datetimepicker1.datetime;
     parameters.ParamByName('wiremode').Value:=edit2.Text;
     parameters.ParamByName('coolmode').Value:=edit6.Text;
     parameters.ParamByName('manufacturer').Value:=edit7.Text;
     parameters.ParamByName('devicetest').Value:=combobox5.Text;
     parameters.ParamByName('SN').Value:=edit1.Text;
```

```
    parameters.ParamByName('micro_water').Value:=edit11.Text;
    parameters.ParamByName('Furfural').Value:=edit10.Text;
    ExecSQL;
    //Refresh;
    CLOSE;
  end;
//end;
showmessage('保存成功');
 // 刷新数据库
end;
CLOSE;
adoquery1.Free;
adoquery2.Free;
end;
```

2. 数据查询

可按各个电压等级查询，如图 10-13 所示。要查询各个试品的具体数据，则双击试品名称，即可看到具体测试数据，如图 10-14 所示。

数据查询与显示界面采用了 DBGrid 数据显示控件。数据查询界面显示的是存储变压器信息的数据库，双击数据里的一栏之后，自动切换显示存储相应变压器测试数据的子数据库。

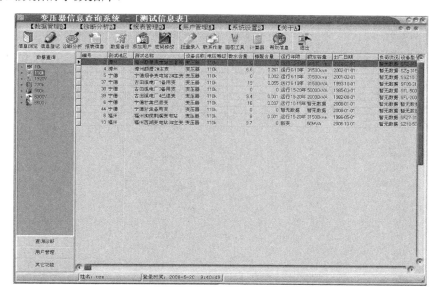

图 10-13　数据查询界面

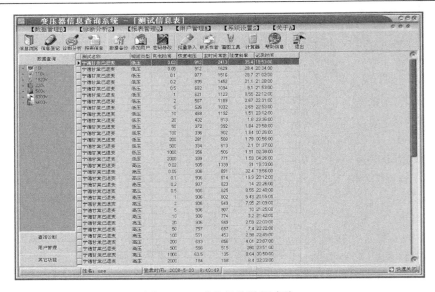

图 10-14　试品具体数据查询

10.5　RVM 诊断系统应用分析

对已经录入系统的试品，要进行绝缘老化诊断，单击主窗口的【诊断分析Z】，将会跳出如图 10-15 所示的对话框。在图 10-15 的"条件查询"框中选取指定的试品如图 10-16 所示。选择诊断所需要的曲线图（图 10-17）。

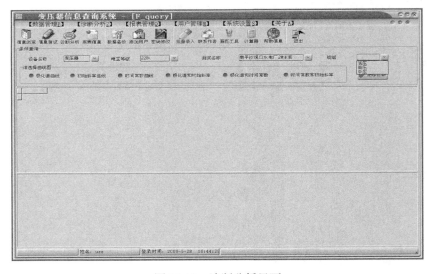

图 10-15　诊断分析界面

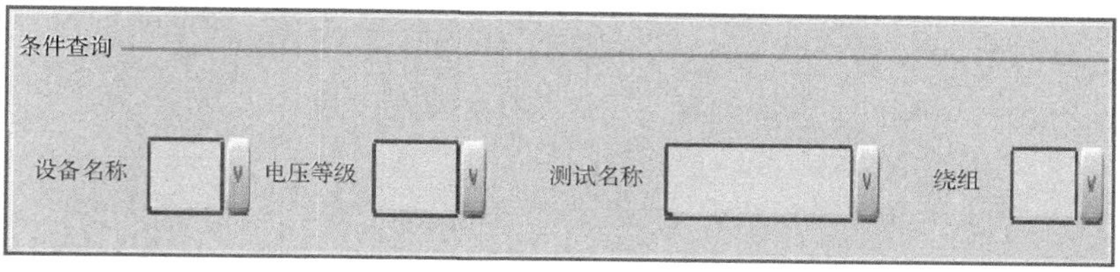

图 10-16　选取试品

图 10-17　选择诊断曲线

点击 ![绝缘诊断] 按键，分析软件将自动画出极化谱的曲线图，绘图程序调用了 MATLAB 脚本语言，使用的时候需要安装 MATLAB 的运行环境，相关代码如下[110,111]。

```
begin
  memo1.Clear;
  memo1.Show;
// tflag:=false;
  adoquery1:=tadoquery.Create(self);
  adoquery1.Connection:=datamodule1.ADOConnection1;
  adoquery2:=tadoquery.Create(self);
  adoquery2.Connection:=datamodule1.ADOConnection1;
  with ADOQuery1 do
  begin
    SQL.Clear;
    SQL.Add('select  tc,rvmpertc,dominate_tc,slope  from  rvmvalue
where sbID=:sbID and windstype=:windstype');
    Parameters.ParamByName('sbID').Value :=sbid ;
    Parameters.ParamByName('windstype').Value :=ComboBox4.Text ;
    Open;
    First;
    if recordcount>0 then
    begin
      n:=recordcount;
```

```
    SetLength(str,n);
    SetLength(str1,n);
    SetLength(str2,n) ;
    SetLength(str3,n);
//  SetLength(peakrvm,n);
//  SetLength(peaktc,n);
    for i:=0 to RecordCount-1 do
    begin
      str[i]:=FieldbyName('tc').AsVariant;
      str1[i]:=FieldbyName('rvmpertc').AsVariant;
      str2[i]:=FieldbyName('dominate_tc').AsVariant;
      str3[i]:=FieldbyName('slope').AsVariant;
      Next;
      end;
      p:=Vararraycreate([0,1],vardouble);
    //abcd1:=Tabcd.Create(Self);
//  abcd1.urmax(0,p,str,str1);
spectrumclass1:=Tspectrumclass.Create(Self);
    spectrumclass1.plotspcetrum(0,p,str,str1);
    spectrumclass1.plotspcetrum(0,p,str,str3);
    //****************************
    Memo1.Lines.Add(' --------曲线结果分析--------');
    if peakn=1 then
begin
    if combobox2.text='500k' then
begin
    if peaktc[0]>2000 then
    tempstr:='优良'
    else if (peaktc[0]<=2000) and (peaktc[0]>800) then
    tempstr:='中等'
    else if peaktc[0]<=800 then
    tempstr:='较差';
end;
if (combobox2.text='220k') or (combobox2.text='220') then
begin
    if peaktc[0]>500 then
```

```
        tempstr:='优良'
        else if (peaktc[0]<=500) and (peaktc[0]>100) then
        tempstr:='中等'
        else if peaktc[0]<=100 then
        tempstr:='较差';
    end;
    if combobox2.text='110k' then
    begin
      if peaktc[0]>300 then
      tempstr:='优良'
      else if (peaktc[0]<=300) and (peaktc[0]>50) then
      tempstr:='中等'
      else if peaktc[0]<=50 then
      tempstr:='较差';
    end;
    if combobox2.text='其他' then
    begin
      if peaktc[0]>200 then
      tempstr:='优良'
      else if (peaktc[0]<=200) and (peaktc[0]>50) then
      tempstr:='中等'
      else if peaktc[0]<=50 then
      tempstr:='较差';
    end;
    hang:='该变压器电压等级为 '+combobox2.text+'v,'+'时间常数 tc 为
'+inttostr(peaktc[0])+'s,';
    hang1:='变压器整体绝缘状况'+tempstr;
    Memo1.Lines.Add(hang);
    Memo1.Lines.Add(hang1);
    // tflag:=true;
    // memotxtform.show;
    end;
    if peakn<>1 then
    begin
      decn:=peakn;
      while decn<>0 do
```

```
    begin
        tempstr:=tempstr+inttostr(peaktc[peakn-decn])+'s,';
        decn:=decn-1;
    end;
    hang:='该曲线为非标准曲线,变压器电压等级为'+combobox2.text+'v,'+'时间常
数tc分别为'+tempstr;
    hang1:='判断需要结合具体运行情况来实现';
    Memo1.Lines.Add(hang);
    Memo1.Lines.Add(hang1);
    memo1.Font.size:=14;
    memo1. font.Color:=clMenuHighlight;
    memo1.Font.Name:='黑体';
    // tflag:=true;
//  memotxtform.show;
    end;
    //*****************************
end else
    showmessage('数据不存在');
    Close;
  end;
end;
```

绘出的回复电压相关曲线，如图 10-18 所示。

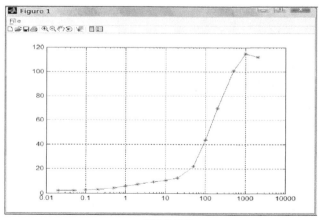

(a) 极化谱曲线

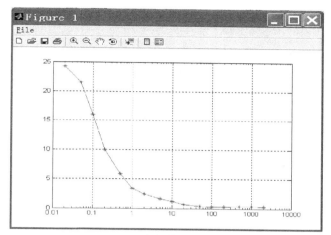

(b) 初始斜率曲线

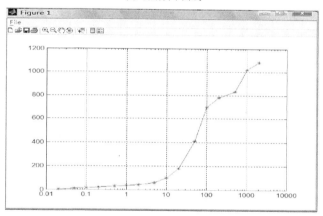

(c) 时间常数曲线

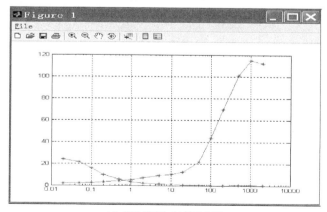

(d) 极化谱和初始斜率曲线

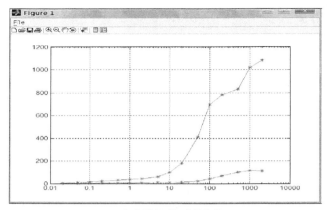

(e) 极化谱和时间常数曲线

图 10-18 回复电压相关曲线

诊断系统软件将对试品的绝缘状况作出诊断结果分析，如图 10-19 所示。

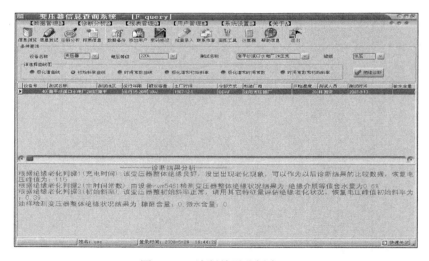

图 10-19 诊断结果分析窗口

软件系统将根据绝缘老化判据 1(充电时间)、绝缘老化判据 2(主时间常数)、绝缘老化判据 3(初始斜率)和油样检测结果，对选定的变压器给出诊断结果分析，如图 10-20 所示。

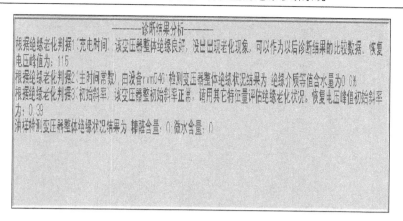

图 10-20　诊断分析结果

10.6　报 表 管 理

如果需要查看试品参数，单击菜单栏上的"报表管理"，按查询条件选取试品，即可显示试品各详细参数：基本资料、测试参数、测试设置等，如图 10-21 所示。

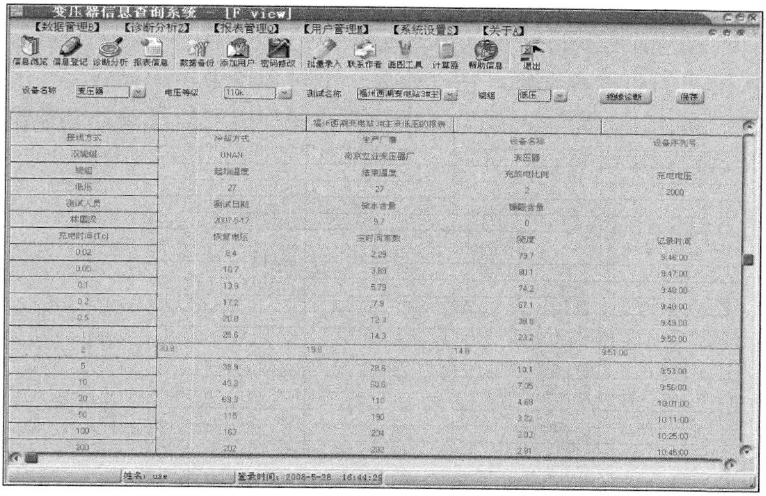

图 10-21　报表管理

如需保存，可按"保存"按键，参数将以 Excel 文件形式保存下来，可将数据导出（图 10-22）。

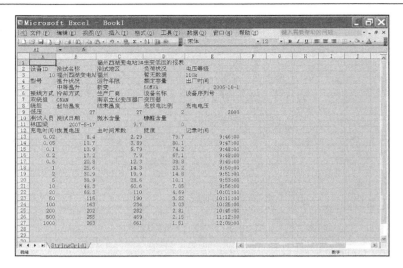

图 10-22　数据导出界面

10.7　用　户　管　理

"【用户管理M】"菜单的主要功能是添加新的用户和修改用户密码。

单击"添加用户",将弹出一个对话框(图 10-23);在"用户名"、"密码"区域,键入用户的名称和密码;在"权限"下拉菜单中,选择新用户的权限;单击"保存",添加用户成功。添加用户功能需要将用户信息添加到数据库中,对比用户名是否已在原来的数据库中。

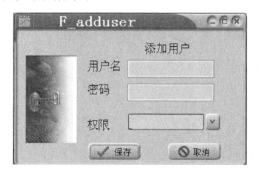

图 10-23　添加用户对话框

若用户需要修改密码,在登录界面单击"修改密码"按钮,弹出"密码修改"界面,如图 10-24 所示。用户可以输入用户名,在密码对应的编辑框内输入原始密码,然后输入新的密码,单击"修改"按钮,即可完成密码修改功能。

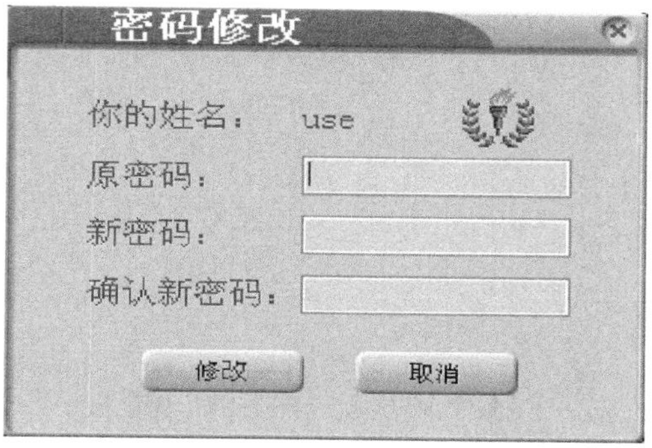

图 10-24　密码修改窗口

修改密码涉及的相关代码如下[109]。

/*修改密码方法*/

```
    procedure TF_pwd.BitBtn1Click(Sender: TObject);
var tablename,loginname,str2:string;
begin
    with datamodule1 do
    begin
    if   Dataencode(Trim(maskedit1.Text))    <>adoquser.FieldByName
('Password'). AsString  then
    begin
        showmessage('原密码输入不正确！');
        exit;
    end;
    if maskedit2.Text <> maskedit3.Text then
    begin
        showmessage('两次输入的密码不一致！');
        exit;
    end;
    adoquser.sql.Clear;
    if vloginstatus='管理员' then
    begin
    tablename:='用户';
    loginname:='username';
    end;
    str2:='update用户 set [password]='''+Dataencode(Trim(maskedit2.Text))
+''' where '+loginname+'='''+vlogin+'''';
```

```
    adoquser.sql.Add(str2);
    adoquser.ExecSQL ;
    F_pwd.Close ;
  end;
end;
end.
```

10.8　系　统　设　置

单击"系统设置"，弹出如图 10-25 的下拉菜单。

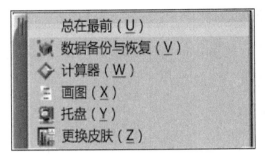

图 10-25　系统设置菜单

1. 数据备份与恢复

单击"数据备份与恢复"，在如图 10-26 的窗口中，选取数据库路径和备份文件路径(图 10-27)。点击 开始备份 ，将会提示备份成功，如图 10-28 所示。

数据库备份的程序需要从文本框中获取需要备份数据库的绝对路径和备份位置的绝对路径，调用备份数据库方法，将数据库文件从原位置复制一份到备份位置备份的代码如下[109,111]。

```
procedure TF_bk.BitBtn1Click(Sender: TObject);
begin
  if (edit1.Text=") or (edit2.Text=") then
  begin
    showmessage('请选择完整的路径');
    exit;
  end;
  try if fileexists(edit1.Text) then
  begin
```

```
copyfile(PAnsichar(edit1.Text), PAnsichar(edit2.Text),false);
application.MessageBox('数据库备份成功','提示',64);
end
else
application.MessageBox('数据库备份成功','提示',64);
except
showmessage('选择路径错误，无法备份数据库');
end;
end;
```

图 10-26　数据备份与恢复

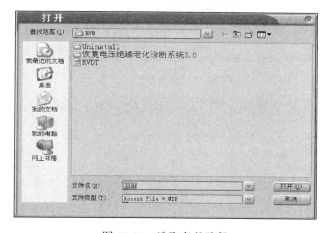

图 10-27　选取备份路径

图 10-28　显示操作界面

2. 辅助工具

单击"计算器"、"画图",将自动会弹出计算器(图 10-29)和画图工具(图 10-30)。

图 10-29　计算器操作界面

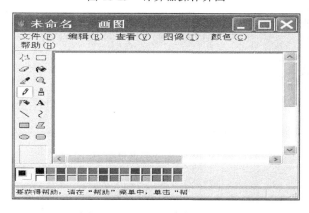

图 10-30　画图程序操作界面

参 考 文 献

[1] Saha T K, Purkait P, Mtiller F. Deriving an equivalent circuit of transformers insulation for understanding the dielectric response measurements[J]. IEEE Transactions on Power Delivery, 2005, (01): 149-157.

[2] 周远翔, 沙彦超, 陈维江, 等. 变压器油与绝缘纸板电导特性研究[J]. 电网技术, 2013, 37(09): 2527-2533.

[3] Emsley A M, Stevens G C. Review of chemical indicators of degradation of cellulosic electrical paper insulation in oil-filled transformers[J]. IEE Proceedings: Science, Measurement and Technology, 1994, 141(5): 324-334.

[4] 朱孟兆, 廖瑞金. 杨丽君, 等. 水分对变压器绝缘纸性能影响的分子动力学模拟[J]. 西安交通大学学报, 2009, 43(4): 111-115.

[5] 张涛. 基于回复电压特征量的变压器油纸绝缘状态诊断研究[D]. 福州: 福州大学, 2010.

[6] 秦文. 蔬菜物料的介电特性及其应用研究[D]. 重庆: 西南大学, 2006.

[7] 林智勇, 蔡金锭. 变压器等效电路参数变化对极化谱的影响分析[J]. 电子测量与仪器学报, 2014, 28(3): 292-298.

[8] 金维芳. 电介质物理学[M]. 北京: 机械工业出版社, 1997.

[9] 赵孔双. 介电谱方法及应用[M]. 北京: 化学工业出版社, 2008.

[10] Jonscher A K. 固体中的介电弛豫(影印版)[M]. 西安: 西安交通大学出版社, 2008.

[11] Jonscher A K. 普适弛豫定律(影印版)[M]. 西安: 西安交通大学出版社, 2008.

[12] 于少萍. 时域介电谱及其慢响应的应用[J]. 海南大学学报(自然科学版), 1998, 16(2): 110-113.

[13] 陈汉成. 基于回复电压特征量的变压器油纸绝缘状态诊断研究[D]. 福州: 福州大学, 2017.

[14] Bognar A, Csepes G, Kalocsai L, et al. Spectrum of polarization phenomena of long time-constant as a diagnostic method of oil-paper insulating system [C]//Proceedings of the 3rd International Conference on Properties and Applications of Dielectric Materials, Xi'an, IEEE, 1991, (2): 723-726.

[15] 许庆宗, 刘勇, 许文蕾, 等. 电力变压器油纸绝缘状态的诊断——回复电压法[J]. 华中电力, 2007, 20(4): 4-7, 12.

[16] 方俊鑫, 殷之文. 电介质物理学[M]. 北京: 科学出版社, 1989.

[17] 叶荣. 电力变压器油纸复合绝缘状态的分类分级诊断技术研究[D]. 福州: 福州大学, 2019.

[18] Ekanayake C. Application of dielectric spectroscopy for estimating moisture content in power transformers[D]. Göteborg: Chalmers University of Technology, 2003.

[19] 杨启平, 薛五德, 蓝之达. 变压器绝缘老化评估技术的研究[J]. 变压器, 2006, 43(05), 1-5.

[20] 董明, 刘媛, 任明, 等. 油纸绝缘频域介电谱解释方法研究[J]. 中国电机工程学报, 2015, 35(4): 1002-1008.

[21] 吴雄. 基于 FDS 的油纸绝缘设备模型参数辨识即状态关联研究[D]. 重庆: 重庆大学, 2016.

[22] 蔡金锭, 叶荣, 林朝明. 基于频域谱的油纸绝缘等效电路参数分析方法研究[R]. 福州: 福州大学, 2018.

[23] 孟玉婵, 李荫才, 贾瑞君, 等. 油中溶解气体分析及变压器故障诊断[M]. 北京: 中国电力出版社, 2012.

[24] 科埃略 R, 阿拉德尼兹 B. 电介质材料及其介电性能[M]. 北京: 科学出版社, 2000.

[25] 严欣. 基于时域介电谱特征量的油纸绝缘变压器微水含量诊断[D]. 福州: 福州大学, 16.

[26] Birlasekaran S, Ledwich G, Mathew J. Relaxation studies to identify aging with oil filled transformers: Experiments[C]//The 9th International Conference on Properties and Applications of Dielectric Materials, Harbin, 2009: 301-306.

[27] Gielniak J, Ossowski M. Dielectric response of oil-paper insulation systems of large moisture and temperature inhomogeneity[C]//Proceedings of the XIVth International Symposium on High Voltage Engineering, Beijing, 2005.

[28] Zhen J L, Jiang X B, Cai J D. Parameter identification for equivalent circuit of transformer oil-paper insulation and effect of insulation condition on Parameter[J]. Electric Power Automation Equipment, 2015, 8(35): 168-172.

[29] Gafvert U, Ildstad E . Modeling return voltage measurements of multi-layer insulation systems[C]//Proceedings of 4th International Conference on Properties Applications of Dielectric Materials, vol.2, Brisbane, 1994: 123-126.

[30] 夏钟福. 驻极体[M]. 北京: 科学出版社, 2001.

[31] 张涛, 蔡金锭. 油纸绝缘变压器介质响应电路参数辨识的研究[J]. 电工电能新技术, 2010, 29(4): 35-39.

[32] Xu S Z, Middleton R, Fetherston F, et al. A comparison of return voltage measurement and frequency domain spectroscopy test on high voltage insulation[C]//Proceedings of the 7th International Conference on Properties and Applications of Dielectric Materials. Nagoya: IEEE, 2003: 351-355.

[33] 林智勇, 蔡金锭. 油纸绝缘极化等效电路参数计算方法[J]. 电机与控制学报, 2014, 18(8): 62-66.

[34] 彭积成, 蔡金锭. 变压器油纸绝缘老化状态的探讨[J]. 高压电器, 2015, 51(5): 132-138.

[35] 邹阳, 蔡金锭. 油纸绝缘变压器时域极化谱特性实验分析[J]. 电工技术学报, 2015, 30(12): 307-313.

[36] 蔡金锭, 叶荣. 逐次搜索计算油纸绝缘极化等效电路参数的方法[P]: 2017.11113315.7. 2018-5-4.

[37] 莫愿斌, 陈德钊, 胡上序. 求解非线性方程组的混沌粒子群算法及应用[J]. 计算力学学报, 2007, 24(4): 505-508.

[38] 张涛, 蔡金锭. 改进粒子群优化算法用于电网优化购入电量[J]. 高电压技术, 2006, 32(11): 131-134.

[39] Shi Y, Eberhart R C. A modified particle swarm optimizer[C]//Proceedings of the IEEE Congress on Evolutionary Computation (CEC 1998), Piscataway, 1998: 69-73.

[40] Eberhart R, Shi Y. Comparing inertia weights and constriction factors in particle swarm optimization[C]//Proceedings of the Congress on Evolutionary Computing, 2000: 84-88.

[41] Zhang T, Cai J D. A novel hybrid particle swarm optimization method applied to economic dispatch[J]. International Journal of Bio-inspired Computation, 2010, 2(1): 9-17.

[42] 张浩, 张铁男, 沈继红, 等. Tent 混沌粒子群算法及其在结构优化决策中的应用[J]. 控制与决策, 2008, 23(8): 857-862.

[43] Zhang T, Cai J D. A new chaotic PSO with dynamic inertia weight for economic dispatch problem[C]//The 1st International Conference on Sustainable Power Generation and Supply, Volume 1, Nanjing, 2009: 1-6.

[44] 朱建全, 吴杰康. 基于混合粒子群算法并计及概率的梯级水电站短期优化调度[J]. 电工技术学报, 2008, 23(11): 131-138.

[45] 高尚, 杨静宇. 群智能算法及其应用[M]. 北京: 中国水利水电出版社, 2006.

[46] 黄云程, 蔡金锭, 卢晋怡. 油纸绝缘变压器新型混合极化电路模型及其参数计算[J]. 电工技术学报, 2016, 31(17): 170-177.

[47] 蔡金锭, 刘永清, 蔡嘉, 等. 油纸绝缘变压器极化等效电路分析及其老化评估研究[J]. 电工技术学报, 2016, 31(15): 203-211.

[48] 曾静岚, 蔡金锭, 李安娜. 基于去极化电流特征参数分析法的油纸绝缘老化评估[J]. 电力科学与技术学报, 2015, 30(02): 48-54.

[49] 郑文迪, 蔡金锭, 曾静岚. 考虑线型因子的变压器油纸绝缘系统微水含量评估[J]. 电机与控制学报, 2017, 21(08): 33-40.

[50] 刘丽军, 蔡金锭, 江修波, 等. 去极化电流弛豫谱线特性的油纸绝缘老化判别研究[J]. 仪器仪表学报, 2015, 36(07): 1626-1631.

[51] 宋臻杰, 杨飞豹, 吴广宁, 等. 变压器油和绝缘纸老化对扩展 Debye 模型参数的影响研究[J]. 高压电器, 2016, 52(8): 101-107.

[52] 中华人民共和国电力工业部. 电力设备预防性试验规程(DL/T596-1996)[S]. 北京: 中国电力出版社, 1997.

[53] 陈汉成, 蔡金锭. 考虑自由弛豫的油纸绝缘拓扑分析及状态评估[J]. 仪器仪表学报, 2017, 38(10): 2579-2605.

[54] Wolny S, Zdanowski M. The influence of the cole-cole model coefficients on the parameters of the recovery voltage phenomena of paper-oil insulation[C]//IEEE International Conference on Dielectric Liquids, Poitiers. IEEE, 2008: 1-4.

[55] 李景德, 曹万强, 李向前, 等. 时域介电谱方法及其应用[J]. 物理学报, 1996, 45(7): 1225-1231.

[56] 韩光泽, 朱小华. 介质中的电磁能量密度及其损耗[J]. 郑州大学学报(理学版), 2012, 44(3): 81-86.

[57] 唐新桂, 范仰才. 电介质的弛豫机构及其微分谱[J]. 物理与工程, 1996, (4): 7-12.

[58] 谢松. 应用弛豫响应特性的变压器油纸绝缘诊断技术[D]. 福州: 福州大学, 2017.

[59] 武永鑫. 双频液晶介电转换的机理研究[D]. 天津: 河北工业大学, 2009.

[60] 李在映, 丁士华, 宋天秀, 等. Na-Ni 掺杂 Bi_2O_3-ZnO-Nb_2O_5 基陶瓷的介电弛豫研究[J]. 压电与声光, 2011, 33(3): 467-471.

[61] 蔡金锭, 陈汉成. 基于陷阱密度谱特征量的油纸绝缘变压器老化诊断[J]. 高电压技术, 2017, 43(8): 2574-2581.

[62] Simmons J G, Tam M C. Theory of isothermal current and the direct determination of trap parameters in semiconductors and insulators containing arbitrary trap distributions[J]. Physical Review B, 1973, 7(8): 3706-3713.

[63] Oyegoke B S, Foottit F, Birtwhistle D, et al. Condition assessment of XLPE insulated cables using isothermal relaxation current technique[C]//IEEE Power Engineering Society General Meeting, Quebec, 2006: 18-22.

[64] Birkner P. Field experience with a condition-based maintenance program of 20kV XLPE distribution system using IRC-analysis[J]. IEEE Transactions on Power Delivery, 2004, 19(1): 3-8.

[65] 廖瑞金, 刘刚, 杨丽君, 等. 不同油纸复合绝缘老化糠醛生成规律[J]. 高电压技术, 2008, 34(2): 225-229.

[66] 蔡金锭, 林智勇, 蔡嘉. 基于等效电路参数的变压器油中糠醛含量判别法研究[J]. 仪器仪表学报, 2016, 37(3): 706-713.

[67] 曾静岚. 基于电介质弛豫响应的油纸绝缘变压器老化评估方法研究[D]. 福州: 福州大学, 2016.

[68] 郑文迪, 蔡金锭. 采用线性因子的油纸绝缘系统老化状态评估[J]. 电网技术, 2017, 41(2): 677-682.

[69] 王贵详. 模糊数理论及应用[M]. 北京, 国防工业出版社, 2011.

[70] 李伟涛. 粗糙集与模糊粗糙集属性约简算法研究[D]. 重庆: 重庆大学, 2011.

[71] 张国胤. Rough 集理论与知识获取[M]. 西安: 西安交通大学出版社, 2001.

[72] 陈水利. 模糊集理论及其应用[M]. 北京: 科学出版社, 2005.

[73] 谢松, 邹阳, 蔡金锭. 基于模糊粗糙集的变压器油纸绝缘状态评估[J]. 仪器仪表学报, 2017, 38(1): 190-197.

[74] 郭翠峰. 基于模糊粗糙集理论的区间信息系统知识约简方法研究[D]. 成都: 西华大学, 2012.

[75] 祝顺才, 蔡金锭. 改进仿射粒子群算法在电路参数估计的应用[J]. 电子测量与仪器学报, 2016, 30(12): 1958-1966.

[76] 蔡金锭, 叶荣. 回复电压多元参数回归分析的油纸绝缘老化诊断方法[J]. 电工技术学报, 2018(21): 5080-5089.

[77] 何晓群, 刘文卿. 实用回归分析[M]. 北京: 中国人民大学出版社, 2001.

[78] 邱昌容, 曹晓珑. 电气绝缘测试技术[M]. 北京: 机械工业出版社, 2015.

[79] 林元棣, 廖瑞金, 张镜议, 等. 换油对变压器油中糠醛含量和绝缘纸老化评估的影响及修正[J]. 电工技术学报, 2017, 32(13): 255-263.

[80] 蔡金锭, 叶荣. 基于改进 TOPSIS 和时域特征量的油纸绝缘状态分类分级评估[J]. 电机与控制学报, 2018. 11(录用).

[81] 祝顺才, 蔡金锭. 基于模糊-灰色聚类的油纸绝缘状态综合诊断[J]. 仪器仪表学报, 2017, 38(3): 718-725.

[82] 蔡金锭, 严欣. 去极化电流微分法在求解变压器极化等效电路参数中的应用[J]. 高电压技术, 2016, 10, 42(10): 2271-2275.

[83] 林燕桢, 蔡金锭. 回复电压极化谱特征量与油纸绝缘变压器微水含量关系分析[J]. 电力系统保护与控制, 2014, (5): 148-153.

[84] 林智勇. 基于弛豫响应等效电路方法的油纸绝缘老化诊断研究[D]. 福州: 福州大学, 2015.

[85] 王善龙. 基于糠醛及介电响应的变压器绝缘老化诊断技术研究[D]. 淄博: 山东理工大学, 2018.

[86] 曾庆美. 融合时域介质响应特征量的油纸绝缘变压器受潮状态检测方法研究[D]. 福州: 福州大学, 2016.

[87] 钟力生. 工程电介质物理与介电现象[M]. 西安: 西安交通大学出版社, 2013.

[88] 孙目珍. 电介质物理学基础[M]. 广东: 华南理工大学出版社, 2000.

[89] 骆炫忠, 李矗, 吕正劢. 变压器受潮异常分析[J]. 科学咨询(决策管理), 2008, 23: 60.

[90] 陈群静. 基于介电响应技术的油纸绝缘变压器微水量检查方法研究[D].福州: 福州大学, 2019.

[91] 王骞. 基于介质响应原理的油纸绝缘结构老化机理研究[D]. 武汉: 华中科技大学, 2013.

[92] 杨彦, 杨丽君, 徐积全, 等. 用于评估油纸绝缘热老化状态的极化/去极化电流特征参量[J]. 高电压技术. 2013, 39(2): 336-341.

[93] 苑希民, 杨通通, 冯国娜. 基于熵权法的模糊物元模型在山洪防御能力评估中的应用[J]. 水利水电技术. 2018, 49(10): 8-13.

[94] 王正新, 党耀国, 曹明霞. 基于灰熵优化的加权灰色关联度[J]. 系统工程与电子技术, 2010, 32(4): 774-783.

[95] 李文璟, 李梦, 刑宁哲, 等. 基于熵权-灰色模型的电力数据网风险预测[J]. 北京邮电大学学报, 2018, 41(3): 39-45.

[96] 邱立国, 赵薇. 基于嵌入熵权灰色关联模型的物流需求动力考察[J]. 统计与决策. 2015, 6: 117-119.

[97] 黄云程, 蔡金锭. 融合改进层次分析与灰色关联法评估油纸绝缘状态[J]. 仪器仪表学报, 2015, 36(9): 2083-2090.

[98] 蔡文, 杨春燕. 可拓学的基础理论与方法体系[J]. 科学通报, 2013, 58(13): 1190-1199.

[99] 马丽叶, 丁荣荣, 卢志刚, 等. 基于可拓云模型的配电网经济运行综合评价及灵敏度分析[J]. 电工电能新技术, 2016, 35(7): 8-16.

[100] 廖瑞金, 张镱议, 黄飞龙, 等. 基于可拓分析法的电力变压器本体绝缘状态评估[J]. 高电压技术, 2012, 38(3): 521-526.

[101] 杨春燕, 蔡文. 基于可拓集的可拓分类知识获取研究[J]. 数学的实践与认识, 2008, 38(16): 184-191.

[102] 何怡刚, 陈铭, 张大波, 等. 基于古林法和层次可拓的变压器状态评估[J]. 电力系统保护与控制, 2018, 46(21): 38-44.

[103] 朱英凯. 基于改进分层可拓方法的电力变压器状态评估研究[D]. 南京: 东南大学, 2016.

[104] Cai J D, Zhang T. Moisture content assessment of transformer solid insulation using return voltage spectrum[C]//proceedings of the 9th International Conference on Properties and Applications of Dielectric Materials, Harbin, 2009.

[105] 郑莉, 董渊. C++语言程序设计[M]. 北京: 清华大学出版社, 2003.

[106] 谭浩强. C 语言程序设计[M]. 北京: 清华大学出版社, 2000.

[107] 高玉芹. 单片机原理与应用及 C51 编程技术[M]. 北京: 机械工业出版社, 2011.

[108] 明日科技. Delphi 程序开发范例宝典[M]. 北京: 人民邮电出版社, 2006.

[109] 飞思科技产品研发中心. Delphi 6 开发者手册[M]. 北京: 电子工业出版社, 2002.

[110] 游佳, 何健鹰. Delphi 与 Matlab 接口以及脱离 Matlab 运[J]. 计算机与数字工程, 2004, (06): 21-23.

[111] 韩守红, 唐力伟, 郑海起, 等. Delphi 与 Matlab 接口的实现方法研究[J]. 微计算机信息, 2001, (07): 45-46.